U0394484

储能科学与技术丛书

电池建模与电池管理系统设计

Battery Systems Engineering

[美] 克里斯多夫·D. 瑞恩（Christopher D. Rahn）
王朝阳（Chao-Yang Wang） 著

惠 东 李建林 官亦标
杨 凯 金 翼 许守平 译

机 械 工 业 出 版 社

本书专注于电池系统工程的学科领域，提供了先进电池管理系统开发所必需的背景、模型、求解技术和系统理论。本书主题涵盖了从基本电化学到系统工程等多个方面，并提供了用于纯电动和混合动力汽车平台、电力储能等系统工程的电池建模基础。本书主要内容包括：电池相关的电化学知识、电池建模中的控制方程和离散化方法、系统响应及不同类型电池模型、电池相关参数估计与电池管理系统。

本书适合电池系统工程相关设计人员和技术人员，以及高等院校相关专业师生阅读。

北京市版权局著作权合同登记　图字：01-2013-5532 号。

图书在版编目（CIP）数据

电池建模与电池管理系统设计/(美)克里斯多夫·D. 瑞恩（Christopher D. Rahn），王朝阳著；惠东等译．—北京：机械工业出版社，2018.8（2024.6 重印）

（储能科学与技术丛书）

书名原文：Battery Systems Engineering

ISBN 978-7-111-60579-9

Ⅰ.①电…　Ⅱ.①克…②王…③惠…　Ⅲ.①电池-系统建模②电池-储能-系统设计　Ⅳ.①TM911

中国版本图书馆 CIP 数据核字（2018）第 171177 号

机械工业出版社（北京市百万庄大街 22 号　邮政编码 100037）

策划编辑：付承桂　责任编辑：付承桂　任　鑫

责任校对：王　延　封面设计：鞠　杨

责任印制：单爱军

北京虎彩文化传播有限公司印刷

2024 年 6 月第 1 版第 5 次印刷

169mm×239mm · 14.75 印张 · 2 插页 · 294 千字

标准书号：ISBN 978-7-111-60579-9

定价：89.00 元

凡购本书，如有缺页、倒页、脱页，由本社发行部调换

电话服务	网络服务
服务咨询热线：010-88361066	机 工 官 网：www.cmpbook.com
读者购书热线：010-68326294	机 工 官 博：weibo.com/cmp1952
010-88379203	金 书 网：www.golden-book.com
封面无防伪标均为盗版	教育服务网：www.cmpedu.com

译 者 的 话

本书英文版原著《Battery Systems Engineering》主要由宾夕法尼亚州立大学 Christopher D. Rahn 教授和Chao - Yang Wang 教授共同编写而成，于2013 年2 月由 Wiley 出版社出版，是电池工程领域的权威著作。

本书专注于电池系统工程的学科领域，提供了先进电池管理系统开发所必需的背景、模型、求解技术和系统理论。本书主题涵盖了从基本电化学到系统工程等多个方面，并提供了用于纯电动和混合动力汽车平台、电力储能等系统工程的电池建模基础。本书主要内容包括：电池相关的电化学知识、电池建模中的控制方法和离散化方法、系统响应及不同类型电池模型、电池相关参数估计与电池管理系统。对于高等院校师生以及电池行业从业人员而言，本书是一本优秀的教材与参考资料。在忠于原著的基础上，译者力求深入浅出、逻辑清晰、理论严谨、叙述明确，便于读者理解和掌握。

本书的翻译得到了国家重点研发计划项目（2017YFB0903504）和国家自然基金项目（51777197）支持。在编译过程中，除本书译者外，谢志佳、胡晨、靳文涛等同事做了大量的校对、图稿整理工作，在此深表感谢。限于译者水平，书中难免存在错误和不妥之处，恳请广大读者批评指正。

译者

原书前言

储能是推动电力系统效率及效益提高的关键，并且其需求日益增长。在追求更高燃油效率过程中，储能在地面运输方面变得越来越重要。回收制动时消耗能量的混合动力汽车，在轿车、卡车和公共汽车的市场份额也在不断增长。电动汽车和插电式混合动力汽车可利用电网的低成本能源充电。风能和太阳能等可再生能源，需要储能以缓冲电力生产不足。家庭储能可通过在谷荷时间段（例如，夜间）存储电网电能，在峰荷时间段少用电网电能的方式来减少开销。

存储能量的方法有很多，例如飞轮、超级电容和压缩空气，但对于大多数应用来说，电池是最好的选择。电池从规模上可以分为小规模应用（手机）、中等规模应用（混合动力汽车）和大规模应用（电网）。它们高效且比能量高，具有安全和可回收设计。然而，对成本和电池寿命的顾虑阻碍了电池储能更广泛的应用。研究人员正在不断研发成本更低、寿命更长的电池化学物质。用本书中描述的技术进行设计的高效和可延长寿命的电池管理系统，可以解决这些问题。

许多储能应用的动态环境对电池管理系统的要求比普通电池供电设备（如笔记本电脑或手机）的要求要高。简单的电池供电设备只需要定期充电，然后电池组低电流缓慢放电，直到需要再次充电。混合动力汽车不同，需要快速和高电流的储能配合车辆不断变化的加速和制动。电池组这种快速的充放电循环，要求复杂的电池管理系统实时调节电池组充放电流。为了将电池寿命最大化和保证安全，一种有效的电池管理系统可以将充电电流限制设得足够低，同时为满足功率输出最大，可以将放电电流设置足够高。

电池系统工程是化学、动态建模和系统/控制工程的交叉学科，需要多学科方法。电池化学家/工程师了解设计电池所需的电化学及材料问题，但未必有高效电池管理算法所需的解决复杂数学建模及控制系统设计的背景。数学建模者可能能够开发出精确的电池单体模型，但由于底层偏微分方程的复杂性，使得这些模型常常不能轻松应用于实际系统。系统工程师有控制学和动力学背景，能够对系统反馈进行分析、设计和仿真，但可能不理解底层的化学反应过程或建模原理。

本书旨在研究电池系统工程的多学科领域，提供了先进电池系统开发所需的背景、模型、解决技术和系统理论。有兴趣对先进电池系统了解更多的化学工程、机械工程、电气工程和航空航天工程的系统工程师们，将从本书中获益。化学、材料工作者和数学建模者，也可以在学习他们的专业知识如何影响电池管理中受益。本书可作为一门先进的本科技术选修课程或工程研究生课程的教材。

我们想感谢我们的学生们、博士后学者们和研究伙伴们对编写本书做出的贡献。特别是 Kandler Smith、Yancheng Zhang、Ying Shi，Githin Prasad 和 Zheng Shen 对本书内容做出了重大贡献，值得我们感谢。在宾夕法尼亚州立大学参加了电池系统工程前两次课程的学生们也提供了意见，校正了错别字，他们是 Kelsey Hatzell、Ed Simoncek、Ryan Weichel 和 Tanvir Tanim。Chao - Yang Wang 非常感谢他的妻子 May M. Lin 和女儿 Helen、Emily 给予他不变的爱、支持和力量。同样感谢我的妻子 Jeanne、女儿 Katelin、儿子 Kevin 和 Matthew 给予我的爱、支持与鼓励。

Christopher D. Rahn
Chao - Yang Wang

目　录

第1章 引　言

近年来，二次电池技术得到一定程度的突破。以锂离子电池、镍氢电池为代表的动力电池，已经广泛应用于纯电动汽车以及混合动力汽车。与此同时，以锂离子电池、铅碳电池为代表的储能电池，正逐渐在智能电网的升级换代中得到应用。在这些应用中，数个电池单体通过串（并）联构成电池组，大量的电池组通过串（并）再形成电池系统，并不断地进行充放电循环。电池系统如果离开先进的电池管理系统（Battery Management System，BMS），可能会导致电池单体或电池组的性能表现很差和过早老化。基于精确系统模型的BMS，能够有效保证延长储能系统寿命和提高储能系统性能。本章将重点介绍基于模型的电池系统工程的需求，以及电池单体和电池组的电化学原理设计。

1.1 储能应用㊀

储能对于许多应用至关重要，其范围从小功率便携式电子产品到大规模的可再生能源。使用电池的便携式电子设备包括手机、笔记本电脑、医疗设备、电动工具、仪表、数据记录仪以及远程传感器。在这些应用中，电池将用户从传统的电源线束缚中解放出来，实现了设备的便携化。在这些装置中的电池随着时间推移不断释放电能，然后通过定期性充电来补充能量。

对于电动汽车，为了增加地面车辆的燃料效率，电池被用于补充和有时替代液体燃料提供的功率。图1-1显示了四个开创性的使用电池提高燃油效率和性能的车辆。图1-1a中的丰田普锐斯是混合动力汽车（HEV），它采用了由松下公司生产的镍金属氢化物（镍氢）电池组。图1-1b和d中的日产聆风和Tesla Roadster是电动汽车（EV）。聆风使用有Nissan-NEC开发的叠层锂离子（Li-ion）电池组，Tesla使用的是由数千个18650（直径18mm、长65mm）锂电池单体特别构成的电池组。图1-1c中的雪佛兰沃蓝达是一个插电式混合动力汽车（PHEV）或增程式电动汽车（EREV），使用由LG化学提供的锂聚合物电池组。

混合动力汽车控制着轿车、卡车和公共汽车市场中不断增长的一份份额。混合动力系统包括：内燃机（ICE）、动力系统、电动机和电池。混合动力汽车节约能源是因为其具有以下能力：

1）消除发动机怠速。当车辆处于静止状态时，发动机停止。

2）回收和储存能量。电动机被用作发电机来制动车辆，制动产生的能量被储存在电池中。

3）助推功率。电动机和发动机一起工作，增加加速过程中的转矩。

㊀ 此1.1节中后半部分有关可再生能源及电池储能系统方面的内容为译者经原书作者同意，根据中国国内的情况所加，供广大行业读者参考了解。——编辑注

a)

b)

c)

d)

图 1-1　开创性的混合动力车辆

a）丰田普锐斯（©丰田）　b）日产聆风（© 2012，日产 Nissan）

c）雪佛兰沃蓝达（照片由美国国家公路交通安全管理局拍摄）　d）Tesla Roadster（© Tesla Motors，Inc.）

4）有效运行。发动机可运行在其最有效的速度，电动机在非高峰运行情况下提供动力。

HEV 的成本及复杂度从简单的改造到复杂的重新设计现有内燃机汽车各不相同。微型混合动力车采用高功率的起动机/发电机提供消除发动机怠速的优势。软混合动力车添加一些再生制动和电功率下的低速运动。轻度混合动力车将电动机/发电机添加到驱动桥，提供所有混合运行的好处。通常用于轻度混合动力车的并行传动系统，使电动机/发电机能够在低速状态下驱动车辆或提供助推功率。全混合动力车通常使用串行/并行动力系统，拥有并行动力系统的所有好处。它们可以用于将电动机速度和车辆速度解耦，从而使电动机可以更经常地运行在最高效率模式。完全混合动力汽车是最有效和最复杂的 HEV，电池承担大部分负载，不断地充电和放电。

PHEV 中的电池组直接从电网充电，在纯电动模式下驱动车辆行驶一段距离，零燃气消耗和零排放；同时拥有一个 ICE，可用于延长纯电动行驶距离或突破纯电动的速度限制。当电池被耗尽到特定水平时，车辆运行在完全混合模式，直到能从电网再次充电。雪佛兰沃蓝达 PHEV 对串行传动系统进行改变，发动机驱动一个发电机而不是从机械上连接到驱动轮。一个串行驱动系统不能同时使用发动机和电动机提供快速加速时的功率助推。

电动汽车是从电网充电的零排放汽车。电池为驱动电动机提供所需的全部能量。电池组的重量和成本在电动汽车的设计中是主要的考虑因素。重量更轻的电池通常花费更多。电池充电，然后在运行中慢慢地放电，再生制动提供间歇充电脉冲。

电动汽车所需的充电基础设施建设是这项技术推广应用的一项重大挑战。在家中或工作单位，充电器需要用几个小时给 EV 或 PHEV 充电，这并不会给驾驶者带来多大的麻烦。然而，EV 在道路上需要快速充电，快速（5min）充电设施应该分布广泛且可使用。5min 充电的充电功率是 1h 充电的充电功率的 12 倍。长距离（300km）的 EV 大约需要 75kW · h 的电池组，所以 5min 充电就需要电网提供 0.9MW 功率。随着越来越多续航里程更长的 EV 取代天然气为动力的汽车，电网基础设施将需要大幅增加，以适应增加的需求。

乘用车是 HEV 市场的大部分，但卡车和公共汽车也被转换为 HEV 和 EV。例如，图 1-2 所示为诺福克南方开发的全电动调车场机车。机车在夜间充电，然后在另一时间段使用 8h，在场地内移动火车的货运车厢。1000 多个铅酸电池用于给电牵引电动机供电。

随着可再生能源的规模化开发以及智能电网的发展，储能被用来解决可再生能

图 1-2　诺福克南方电动调车场机车，NS999（图片由诺福克南方公司提供）

源间歇性和不稳定性、提高常规电力系统和区域能源系统效率、提高安全性和经济性的重要手段，对于保障电网安全、提高可再生能源比例、提高能源利用效率、实现能源的可持续发展具有重大的战略意义。

图 1-3 显示是宁德时代（CATL）开发的 3MW/1.4MW · h 锂离子电池储能装置，用于北美风电公司 Invenergy 的某风电场参与电网的调频应用。其调频应用曲线如图 1-4 所示。当电网的频率较低时，电力公司向储能系统发出放电请求，储能系统根据接收到的请求指令及放电功率需求进行放电；当电网频率较高时，电力公司向储能系统发出充电请求，储能系统根据接收到的请求指令及充电功率需求进行充电。

图 1-3　3MW/1.4MW · h 锂离子电池储能调频装置（图片由宁德时代新能源有限公司提供）

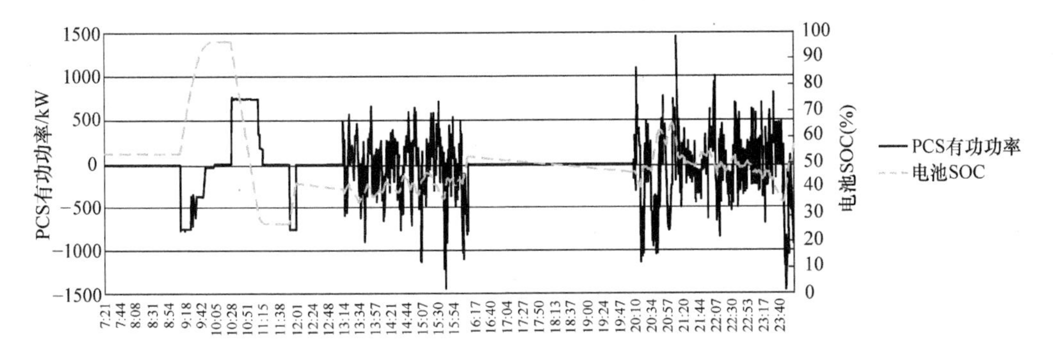

图 1-4　3MW/1.4MW · h 锂离子电池储能调频应用的典型曲线（图片由宁德时代新能源有限公司提供）

电池储能系统由于响应速度快，出力调节精准、灵活，已经成为电网调频的重要工具。

图 1-5 显示的是中国张家口国家风光储输示范工程（一期）。在该示范工程中风电装机容量 100MW，光伏装机容量 40MW，电池储能 14MW/63MW · h。储能与风光发电联合，有效抑制了风光出力波动（见图 1-6），并实现可再生发电跟踪计划出力，提升新能源的可预测性、可控性和灵活性。

图 1-5　中国张家口国家风光储输示范工程（一期）鸟瞰图

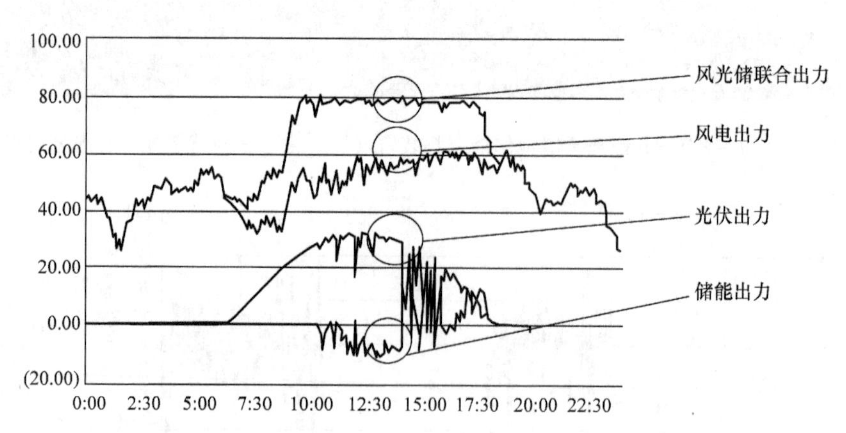

图 1-6　中国张家口国家风光储输示范工程（一期）风光储联合发电典型运行曲线图

图 1-7 显示的是南都电源开发的 20MW/160MW · h 铅炭电池储能装置。该储能电站用于中国江苏省无锡某工业园区调峰，同时参与电网需求侧响应及源网荷

储的应用。正常用于每天削峰填谷，即在园区谷段时间段充电，峰段时间段放电。同时，当电网的用电峰值或谷电余量增加时，电网公司向储能电站系统发出放电或充电请求，储能系统根据接收到的请求指令及放电功率需求进行放电或充电动作。此外，储能电站可参与电网公司的源－网－荷－储友好互动平台的应急备用调度，为园区提供供电保障，提高用电可靠性。

图1-7 20MW/160MW·h铅炭电池储能装置（图片由浙江南都电源动力股份有限公司提供）

1.2 电池的作用

电能存储方式有很多种（例如，飞轮、超级电容和压缩空气等），而对于大多数应用而言，电池储能可能是最好的选择。电池从规模上可以分为小规模应用（手机）、中等规模应用（混合电动汽车）和大规模应用（电网）。作为能量存储载体，电池具有比能量高、能量转换效率高等特点，但是使用者对成本和电池寿命的顾虑阻碍了电池储能更广泛的应用。目前，研究人员正不断研发成本更低、寿命更长的电池化学物质，此外，当电池实现批量生产并得到广泛应用时，规模化经济也会降低其成本。无论参与哪一种应用，电池在其全寿命服务周期内都需要受到 BMS 的控制。基于本书所描述的技术设计能够延长储能系统寿命的 BMS，可以保证电池组以一种最有效率和成本效益的方式被利用。

1.3 电池系统工程

电池系统工程是电化学、动态建模和系统/控制工程的交叉学科，需要多学科方法。电池专家/工程师了解设计电池所需的电化学及材料问题，但未必有高效电池管理算法所需的解决复杂数学建模及控制系统设计的背景。数学建模者可能能够开发出精确的电池单体模型，但由于底层偏微分方程的复杂性，这些模型常常不能轻松应用于系统。系统工程师有控制学和动力学背景，能够对系统反馈进行分析、设计和仿真，但不一定理解底层的化学或建模。

本书的主要目标之一是把电池带到系统工程的领域。从系统工程的角度来看，电池组是多输入多输出系统。主要的输入——电流，由用电设备的电能供需决定。主要输出是电池的电压。其他输出包括温度，单个电池或电池单体电压和一个给定电池单体的离子浓度分布。系统工程师需要电池单体、电池、电池组标准（例如，状态变量和传递函数）格式的模型，用于预测、估计并控制这些输出。

许多储能应用的动态环境要求具备先进的 BMS。BMS 经常关心的是充电协议，因为应用需要电池组定期完全充电。电池供电设备（例如，笔记本电脑），然后以低电流缓慢放电，直到需要再次充电。HEV 则不同，需要快速和高电流的储能配合车辆的动态加速和制动。例如，图 1-8 所示为两个 HEV 电池循环图。在 6min 的

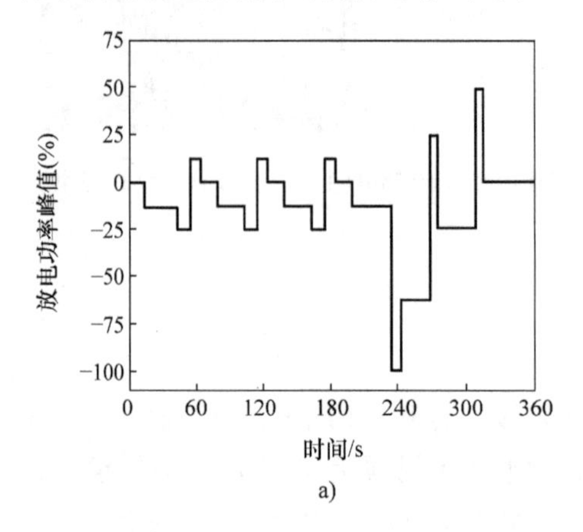

a)

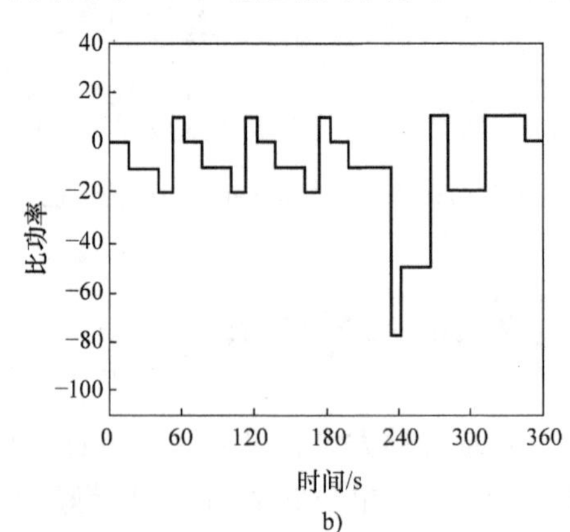

b)

图 1-8 HEV 电池循环曲线

a）动态强度测试（DST） b）简化的联邦城市道路行驶工况曲线（SFUDS）

循环期间，进出电池组的功率变化迅速。电池组这种快速的充放电循环，要求复杂的 BMS 实时调节电池组充放电电流。高效的 BMS 为了将电池寿命最大化和保证

安全，可以将电流限制设得足够低，同时为满足功率输出最大，可以将电流设置足够高。

图1-9显示了HEV的机电系统原理。电池系统包括由电池单体成组为电池模块再组成的电池组、BMS和热管理系统。电力电子设备将电池系统连接到电动机/发电机，再通过传动系统与ICE机械耦合。电力电子设备通常包括大功率开关电路、逆变器、DC-DC变换器和充电器。传动系统将电动机/发电机和发动机都连接到车轮（并行配置）、只将电动机/发电机连接到车轮（串行配置）或者两种情况结合（混合配置）。

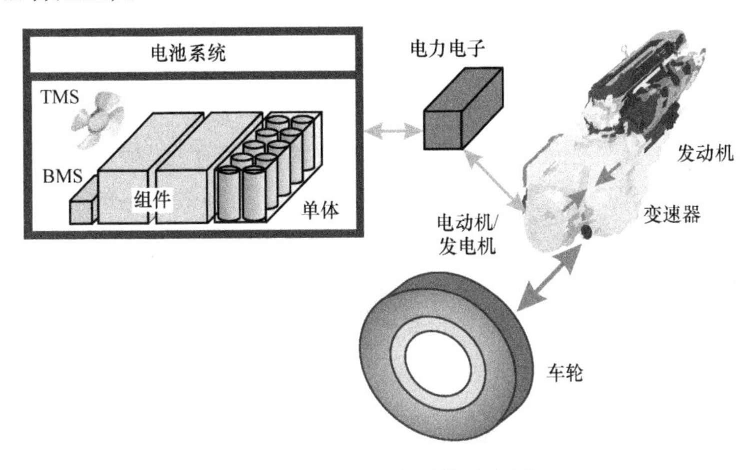

图1-9　HEV机电系统示意图

虽然应用于HEV/PHEV/EV的电化学、电力电子、电动机/发电机的发展面临重大挑战，但本书的关注点集中于商用电池单体/电池组动态特征和车辆在线评估/控制软件的发展。动态模型可以用于模拟和优化系统响应。该软件基于建立的模型，预测和控制电池组响应，以优化电池组性能和使用寿命。电池是HEV、PHEV和EV动力系统中成本最高的部分，所以它们的最佳利用率对于发展经济型电动汽车是至关重要的。

1.4　基于模型的方法

电池可以采用实证方法或基于模型的方法进行设计。在实证方法中，构建电池单体并测试它的性能。根据测试的结果，电池被重新设计和测试。这是一个耗费时间并且昂贵的过程。在基于模型的方法中，模型用来预测基于电池设计的性能。因为电池可以在计算机上相对快速地进行设计和优化，这个过程被称为计算机辅助工程（CAE）。基于模型的设计，可确保开发的电池有最高性能，使它们在市场上具有竞争力。

基于模型的方法建立在一个基本的物理模型之上，预测电池的响应。该模型始于电化学和物理偏微分方程（PDE），管理电池单元内的离子流。该模型需要可以独立测量的几何参数（例如，长度和面积）的知识，物理常数（例如，法拉第常数）的知识，和不能独立测量参数和/或已知的（例如，扩散系数）的知识。给出随时间变化的电池输入电流，该模型预测电池时域响应，包括输出电压。最好的模型拥有的参数都可独立地测量，其性能和实验密切匹配。模型中的未知参数提供额外的旋钮供建模者调整，使其与实验数据更一致。模型验证过程包括在多种输入下测试模型，将模型预测和实验数据差距最小化。一旦模型得到验证，根据不同的电池设计和性能预测，输入参数可以是多种多样的。因此，为获得最大的性能，电池可以进行优化。

BMS 也可以采用实证方法或基于模型的方法进行设计。几乎所有的 BMS 都依靠电池模型，但复杂性有很大的差别。在最低水平，启发式模型用于大致预测观察到的性能。适合于在一个指定频率带宽测量响应的等效电路的更多先进实证模型已被广泛应用。然而，最先进的 BMS 是基于基本的电池模型。这些模型在实时应用中更难推导和简化，但它们都是基于电池底层的物理学和电化学。响应和系统参数之间的关系是已知的。基本的基于模型的控制器有一个对内置底层流程的了解，使它们能够更加高效、准确、安全。

1.5 电化学基础

图 1-10 显示的是电池单体的原理图。它包含浸渍在电解液中的正负极。电极可以是固体的或多孔的材料，以允许电解质渗透通过。隔膜防止电子的流动，但允许两个电极之间的正离子和负离子迁移通过电解质。正极集流体和负极集流体为电子流过外部电路提供途径。在放电过程中，负极是阳极，正极是阴极。正离子从阳极通过电解液和隔膜到阴极。负离子向相反的方向移动。阳极集聚负电荷、阴极集聚正电荷，形成电池电压 $V(t)$。带负电荷的电子从阳极流过一个外部负载到阴极，创建反方向的电流。正电流的符号约定是电子流的相反方向。在充电过程中，该过程是相反的，电子被压入阴极（负电极）。

在充电过程中，负极材料溶解在电解质溶液中，在氧化反应中形成正离子和电子。正电极在还原反应中消耗电子，从电解液中沉积正离子。二次（可充电）电池中的反应是可逆的，电池放电时电极返回到其预充电状态。离子在电解液中扩散和迁移。扩散是由于电解液存在浓度差。随着时间的推移，如果没有新产生离子，离子将均匀地扩散在整个电池单体的电解质中。迁移是由于正极和负极间存在电场。正离子向负电极迁移，负离子向正电极迁移。电解质中的离子的移动和电子在外电路的流动使能量储存和释放。

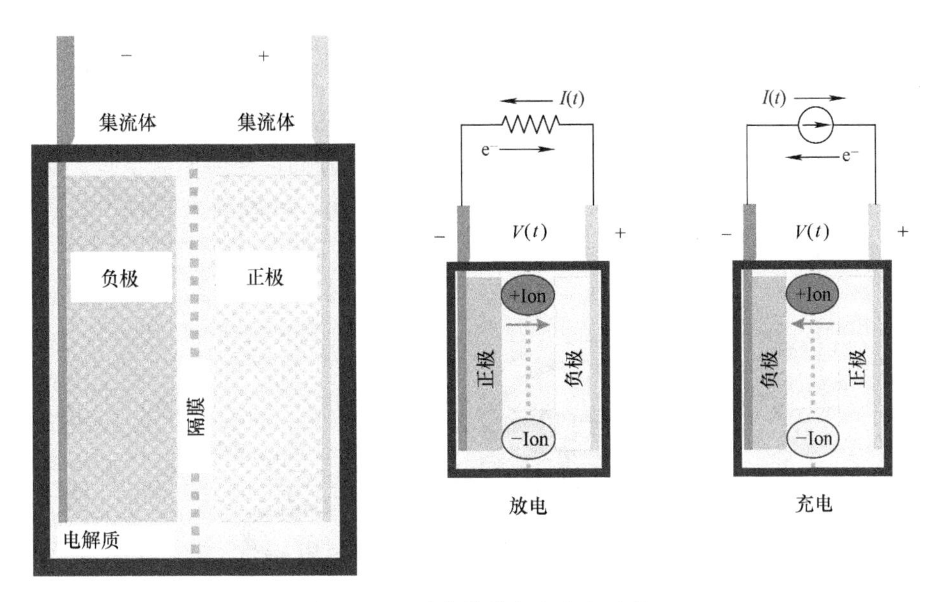

图 1-10　电池简单放电和充电过程

1.6 电池设计

电池有各种形状和尺寸，但最常见的形式是棱柱形（通常为矩形棱柱）或圆柱形。图 1-11 所示的是松下的铅酸和镍氢（Ni－MH）电池及电池组。阀控铅酸（VRLA）电池是棱柱形，镍氢（Ni－MH）电池制造成圆柱形和棱柱形。图 1-11 所示 HEV 电池组是由许多棱柱形镍氢（Ni－MH）电池构成的。

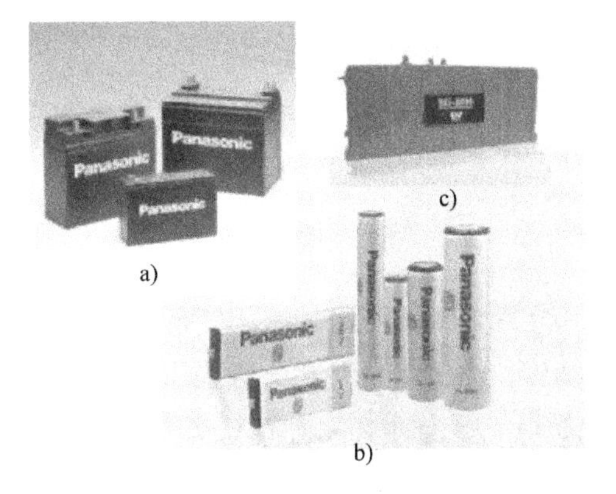

图 1-11　松下电池（©松下）
a）阀控式密封铅酸蓄电池
b）镍氢电池　c）镍氢电池组

阀控式密封铅酸蓄电池常见于内燃机汽车，用于起动、照明和点火。铅酸电池单体电压约 2V，所以要由多个电池串联以产生所需的电压，例如，6V（3 个单体）或 12V（6 个单体）。但是，完全充电的 12V VRLA 电池，可以提供 15V 电压且放电至 8～10V。电池由浸泡在稀释的硫酸电解液中的铅极板和隔膜组成。铅板和二氧化铅板分别构成负极和正极。电池的电流（和功率）与极板面积成正比。电池壳体有一个通气孔，在极端过充电条件下内部压力积聚到足够高的水平时会打开。

松下锂离子圆柱电池单体的设计如图 1-12 所示。电池是由四个材料层卷起构成圆筒状制成。四层分别是正极、隔膜、负极和二次隔膜。第二隔膜层保持正极和负极在卷曲结构中分隔开。引线连接顶端的正极和底端的负极。锂离子电池具有超过 3V 的额定电压。为了形成更高电压的电池，圆筒形电池串联堆叠，密封在一起。更大的电流，可以通过增加电极面积方式获得，导致更大的直径或更长长度的电池单体。

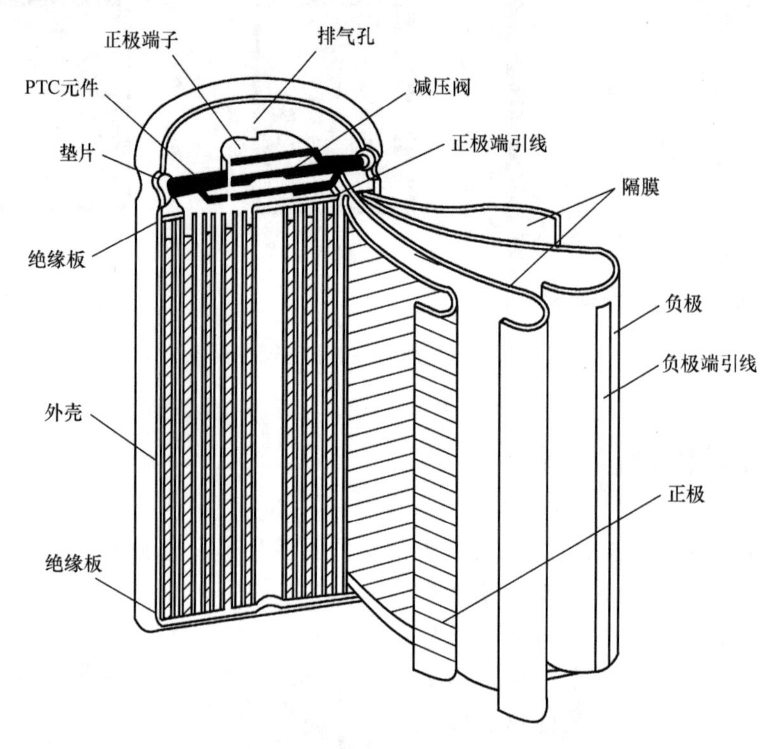

图 1-12　松下锂离子圆柱电池设计图（©松下）

在图 1-11b 所示的密闭矩形镍氢（Ni－MH）电池也有与圆筒形电池相同的层状结构，但层不会卷起。这些层可堆叠来提高电池电压，Ni－MH 电池额定电压大约为 1V。棱柱单体电池往往更容易集成进 HEV 电池组，如图 1-11c 所示。电池组通过单体电池串联和并联形成，使电压和电流分别提高至所需的值。

1.7　本书的目的

本书的主要目的是为电池系统工程可行性研究领域提供一个框架。电池在能源消耗和生产中的重要性与日俱增，电池往往是这些复杂系统中最昂贵和最难理解的部分。本书的目标是让那些对电池不是很了解的设计工程师，可以将它们作为复杂系统的部分去分析、集成和优化。我们打算提供一个自足的、基础的电池系统建模、分析和设计的方法，并将它们与工程师用来设计复杂机电一体化系统，像 HEV 和可再生能源电厂所用的机械、电气、流体、热和计算机模型的基本方法放置同一框架内。

为了实现这个目标，我们首先要开发有限电化学背景的系统工程师可以理解和使用的电池模型。这些模型是众所周知的铅酸、镍氢（Ni－MH）和锂离子化学物质，在第 2 章中有讨论。在未来开发新的电池化学物质，无疑会使用第 3 章中提出的控制方程的守恒定律和反应动力学。重点不是电化学和控制方程的推导，而是如何将这些分布参数模型转化为系统工程师常用的标准形式。在第 4 章中，我们研究空间离散方法，将底层 PDE 简化为只有时间一个独立变量的常微分方程。这些状态变量模型是系统工程师所熟知，也是机电一体化系统分析、设计和控制的基础。然后，这些模型在第 5 章仿真中用来预测充放电、循环和频率响应。在第 6 章中，铅酸、镍氢（Ni－MH）和锂离子电池的完整模型被提出，并使用在第 2～5 章中开发的技术进行了仿真。

其次，我们使用这些模型来计算电池系统的响应、估计内部状态和参数、开发先进的 BMS。系统设计依赖于分析、仿真，以预测和优化性能。本书中开发的模型为系统工程师提供工具将电池与其他机电系统集成。第 7 章中提到的荷电状态（SOC）和健康状态（SOH）估计器提供了电池中储存的能量和电池的总容量实时测量的方法。不采用启发式或实证的方法，我们可以用开发的模型将电池动态明示给开发的预测器，提高了 SOC 和 SOH 估计测量精度和鲁棒性。最后，在第 8 章讨论的基于模型的 BMS 保证为各种储能应用提供安全、高效和具有成本效益的电池系统。

第2章 电化学

本章我们将讨论三种主流电化学电池：铅酸电池、镍氢电池和锂离子电池，并介绍每种电池正负极上的正常充放电反应、副反应和老化机理，最后比较这三种电池的功率、质量和体积比能量、成本和循环性能。

2.1 铅酸电池

铅酸电池是相对古老和成熟的技术，目前占据 40% ~45% 的电池市场，主要是由于它广泛用于小汽车、卡车和公交车的起动、照明和点火[2]。铅酸电池的充放电效率为 75% ~80%，因此也用于混合动力汽车（HEV）和储能领域。阀控铅酸电池（VRLA）是一种先进设计的铅酸电池，内部不含流动电解液，电解液吸附在多孔的隔板或气相 SiO_2 胶体中。图 2-1 是美国 Enersys 公司生产的 VRLA 电池，采用吸附式超细玻璃棉隔板（AGM）来固定电解液，具有允许离子导通而不允许电子导通的特性。

图 2-1　美国 Enersys 公司生产的 VRLA 电池

图 2-2 是 VRLA 电池的结构示意图，包括正极、负极和中间的隔板，隔板的作用是电子绝缘体。这三个组件都是多孔的，全部或部分充满液态或固态电解液。电解液是电子绝缘体和良好的离子导体。如果过充电或过放电，电池内部可能会产生气体。气体的产生是电池副反应的产物，将会引起电池的安全问题，并会缩短电池的循环寿命。

铅酸蓄电池正、负极分别进行充放电的可逆电化学反应。负极的活性材料由铅（Pb）粉末组成，正极化学成分是二氧化铅（PbO_2），电解液是硫酸（H_2SO_4）的水溶液。硫酸溶于水后电离为 H^+ 和 HSO_4^-。放电时，负极 Pb 与 HSO_4^- 发生电化学反应生成硫酸铅（$PbSO_4$）和 H^+，并释放出2个电子（e^-）。化学反应方程式如下：

$$Pb + HSO_4^- \underset{充电}{\overset{放电}{\rightleftharpoons}} PbSO_4 + H^+ + 2e^- \tag{2-1}$$

2个电子通过外电路做功，提供电能。H^+ 离子穿过隔膜扩散到正极附近。负极的充电反应是上述放电反应的逆过程，即 $PbSO_4$ 转变成为海绵状金属铅。

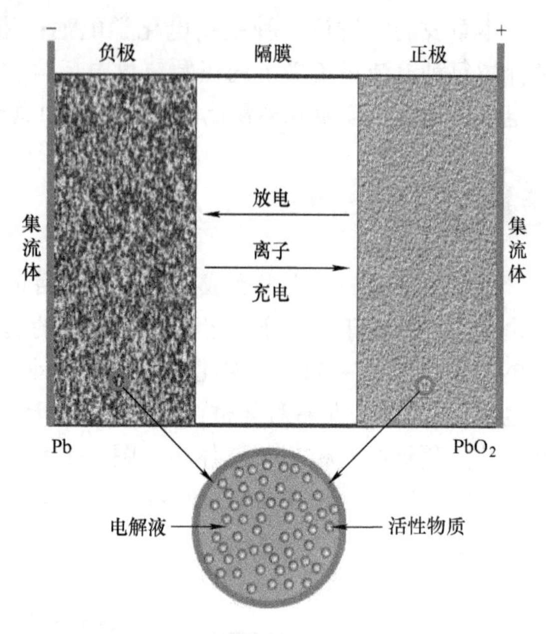

图 2-2　铅酸电池结构示意图

放电时，正极 PbO_2 与 HSO_4^- 以及从负极扩散来的3个 H^+、来自外部电路的2个电子发生电化学反应，生成硫酸铅（$PbSO_4$）和水（H_2O），化学反应方程式如下：

$$PbO_2 + HSO_4^- + 3H^+ + 2e^- \underset{充电}{\overset{放电}{\rightleftharpoons}} PbSO_4 + 2H_2O \tag{2-2}$$

正极的充电反应是上述放电反应的逆过程，即 $PbSO_4$转变成为 PbO_2。

为了改进传统铅酸电池的循环寿命短、充放电功率小等问题，在铅酸电池负极中加入具有双电层电容特性的碳，将铅酸电池和超级电容器的优势融合在一起，既发挥了超级电容器大容量充放电的优点，也发挥了铅酸电池的比能量优势，这就是正在兴起的一种碳增强铅酸电池，又称为铅炭电池。在铅酸电池中加入活性炭主要有两种方式：一种是负极材料分别由铅和活性炭单独制作，然后通过并联形成负极，称为“内并”模式；另一种是把活性炭混合到负极材料 Pb 中制作成负极，称为“内混”模式。前者是由澳大利亚的联邦科学与工业研究会发展起来，称为超级电池，可以把其看成是由非对称超级电容器和铅酸电池两部分组成（见图 2-3）。后者将具有双电层电容特性的碳材料与海绵铅负极进行混合制作成，既有电容特性又有电池特性的铅炭复合电极，铅炭复合电极再与 PbO_2 正极匹配组装成铅炭电池，又称高级铅酸电池（见图 2-4）。高级铅酸电池最早是在 2007 年由美国的 Axion 公司研究开发的。由于在铅酸电池加入了活性炭，一方面减缓了负极硫酸盐化现象，延长了电池寿命，另一方面也发挥超级电容器的优势，具备大容量充放电的特性。

与阀控铅酸电池（VRLA）相比，虽然铅炭电池的比能量没有差异，但是比功率却有大幅的提升，而且在放电深度（Depth Of Discharge，DOD）较小的情况下循

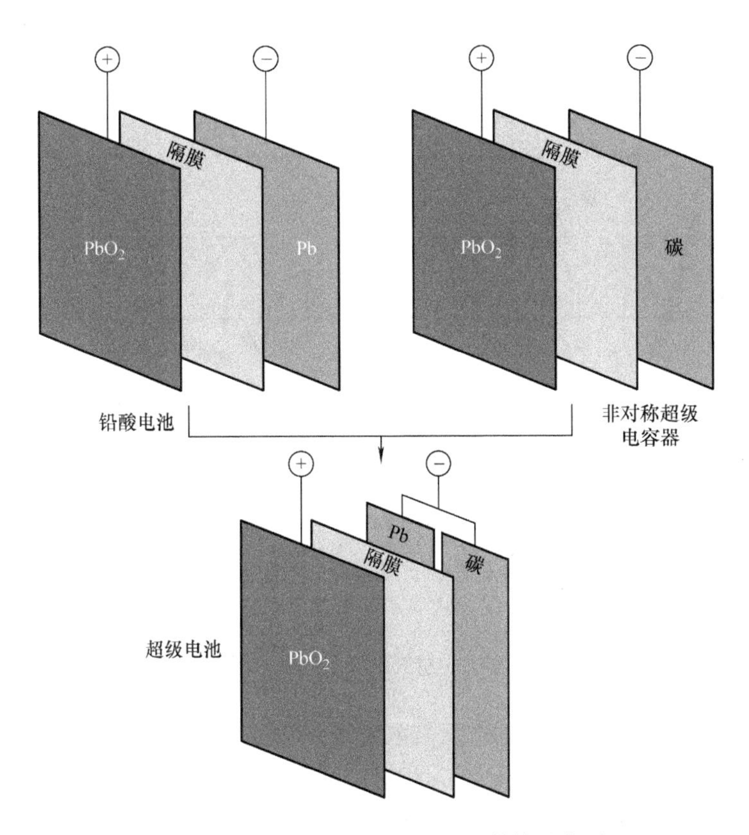

图 2-3 铅炭电池（超级电池）结构示意图

环寿命也有显著的提高；在大电流浅充浅放（10% DOD）条件下铅炭电池具有长达1万次的循环寿命，而这一优势正好与通过储能来平滑可再生能源输出！电网调频的功率需求相吻合。

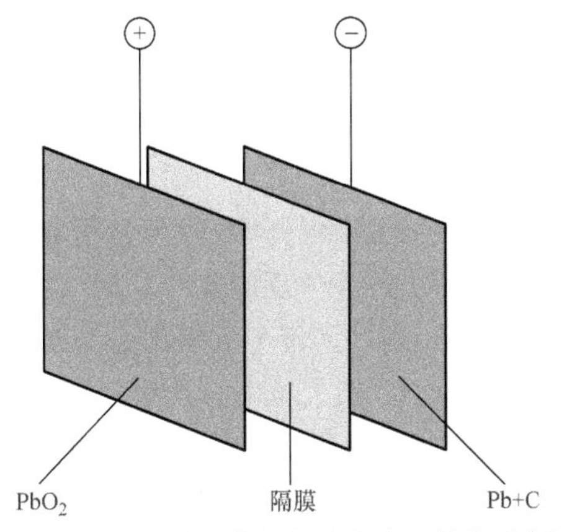

图 2-4 铅炭电池（高级铅酸电池）结构示意图

由于在负极活性材料中添加了碳材料添加剂，抑制负极的不可逆硫酸盐化，大大提高了电池在 HRPSoC 工况下的循环寿命。

美国 Sandia 国家实验室测试澳大利亚联邦工业研究所设计、日本 Furukawa 公司制造的铅炭超级电池，测试结果表明：在 HRPSoC（50% SOC，充放电电流 1C、2C 和 4C，10% DOD 充放电放电深度）运行模式下，超级铅炭电池循环 16740 次，而普通 AGM 铅酸电池循环寿命仅为1100次（图2-5），铅炭超级电池循环寿命是普通AGM铅酸电池的13倍。

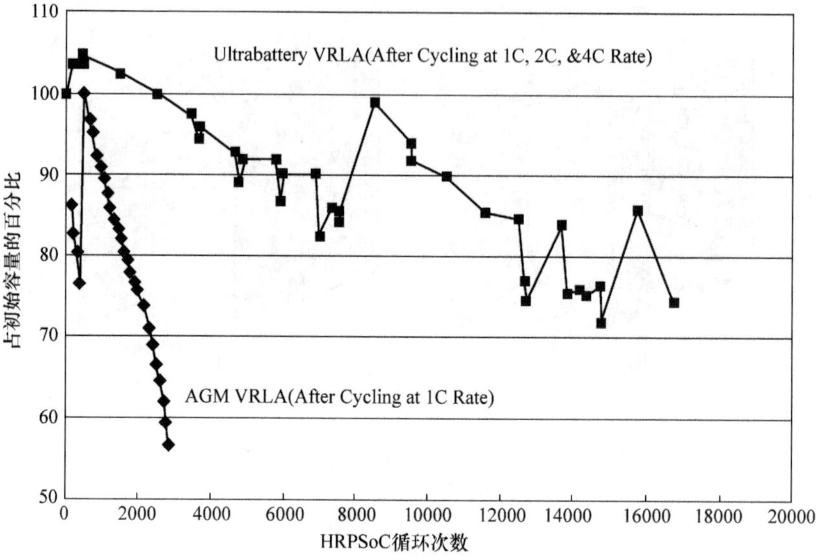

图2-5 HRPSoC运行模式的超级铅炭电池和普通铅酸电池性能比较

一个特定的化学体系电池的电压值取决于正极和负极材料。负极Pb相对于标准氢电极电位是-0.3V，而正极PbO_2相对于标准氢电极电位是1.6V。因此，单体铅酸蓄电池理论电压是1.9V。铅酸蓄电池电压高于1.9V是处于过充状态，低于1.9V是处于充电不足状态。

在某些工况条件下，铅酸蓄电池还会产生副反应或其他过程，这降低了电池的充放电效率，造成电池性能长期的衰退。我们最担心的是电池的老化和电池的寿命衰减，因此，造成副反应的工况应尽量避免。铅酸蓄电池的寿命是由下述几个失效模式所决定[3,4]：

• 腐蚀：正极板栅Pb外面包覆着活性材料PbO_2。正常情况下，正极上主要是PbO_2进行上述化学反应式（2-2）的电化学反应过程。但是，板栅Pb可能被硫酸（H_2SO_4）腐蚀溶解生成氧化铅（PbO），增加正极的电阻。

• 析氢。在过充电时，负极产生氢气，正极产生氧气，造成电池的内压上升。如果电池内压上升到一定值，阀控铅酸电池的阀门会开启释放所产生的气体。如果电池析气量过多，电池内部水分永久损失，将造成隔膜干涸，电解液浓度的上升。

• 硫化。在放电时，铅酸蓄电池正负极都生成$PbSO_4$晶体。在充电时，正负极上的$PbSO_4$晶体分别转化成PbO_2和Pb活性物质。极板硫化就是充电后极板上仍有$PbSO_4$晶体，硫化会造成电池容量损失。电池硫化主要发生在高温部分放电（低压）电池中，如电池长期搁置，或者长期小电流放电。负极较正极更易发生硫化。

- 活性材料性能衰退。腐蚀、气体产生和硫化都会降低正负极活性物质的性能。气体产生和充放电引起的体积膨胀、收缩，都会引起机械压力的变化。$PbSO_4$和PbO_2的体积分别是Pb体积的2.4倍和1.96倍，因此，在充放电时，电池正负极产生较大的压力变化。随着SOC降低，压力增加。随着循环次数的增加，正极板栅上的活性物质PbO_2会逐渐软化和脱落。

- 隔膜的枝晶化。铅酸蓄电池在放电时，化学反应式（2-1）和式（2-2）中消耗硫酸，因此导致硫酸的浓度随着SOC的变化。在较低的SOC状态下，硫酸浓度减小，加重了$PbSO_4$晶体形成。而沉积的$PbSO_4$晶体可能填塞在隔膜的孔隙中，在充电时，这些$PbSO_4$晶体可能转化成树枝状的金属铅，刺穿隔膜，使正负极直接导通，引起电池的短路。

2.2 镍-氢电池

镍氢（Ni-MH）电池的性能和成本均高于阀控式密封铅酸蓄电池。镍氢（Ni-MH）电池具有很好的循环寿命、容量和快速充电能力。镍氢（Ni-MH）电池已经大量用于混合动力应用，包括丰田普锐斯[5]。然而，镍氢（Ni-MH）电池的一个缺点是在没有负载时自放电相对较快。

图2-6是镍氢（Ni-MH）电池的示意图。其正极主要的活性物质是氢氧化镍，负极主要成分是吸氢镍合金。电池具有电绝缘隔板，碱性电解液［例如氢氧化钾（KOH）溶液］，以及多孔金属基体。以圆柱形镍氢（Ni-MH）电池为例，正极和负极用隔膜分隔，卷绕成圈，并装入壳内。镍氢电池也通过堆叠和连接多个电芯装配成柱形电池。

放电过程中，正电极中的羟基氧化镍（NiOOH的）转化为氢氧化镍（$Ni(OH)_2$），即

$$NiOOH + H_2O + e^- \underset{\text{充电}}{\overset{\text{放电}}{\rightleftharpoons}} Ni(OH)_2 + OH^- \tag{2-3}$$

氢氧根离子（OH^-）和电子分别通过隔膜和外部电路。在负电极中，金属氢化物（MH）被氧化为金属合金（M），即

$$MH + OH^- \underset{\text{充电}}{\overset{\text{放电}}{\rightleftharpoons}} M + H_2O + e^- \tag{2-4}$$

负、正电极对标准氢电极电压分别为-0.83V和0.52V，由此得到电池的理论电压为1.35V。

Ni-MH电池内发生的一些副反应会损坏电池寿命并产生气体提高电池内压。过充电时，正极镍电极析出氧，即

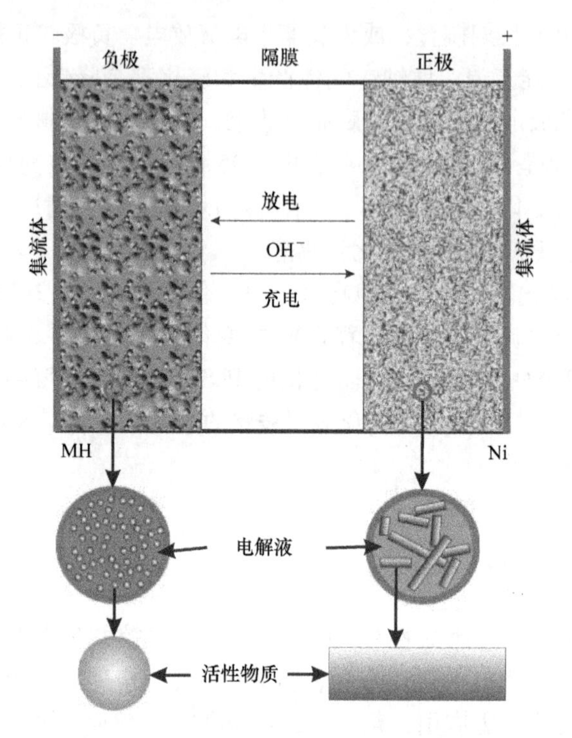

图 2-6　镍氢（Ni－MH）电池示意图

$$4OH^- \xrightarrow[\text{过充电}]{} O_2 + 2H_2O + 4e^- \tag{2-5}$$

氧气通过隔膜扩散到负极，将 MH 氧化形成水：

$$O_2 + 2H_2O + 4e^- \xrightarrow[\text{过充电}]{} 4OH^- \tag{2-6}$$

反应（2-5）和反应（2-6）的最终效应是使氧气不产生压力。但过充电的极端情况下，一个有潜在危险的反应是在负极中形成氢：

$$2H_2O + 2e^- \xrightarrow[\text{过充电}]{} H_2 + 2OH^- \tag{2-7}$$

反应（2-7）通常是不可逆的，但氢气可被活性物质吸收。例如镍氢电池自放电比较快（以天计），原因是 NiOOH 的氢气的反应，最终由于以上副反应存在负极可以被电解液中的水腐蚀。

$$2M + H_2O \longrightarrow MH + MOH \tag{2-8}$$

负极中的副反应使容量逐渐减少，最终限制镍氢（Ni－MH）电池的循环寿命[6]。

水解。反应（2-7）消耗水，产生氢气。失水将导致电池干燥，增加电池的内部电阻和电解液的浓度。

腐蚀。腐蚀反应（2-8）通过改变正极和负极之间的平衡而加速水的损失。负极通常设有更多的活性物质，容量受正极限制。在完全充电后，正极由反应

(2-5) 产生的氧，在负极由反应 (2-6) 中消耗。反应 (2-7) 在这些条件下被抑制，除非出现高倍率充电和/或过低的温度。在低到中等电流运行时，所产生的少量氢可以被活性物质吸收。腐蚀减少负极中的活性物质，使容量平衡向正极转移，并减少可用吸氢材料。当正极的容量大于负极时，负极产生的氢取代正极产生的氧。过量的氢不能被活性物质吸收，电池压力增加，有可能导致泄气和永久性的水损失。高温运行会增加水分流失，加速腐蚀。

碎裂。镍氢 (Ni-MH) 电池老化也受到应力导致的活性物质碎裂的影响。活性物质中氢的嵌入和脱出会导致晶格膨胀和收缩，产生应力。氢嵌入和脱出的量依赖于放电深度 (DOD)。较高的 DOD 将导致更高的应力，以及活性物质的加速劣化或碎裂。

2.3 锂离子

锂离子电池因循环寿命长（大于 500 次）、能量转换效率高、自放电率低（小于每月 10%），使其市场占有率不断提高。高初始成本已经限制了其出现在价格敏感应用中，但新的化学体系和规模经济保证降低未来锂离子电池的成本。

图 2-7 是锂离子电池的示意图。锂金属氧化物（$LiMO_2$）［其中 M 表示金属（如 Co）］和嵌锂碳（Li_xC）分别是正极和负极中的活性物质。正极中的金属是过渡金属，通常是 Co。活性物质在电池两端粘接到金属箔集流体，并用微孔聚合物隔膜或凝胶聚合物作电气隔离。液体或凝胶聚合物电解质允许锂离子（Li^+）在正极和负极之间扩散。锂离子通过插层过程从活性物质中嵌入或脱出。

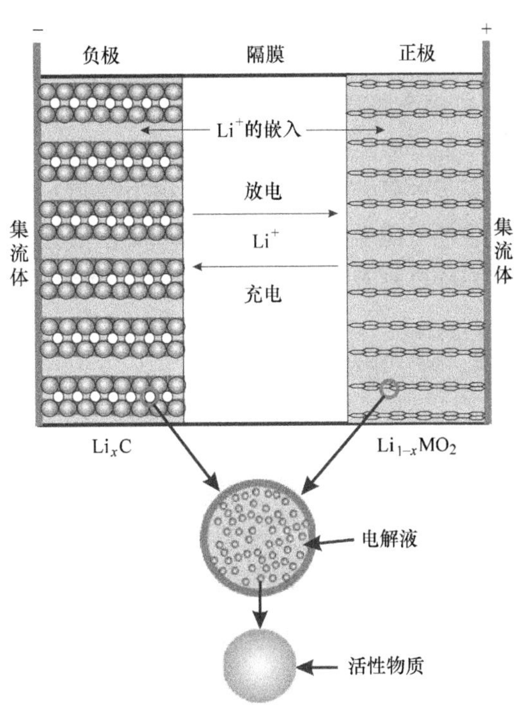

图 2-7 锂离子电池示意图

在充电过程中的正极上，活性物质被氧化，锂离子脱出过程如下：

$$Li_{1-x}CoO_2 + xLi^+ + xe^- \underset{\text{充电}}{\overset{\text{放电}}{\rightleftharpoons}} LiCoO_2 \tag{2-9}$$

在充电过程中的负极上，活性物质被还原。在反应中，锂离子从正极迁移并通过电解液和隔膜嵌入。

$$Li_xC \underset{充电}{\overset{放电}{\rightleftharpoons}} C + xLi^+ + xe^- \tag{2-10}$$

反应（2-9）和反应（2-10）的反向是放电。这些反应产生的理论电池电压为4.1V，远高于镍氢电池或铅酸电池。

锂离子电池的功率和能量随循环衰减。功率衰减主要由于内部电阻或阻抗增加。内阻导致欧姆效应损失而浪费能源，产生热量，并加速老化。除欧姆效应的能量损失，锂离子电池容量随着时间的推移而减小。其容量减小还由于正极、负极和电解质的分解。分解机制是复杂的，耦合进行，依赖于电池的化学体系、设计和制造[7]。

负极中的主要老化机理[8]如下：

- **固体电解质界面（SEI）膜的生长**。SEI 膜生长在负极上，导致阻抗上升。SEI 膜在循环初期形成，并在循环和存储过程中生长，特别是在较高的温度下。SEI 膜滞留锂。
- **锂腐蚀**。负极活性炭材料中的锂可以随着时间的推移发生腐蚀，由于可迁移锂的不可逆损失导致容量衰减。
- **接触损失**。SEI 膜从负极脱落，导致接触损失和增加电池阻抗。
- **锂金属层**。锂金属层在低温度、高充电率和低电池电压时在负极上表面形成，从而导致可循环锂的不可逆损失。

最近的研究表明，循环过程中的阻抗上升和容量衰减主要是由正极造成的。放电容量可能受到氧化物颗粒中活性嵌锂场所减少的限制。正极也形成钝化层，并在循环过程中加厚、变性，从而导致电池内阻上升和功率衰减。

2.4 性能比较

2.4.1 能量密度和比能量

表 2-1 对铅酸电池、镍氢电池、锂离子电池在几个主要方面进行了比较。理论电压由电极材料决定，实际电压能够从现实电池中测量得到。对于铅酸电池和锂离子电池，实际电压值与理论电压值基本上相同，分别在 2V 和 4V 左右。镍氢电池的实际电压比理论值低 10% 左右。比能量是电池的存储能量（W·h）除以电池的质量（kg）。理论容量（A·h/g）基于参加电化学反应的当量活性材料。理论容量与电压相乘得到理论比能量（W·h/kg）。铅酸电池容量最低，为 166W·h/kg，镍氢电池为 250W·h/kg。锂离子电池理论上会产生更高的 410W·h/kg 的比能量。在实际中，虽然没有任何化学物质能够达到它的理论电势。但锂离子电池仍具有最

高的比能量150W·h/kg，几乎为理论值的$\frac{1}{3}$。镍氢电池在实际中为75W·h/kg，也大约为理论值的$\frac{1}{3}$。铅酸电池仅为理论比能量的14%，为35W·h/kg。具有400W·h/L高能量密度的锂离子电池比镍氢电池和铅酸电池分别高1.7倍和5.7倍。显然在易受重量和体积影响的应用场合，例如混合动力汽车等，锂离子电池有优势。

表2-1 铅酸电池、镍氢电池和锂离子电池性能比较

	铅酸电池	镍氢电池	锂离子电池
理论值			
电压/V	1.93	1.35	4.1
比能量/(W·h/kg)	166	240	410
实际值			
比能量/(W·h/kg)	35	75	150
能量密度/(W·h/L)	70	240	400
库伦效率	0.80	0.65~0.70	>0.85
能量效率	0.65~0.70	0.55~0.65	~0.80
比功率80% DOD/(W·h/kg)	220	150	350
功率密度/(W/L)	450	>300	>800

能量存储效率也是电池的一个重要度量。本书采用两种不同效率，即库仑效率和能量效率。库仑效率表达式为

$$f=\frac{\int_{\text{discharge}} I\mathrm{d}t}{\int_{\text{charge}} I\mathrm{d}t} \tag{2-11}$$

式中，$I(t)$ 为电池电流；t 为时间。能量效率表达式为

$$\eta=\frac{\int_{\text{discharge}} IV\mathrm{d}t}{\int_{\text{charge}} IV\mathrm{d}t} \tag{2-12}$$

式中，$V(t)$ 为电池电压。表2-1表明，锂离子电池为最有效的化学体系，其次为铅酸电池和镍氢电池。

图2-8是3种电池化学体系和ICE的比功率与比能量的Ragone曲线图。满足汽车性能的区域采用高亮显示。ICE提供满足汽车性能需求的比功率和能量。在这

个区域能够工作的电池可用于纯电功汽车。锂离子电池满足这些条件，使其成为电动汽车的一种可行性选择。不过铅酸和镍氢电池不符合电动汽车对功率和能量要求。

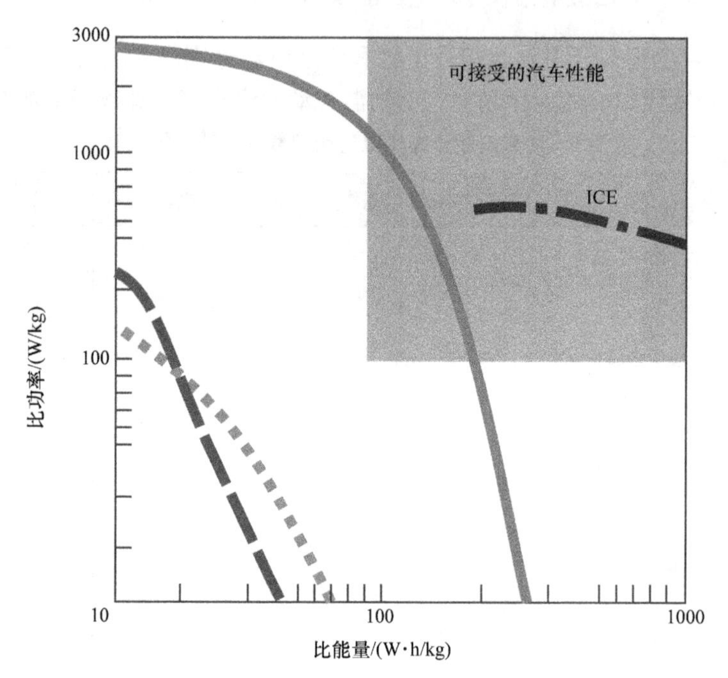

图 2-8　电池和 ICE 的 Ragone 曲线

2.4.2　充电与放电

电池在充放电工作中的动态特性控制着电流能被注入与取出的速度。端电压在充放电过程中不是恒定的，而是在稳定的充电与放电过程中分别升高与下降。当充电或放电停止后，瞬变电压响应在几秒到几分钟内稳定下来。因此最大限度地充电，使电池的电压饱和在一个最大值。在过充情况下，大部分能量转化为热量损失或发生对电池有害的副反应。相似地，充电不足发生在电池由于过放电使电压下降到末端电压或终止电压以下时，也会对电池造成伤害。

电池的工作范围由 SOC 确定，规定为可充电电池现有充电量与最大可充电量的百分比[10]。一个满充电池 SOC 为 100%。SOC 工作范围取决于应用。例如，Ni－MH电池电动车通常工作在 30% ~70% SOC。在这个 SOC 范围内，电池具有很高的库伦效率。DOD（DOD＝100% －SOC）是另一种表示储存电荷的方式。

电池的充电与放电动力学可通过测量恒流充放电下的电压来表征。充电与放电倍率的测定与电池容量 C 相关。例如，5A · h 电池 0.1C 放电倍率电流为 0.5A，10A · h 电池 2C 放电倍率电流为 20A。图 2-9 给出了电池在低倍率、中等倍率及高倍率下放电的代表性曲线。由于电流倍率是恒定的，可以绘制电压响应对时间或

DOD 曲线。低倍率曲线近似平衡电池（或开路）电势。最佳开路电势曲线在宽范围 DOD 内是平的，因此电池电压在放电时基本是恒定的，简化了电压调整电路的设计与降低了其成本。中等倍率放电曲线向下变化是由于在整个 DOD 中的欧姆损耗，在低 DOD 时为电荷迁移动力损耗，高 DOD 时为传质限制。高倍率放电证明电压下降很快，因此只有部分容量可在高倍率放电时被利用。

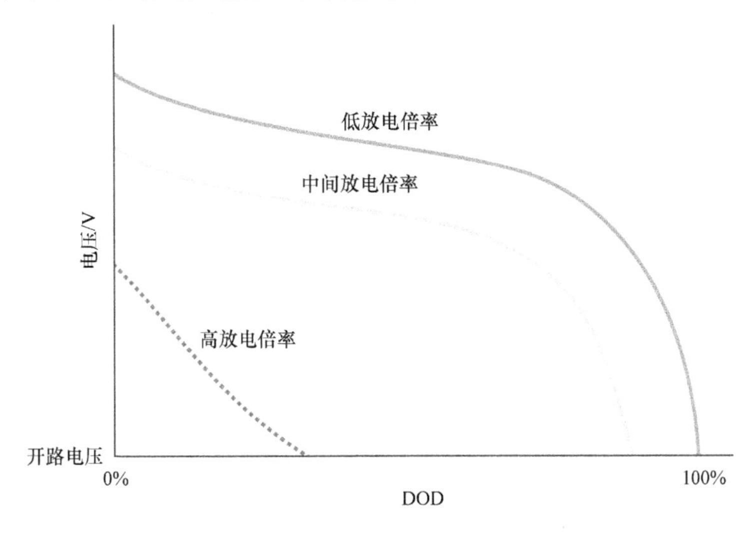

图 2-9　不同放电倍率的电压曲线示意图

比功率（W/kg）与功率密度（W/L）是电池放电性能很好的概括统计量。表 2-1 给出了锂离子电池具有最高的比功率和功率密度，其次是铅酸电池，镍氢电池最小。然而镍氢电池的放电曲线最平，接下来是放电曲线斜率更大的铅酸电池和锂离子电池。

用市电充电代替电池放电时的能量消耗。充电机控制充电时电流或电压，不能同时控制。电流与电压的关系由电池阻抗决定。充电通常由恒流（CC）充电与恒压（CV）充电阶段组成。图 2-10 给出了一个铅酸电池 CC－CV 充电曲线。最初，电池处于低 SOC，恒流充电使电压升高至恒压等级。如果在初始状态进行恒压充电，电流会很高，导致发生副反应或温度过高。当达到预设电压，充电机转换至恒压模式，电流减小以便电池达到 100% SOC。电池长期处于恒压模式的阶段叫作浮充。同样，涓流充电保持在低倍率（$C/100$）恒流模式。更多的精密充电机使用不同电流与电压等级的复合恒流与恒压流程，记录电流－时间曲线图，附加的传感器（如温度与压力）将电池的潜在损害降至最低，并使电池寿命、安全性及效率最大化。快速充电控制器可以使用大电流充电，但要在过度放气、压力或温度升高发生前利用反馈切断充电电流。

铅酸电池、镍氢电池和锂离子电池都可以恒流充电。铅酸电池和镍氢电池微过充不会造成极端后果，但过度过充会使电池产生气体并过热。然而锂离子电池过充会使其容量不可逆转地降低并胀气。铅酸电池和锂离子电池可以恒压充电，但不推荐镍氢电池使用。镍氢电池推荐使用带有梯度或递减电流的恒流充电方法，铅酸电池和锂离子电池推荐使用图 2-10 中的恒流 – 恒压法[2]。

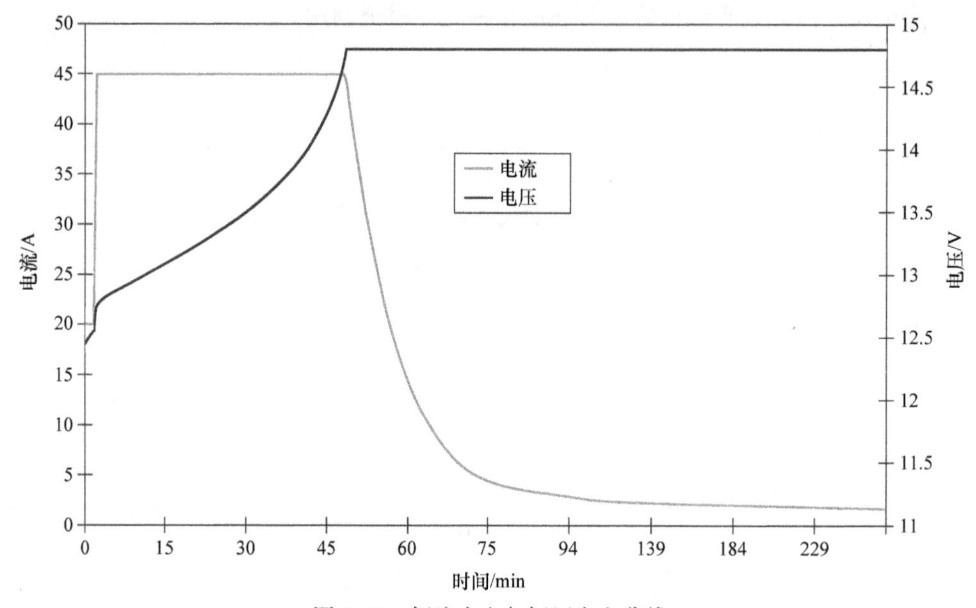

图 2-10　恒流充电与恒压充电曲线

电池的充电接受能力控制电池充电速度。锂离子电池、镍氢电池与铅酸电池推荐在 $C/3$ 充电。在快速充电模式下，铅酸电池可以提升至 $4C$ 充电。镍氢电池可以 $1C$ 快速充电，当电池电压或温度速率超过临界值时控制器终止充电。锂离子电池可以接受 $2C$ 的高倍率充电，但应避免过低与过高电压。

2.4.3　循环寿命

电池的循环寿命与化学体系、放电 – 充电循环、温度、前期使用（如储存）和生产厂商有关。确定循环寿命最准确可靠的方法是测试相同批次的多个电池以确定电池容量。然后，使用充放电仪测试电池，电流曲线（如 DST 或 SFUDS）是实际应用中典型的循环曲线。再测试间隔时间，把电池从循环中撤出，测试电池容量。因此，可得到容量与循环次数曲线。

本书中研究的三个化学体系都有很好的循环寿命。通常在较低的 DOD 循环中电池有较长的寿命。锂离子电池的循环寿命最长。在低倍率和室温下，100% DOD 电池可达到 3000 次循环。在 20% ~40% DOD 可持续 20000 次循环。在 80% DOD、$0.2C$ 充放电倍率、室温下，镍氢电池可达到 500 次循环。对于铅酸电池，在 100% DOD 条件下为 200 次循环。在 25% DOD 可达到 1500 次循环。由于化学体系及应用，电池寿命结束的特点是容量下降为初始容量的50% ~80%。

2.4.4 工作温度范围

电池在极低温和极高温条件下的性能较差。在低温条件下，离子扩散和迁移会被抑制从而产生有害的副反应（例如锂离子析出）。高温也会引起其他的副反应，例如腐蚀和气体产生。电池放电工作温度范围比充电低温更低，比充电高温更高。对于铅酸电池来说，充放电温度为 -40 ~60℃；锂离子电池的工作温度范围是 -20 ~60℃；镍氢电池的工作温度范围最窄，在 -20 ~45℃之间。

第3章 控制方程

对于电池系统工程师来说，要想深入理解控制电池反应的物理现象，那么就很有必要搞清楚控制方程的本质及其演变，这不仅为模型开发、简化以及基于模型的评估和控制提供了坚实的基础，同时也是接下来章节的主题。控制方程也有助于为抽象电池模型中的潜在过程、参数和假设建立起一种物理上的感知。此章节就此做了综述，提供给电池系统工程师参考。更深入的信息可以参见参考文献[11]。

此章节中的电池动力学控制方程由基本的守恒定律演变而来。此外，还展现了产生电化学电势的热力学性质。同时也介绍了与电池过电势电流有关的电动力学，推导出了控制离子和电荷传输的守恒定律。电池中产生的各种电势与电池的整体电压有关。对电池热量的产生和消耗进行了建模，讨论了副反应和老化模型。

3.1 热力学与法拉第定律

在不存在电流的条件下，电池的电压称作平衡电压或开路电压（U）。此电压由正负极的热力学性质决定，而正负极是电池内部电化学反应发生的地方。在放电过程中，伴随着这些反应的发生，在负极和正极分别产生和消耗电子，从而产生从正极流向负极的电流。产生的电流与消耗的活性材料相关，并遵从法拉第定律。

正负极的反应可以表示为

$$\sum_k s_k M_k^{z_k} \rightleftharpoons n\mathrm{e}^- \tag{3-1}$$

式中，对于物质 k 来说，M_k 代表其化学式；s_k 代表其化学计量比；z_k 代表其电荷数。通常来说，正负极的反应具有不同的 M_k、s_k 和 z_k，但产生相同的电子数量 n。根据电荷守恒的要求有

$$\sum_k s_k z_k = -n \tag{3-2}$$

式（3-2）仅与带电物质有关，因为 $z_k=0$ 时代表不带电物质。对于锂离子和镍氢电池来说，仅有一种带电物质（一元电解质），所以有 $sz=-n$。铅酸电池具有含两种带电物质的二元电解质，所以有 $s_+z_+ + s_-z_- = -n$。式（3-1）包含了电子的产生和消耗过程。如果闭合负载回路将会产生从正极到负极的电流。

根据法拉第第一定律，由正负极反应产生的电流与活性物质的产生或消耗有如下关系：

$$\frac{\mathrm{d}m_k}{\mathrm{d}t} = \begin{cases} -\dfrac{s_k M_k}{nF} I & \text{负极} \\ \dfrac{s_k M_k}{nF} I & \text{正极} \end{cases} \tag{3-3}$$

式中，m_k(g)代表活性物质的质量；M_k(g/mol)代表物质 k 的分子量；法拉第常数 F 为 96485C/mol。电流从正极流向负极（与电子流向相反），因此正电流表示负极消耗的电子数量和正极得到的电子数量。

例如，铅酸电池放电时负极发生的反应是

$$Pb + HSO_4^- \rightarrow PbSO_4 + H^+ + 2e^- \tag{3-4}$$

其中，$M_1 = Pb$，$s_1 = 1$，$z_1 = 0$；$M_2 = HSO_4^-$，$s_2 = 1$，$z_2 = -1$；$M_3 = PbSO_4$，$s_3 = -1$，$z_3 = 0$；$M_4 = H^+$，$s_4 = -1$，$z_4 = 1$；$n = 2$。对 1A · h 的电池来说 Pb 的质量变化是

$$\Delta m_{Pb} = -\frac{s_1 M_1}{nF} It = -\frac{207.2\text{g/mol}}{2 \times (96485\text{C/mol})}(1\text{C/s})(3600\text{s}) = -3.87\text{g} \tag{3-5}$$

放电过程中正极发生的反应是

$$PbO_2 + HSO_4^- + 3H^+ + 2e^- \rightarrow PbSO_4 + 2H_2O \tag{3-6}$$

其中，$M_1 = PbO_2$，$s_1 = -1$，$z_1 = 0$；$M_2 = HSO_4^-$，$s_2 = -1$，$z_2 = -1$；$M_3 = PbSO_4$，$s_3 = 1$，$z_3 = 0$；$M_4 = H^+$，$s_4 = -3$，$z_4 = 1$；$M_5 = H_2O$，$s_5 = 2$，$z_5 = 0$；$n = 2$。对 1A · h的电池来说 PbO_2 的质量变化是

$$\Delta m_{PbO_2} = -\frac{239.2\text{g/mol}}{2 \times (96485\text{C/mol})}(1\text{C/s})(3600\text{s}) = -4.46\text{g} \tag{3-7}$$

HSO_4^- 和 H^+ 来自于 H_2SO_4 的溶解。放电过程中正负极均消耗硫酸。负极产生的 H^+ 移动到正极。在两极上硫酸以相同的速度转化成 $PbSO_4$；因此，对 1A · h 电池来说，每一极消耗的硫酸质量为

$$\Delta m_{H_2SO_4} = -\frac{98.1\text{g/mol}}{2 \times (96485\text{C/mol})}(1\text{C/s})(3600\text{s}) = -1.83\text{g} \tag{3-8}$$

这个例子说明要最大化能量存储就需要在各种活性物质之间找到最佳匹配。硫酸、铅和二氧化铅在放电过程中都会被消耗，但是它们消耗的速度不同。要使能量最大化，所有的三种活性物质应该同时被消耗完。这意味着活性材料之间应有一个合适的质量比（$m_{PbO_2} = 1.15 m_{Pb} = 1.21 m_{H_2SO_4}$）。反应发生在固相表面，因此正负极都是有多孔材料组成的，这样可以使表面积最大化。对于高性能铅酸电池来说，正负极板的质量和孔隙率与硫酸的质量能够达到很好的匹配。

对于一个给定材料体系的电池来说，可以根据法拉第定律来计算电池的比能量。例如，考虑铅酸电池正负极的总反应：

$$Pb + PbO_2 + 2H_2SO_4 \underset{\text{充电}}{\overset{\text{放电}}{\rightleftharpoons}} 2PbSO_4 + 2H_2O \tag{3-9}$$

产生的理论电压是 1.93V。反应过程中产生两个电子，其容量为 $2F = 2\text{mol} \times 96485\text{C/mol} = 192970\text{As} = 53.61\text{A} \cdot \text{h}$。表 3-1 计算了反应物的理论质量是 642.6g，则铅酸电池的理论比能量为

$$53.61A \cdot h \times 1.93V/642.6g = 166W \cdot h/kg = 597.6kJ/kg \tag{3-10}$$

电池的热力学由 Gibbs – Helmholtz 方程表示：

$$\Delta H = \Delta G + T\Delta S \tag{3-11}$$

表 3-1 铅酸电池反应物的理论质量

反应物	摩尔质量/(g/mol)	摩尔数/mol	总质量/g
Pb	207.2	1	207.2
PbO_2	239.2	1	239.2
H_2SO_4	98.1	2	196.2
总计			642.6

式中，ΔH(J)是焓；ΔG(J)是吉布斯自由能；T(K)是热力学温度；ΔS(J/K)是反应的熵。吉布斯自由能代表电池能做的有用功。焓代表反应的理论可用能量，$T\Delta S$ 代表产热量或能量损失。开路电压与吉布斯自由能之间的关系为

$$U = -\frac{\Delta G}{nF} \tag{3-12}$$

各种电极组成的电池标准电压 U^θ 已经通过表格列出来了。本书的关注点是铅酸电池、镍氢电池和锂离子电池，其开路电压见表 2-1。

开路电压也由反应中不同活性物质的浓度决定：

$$U = U^\theta + \Delta U(c, T) \tag{3-13}$$

式中，U^θ 是在特定的温度和浓度下测得的常数部分，列于表 2-1。ΔU 包含了温度和浓度的影响。将 ΔU 中的活性物质浓度做对数处理，式（3-13）就变成了 Nernst 方程。式（3-13）线性化为

$$U \approx \overline{U} + \frac{\partial \Delta U}{\partial c}(c - \bar{c}) \tag{3-14}$$

式中，取 $c(x, t) = \bar{c}$，$\overline{U} = U^\theta + \Delta U(c_0, T)$。

电池的可逆反应热 Q（J）或珀尔帖效应可以按下式计算

$$Q = T\Delta S = nFT\frac{\partial U}{\partial T} \tag{3-15}$$

对等温电池来说，产热速率由下式计算

$$\dot{Q} = I\left(V - U + T\frac{\partial U}{\partial T}\right) \tag{3-16}$$

珀尔帖效应是可逆的，因此充放电可以导致冷却和发热。电池的欧姆热损失，特别是在高倍率条件下，通常远远超过珀尔帖效应，导致电池在充放电过程中均表现为发热。

3.2 电极动力学

铅酸、镍氢、锂离子电池具有多孔固相电极，这些电极被浸润在液态/凝胶态电解液中使得离子可以从一极传输到另一极。由电极反应产生的电子也必须穿过电极－电解液界面以实现电荷平衡。由于这个界面阻止了电子的流动，从而产生了过电压，因此必须克服这个过电压才能实现电荷转移。过电压定义为

$$\eta = \phi_s - \phi_e - U \tag{3-17}$$

式中，ϕ_s(V)和ϕ_e(V)分别是电极和电解质电压，如图3-1所示。为了克服与表面反应有关的能垒，过电压就产生了。对于阳极或氧化反应，电流从电极流向电解质，$\eta>0$。对于阴极或还原反应，电流流向相反且过电压为负。

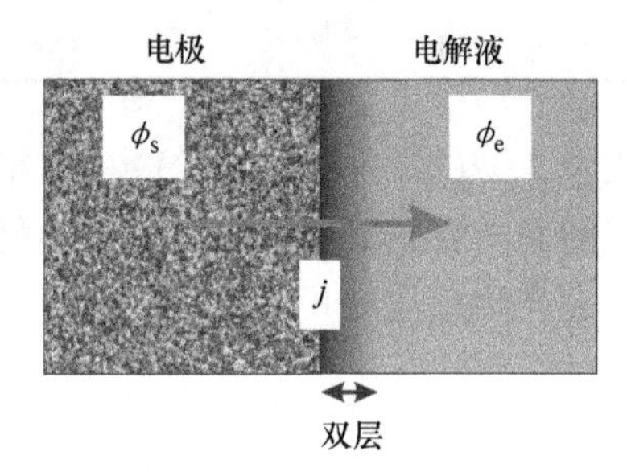

图3-1　SEI膜的电极动力学

3.2.1　Butler－Volmer方程

对于小电流密度的充放电（j，mA/cm²），式（3-1）中的电极反应产生的过电压为

$$\eta = R_{ct} j \tag{3-18}$$

式中，R_{ct}（Ω·cm²）是电荷转移阻抗。对于大电流密度$|j|$来说，过电压与电流的对数成比例，其中比例常数参考塔费尔斜率。Butler－Volmer方程综合了电极动力学的这两种特性：

$$j = i_0\left[\exp\left(\frac{\alpha_a F}{RT}\eta\right) - \exp\left(\frac{-\alpha_c F}{RT}\eta\right)\right] \tag{3-19}$$

式中，i_0(mA/cm²)是交换电流密度；α_a和α_c是表观交换系数；R[8.3143J/(mol·K)]是通用气体常数。交换电流密度可以在一个宽泛的范围内变化($10^{-7}\sim1$mA/cm²)，这取决于反应物和产物的浓度、温度和SEI膜的类型。表观交换系数的典型值一般在0.2~2的范围内。它们与反应中的电子数量有关

$$\alpha_a + \alpha_c = n \tag{3-20}$$

且$\alpha_a \approx \alpha_c \approx n/2$。

在$\eta=0$周围，用式（3-20）将式（3-19）线性化为

$$R_{ct} = \frac{RT}{nFi_0} \tag{3-21}$$

对于大电流密度，正过电压（$\eta\to\infty$）为

$$j \to j_a = i_0 \exp\left(\frac{\alpha_a F}{RT}\eta\right) \tag{3-22}$$

此时阳极反应占主导。当$\eta\to-\infty$时，阴极反应占主导

$$j \to j_c = -i_0 \exp\left(-\frac{\alpha_c F}{RT}\eta\right) \tag{3-23}$$

将式（3-22）和式（3-23）取对数得到

$$\eta_a = \frac{RT\ln(10)}{\alpha_a F}\log\left(\frac{j_a}{i_0}\right) \tag{3-24a}$$

$$\eta_c = -\frac{RT\ln(10)}{\alpha_c F}\log\left(\frac{-j_c}{i_0}\right) \tag{3-24b}$$

其中，Tafel 斜率 $2.303RT/\alpha F$ 由表观传质系数决定。

图 3-2 给出了式（3-24a）、式（3-24b）和 Butler – Volmer 方程式（3-19）的 Tafel 近似结果。当 $\eta \to \pm\infty$ 时，Butler – Volmer 方程向阳极（顶）和阴极（底）的 Tafel 近似趋近。当 η 值很小时，Butler – Volmer 方程与 $1/R_{ct}$ 的斜率近似为线性关系。在此条件下线性范围约为 ±50mV。

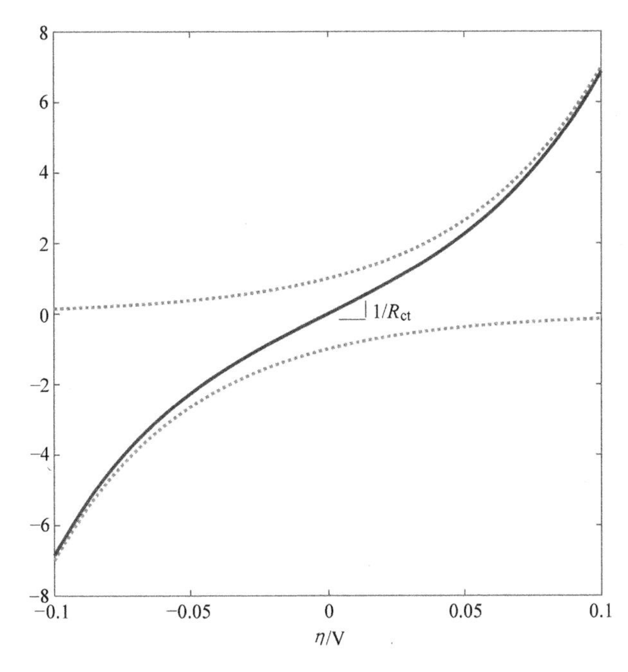

图 3-2 Tafel 近似（点）和 Butler – Volmer 方程（实线）（$\alpha_a = \alpha_c = 0.5$）

3.2.2 双电层电容

SEI 膜上通常会生成一薄层（纳米级）双电层，形成并联的电容，其电荷转移阻抗的量级为 $30\mu F/cm^2$。双电层电容与 Butler – Volmer 方程式（3-19）产生并行的电流

$$i_{dl} = C_{dl}\frac{\partial \eta}{\partial t} \tag{3-25}$$

式中，C_{dl}（F/cm^2）是双电层的电容。考虑这种影响将会增加模型的级数且通常仅会影响高频动力学部分。对于给定的应用来说，电池系统工程师必须对是否有必要增加这种复杂性做出决定。

3.3 多孔电极的固相

电池中的电极可以是平板的也可以是多孔的。平板电极包括一层涂覆活性材料的箔或完全由活性材料形成的基板。多孔电极可提供更大的比表面积以使更多的活性物质可以与电解液接触参与电化学反应。

如图 3-3 所示，大多数电池具有浸润在电解液中的多孔电极。多孔电极较大的比表面积可以加速电化学反应，允许快速充放电。多孔电极具有紧凑的结构，电流可以从更短的距离通过，因此具有更小的欧姆电阻。这样减少了电池中副反应带来的损失和发生副反应的可能。

图 3-3 显示了多孔电极为电流提供了多种通道。负极的多孔固相材料从负极端子一直延伸到隔膜。同样的，充满液态/凝胶态的电解质引导电流流向相同的区域，通过隔膜进入正极。而正极从隔膜一直延伸到正极端子。在固液界面产生了开路电压驱动电流的流动。与 Butler – Volmer 动力学有关的电荷转移电阻也在这个界面起作用。

固相和液相的电导率分别是 σ 和 κ。电极的多孔性意味着电流是分布在固相和液相之间的，从原理上可表示为如图 3-3 所示的从顶部到底部的串联电阻。电池的电压等于位于电池左右两端的集流体之间的固相电势差，电池的端子在两端进行连接。

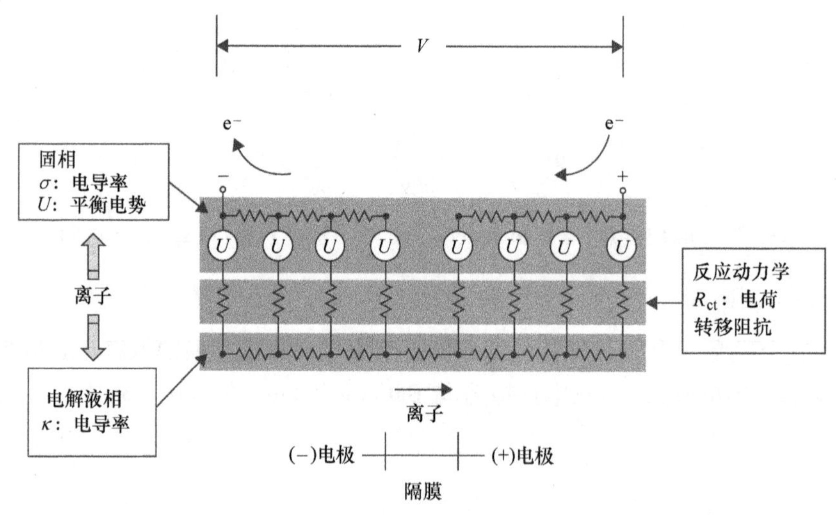

图 3-3　多孔电极和平衡电路

从微观尺度来看，多孔电极具有复杂的几何形状，因而难以表征和分析。为了克服这个困难，平均体积量被用来建立一种宏观的模型用以观察大尺度的现象。多孔电极模型的建立基于固相和液相中的物质和电荷守恒。

3.3.1 嵌入物的传输

在所有的电池中，电子在导电的材料网格结构中传递，输送充放电电流。锂离子和镍氢电池使用在充放电过程中能够可逆脱嵌活性粒子的插层化合物电极。在锂离子或镍氢电池中组成电极的活性材料颗粒可以分别是近似球形和柱形。颗粒中活性粒子的守恒遵从 Fick 扩散定律

$$\frac{\partial c_s}{\partial t}=D_s\left(\frac{\partial^2 c_s}{\partial r^2}+\frac{m}{r}\frac{\partial c_s}{\partial r}\right) \qquad r\in (0,\ R_s) \tag{3-26}$$

式中，$r\in(0,\ R_s)$是径向坐标；$c_s(r,\ t)$($\mathrm{mol/cm^3}$)是活性物颗粒中锂或质子的浓度，是径向位置r和时间t的函数；D_s($\mathrm{cm^2/s}$)是固相扩散系数。对于球形锂离子颗粒来说，$m=2$。对于柱形镍氢化物颗粒，我们可以假设一个无限的长度（忽略通过柱体两端的扩散影响）并使$m=1$。

式（3-26）的 Fick 扩散定律来源于颗粒中的粒子守恒。活性粒子分布在呈球形或柱形对称排列的颗粒中。式（3-26）起源于对颗粒的径向微分以及质量的平衡。取粒子尺寸的极限值就得到了偏微分方程［即式（3-26)］。边界条件为

$$\left.\frac{\partial c_s}{\partial r}\right|_{r=0}=0 \tag{3-27}$$

$$\left.\frac{\partial c_s}{\partial r}\right|_{r=R_s}=\frac{-j}{D_sF} \tag{3-28}$$

所以进出颗粒表面（$r=R_s$）的物质通量在颗粒中心位置（$r=0$）时为零通量。

3.3.2 电荷守恒

电池是三维的，但是我们假设分布在固相和液相中的电势和浓度在电池的二维平面上是均匀的，并且我们只关注从负极到正极的x维度。电池通常设计为在$y-z$平面具有均匀的浓度分布。材料和几何结构也是一致的。电池在$x-y$和$x-z$面的边界条件使其具有零电荷和浓度通量，最小化了电池平面的梯度。电池的$y-z$面连着电极，因此有电荷通量的进出，导致电势和浓度分布在x轴方向不均匀。电解液的对流会使电池内产生三维流动，但这些影响对于阀控铅酸电池、镍氢电池和锂离子电池来说可以忽略不计。

固相中的电荷浓度或电势遵从欧姆定律：

$$\sigma^{\mathrm{eff}}\frac{\partial^2\phi_s}{\partial x^2}=a_s j \tag{3-29}$$

式中，$\phi_s(x,t)$(V)是固相的电势；σ^{eff}[$1/(\Omega\cdot\mathrm{cm})$]是有效电导率；$a_s$($1/\mathrm{cm}$)是

比表面积。比表面积是表征电极性能的一个重要的几何参数。它由电极的形态（包括孔隙率和粒径）和电池的 SOC（例如转化反应）决定。比表面积是电极单位体积活性材料的表面积。多孔电极从集流体延伸到隔膜。电极的电阻通常远小于电解液的电阻。电极的固相电导率通常很高（范围为 $10^{-1} \sim 10^4$S/cm，其中 S = 1/Ω），因为固相是由低电阻的金属化合物或炭组成的。

电极的孔隙率带出了诸如 σ^{eff}这样的有效参数的定义。均匀固相（无孔）的电导率是 σ，孔隙率是 ε。孔隙率在 $0<\varepsilon<1$ 的范围内变化，当 $\varepsilon=0$ 时相当于固相电极。固相的电导率由电极的成分（例如活性材料、导电添加剂和粘结剂）和制造工艺决定。孔隙率的定义是电极中孔的体积除以电极的总体积。如果孔中浸满了电解液，则孔隙率即是电极中电解液的体积分数。电极由固相和液相组成，所以固相的体积分数为 $1-\varepsilon$。电极的有效电导率比散装材料电导率小是因为存在孔隙率的原因，根据 Bruggeman 关系有

$$\sigma^{\mathrm{eff}}=\sigma(1-\varepsilon)^{1.5} \tag{3-30}$$

式中，指数中附加的 0.5 是因为电极电导的扭曲效应。这里，我们假设电极仅由固相和液相两相组成，因此 $\varepsilon_e=1-\varepsilon_s=\varepsilon$。在某些情况下，如果有活性颗粒嵌入到电极中的非活性网格或非活性添加剂/粘结剂，则可能需要单独定义液相（ε_e）和固相（ε_s）孔隙率。如果活性球形颗粒嵌入电极，则 $a_s=3\varepsilon_s/R_s$，其中 R_s 是颗粒半径。如果将电解液抽离，也可以认为 σ^{eff}是电极的电导率。固相电极的边界条件与进出电极的电荷通量有关。如果电极的边界与集流体相连，则电荷的通量为

$$\sigma^{\mathrm{eff}}\frac{\partial\phi_s}{\partial x}=\pm\frac{I}{A} \tag{3-31}$$

式中，$I(t)$(A)是电流；$A(\mathrm{cm}^2)$是电极的截面积。在电绝缘边界上，没有电流，因此有

$$\frac{\partial\phi_s}{\partial x}=0 \tag{3-32}$$

正电流从高电势流向低电势。图 3-4 给出了多孔电极左右侧集流体的固相电势梯度和电流之间的关系，x 轴的方向是从左至右。对于左侧集流体，有 $\phi'_s=\partial\phi_s/\partial x>0$，电势随着 x 值的增加而增加。因此，电流向左，朝着电势减小的方向流动。类似地，对于多孔电极的右侧集流体，当 $\phi'_s>0$ 时电流向左。

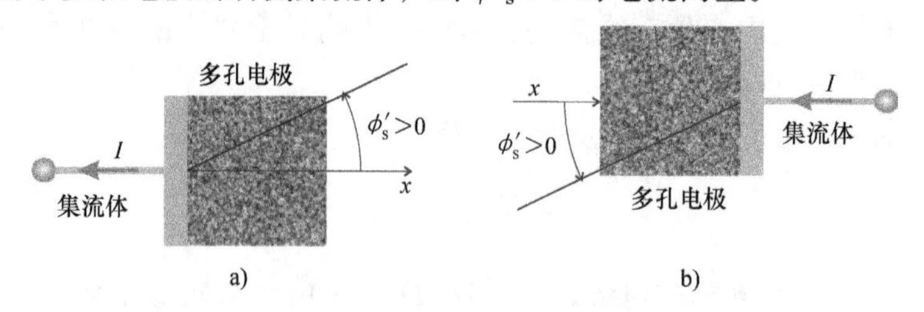

图 3-4　集流体 a）左侧和 b）右侧的固相电势和电流

3.4 多孔电极的电解液相

电解液将离子从负极传输到正极。对于锂离子和镍氢电池来说，只有一种离子（分别为锂离子和氢氧根离子）参与了正负极的反应，所以电解质是一元的。而对于铅酸电池来说，正负极的离子均参与了充放电的反应，并从一极移动到另一极，因此电解质是二元的。二元电解质的传输性能由所有离子的性质决定。

镍氢电池和锂离子电池的一元电解质传输单一的离子。离子在活性材料中的嵌入或脱嵌由电流的方向决定。在这个插入过程中离子进入或离开固体电极的晶格并进入或离开电解液。离子从一端的可插入电极产生，通过电解液迁移，插入到另一端的可插入电极。电子进入或离开晶体以维持电中性并产生电流。

3.4.1 离子传输

在电池的电解液相中传输涉及荷电物质（离子）在电池中的运动以及由此引起的由位置 x 和时间 t 决定的离子浓度分布 c（x，t）的变化。镍氢电池和锂离子电池中有一种荷电物质在一元电解质中迁移。然而，对于铅酸电池来说，一个硫酸分子（H_2SO_4）分解成一个带正电的 H^+ 和一个带负电的 HSO_4^-。对于这些二元电解质来说，电中性要求酸的摩尔浓度（mol/cm^3）为

$$c=\frac{c_+}{v_+}=\frac{c_-}{v_-} \tag{3-33}$$

式中，c_i 是离子浓度；v_i 是电解质的一个分子分解产生的离子数量。对于铅酸电池，我们有 $v_+=v_-=1$，所以 H^+ 和 HSO_4^- 离子的浓度等于硫酸的浓度。因此对于所有的三种电池来说，只有一个浓度 c（x，t）（mol/cm^3）控制着离子传输。

离子质量守恒要求离子的总量等于净输入的离子加上新产生的离子。电池中的反应发生在电极表面，因此在电解液中不会产生离子。然而，对于多孔电极来说，固相分布于电解液中，在控制方程中增加来源项相当于离子的产生。因此，质量守恒可以表达为

$$\varepsilon\frac{\partial c}{\partial t}=a_sJ-\frac{\partial N}{\partial x} \tag{3-34}$$

式中，$N(x,t)$[mol/(cm^{2}s)]是离子的通量密度；$J(x,t)$[mol/(cm^{2}s)]是来自固相的离子通量密度。

在电池和电极的边界，通量密度保持着特定的条件。在电池末端，没有离子通量，因此其边界条件是

$$N=0\quad 在\ x=0,\ L\ 时 \tag{3-35}$$

电极和隔膜的内部边界的边界条件为

$$N|_{\delta-\epsilon}^{\delta+\epsilon}=0 \tag{3-36}$$

式中，ϵ是无穷小的值；δ是界面的位置。这意味着通量密度沿着电极-隔膜界面是连续的。

1. 一元电解质

对于可插入电极和一元电解质来说，一个荷电量为z、化学计量比为s的离子产生n个电子从固相流向集流体。根据反应［式（3-2）］的电荷守恒，$sz=-n$。对镍氢电池，$s=1$，$z=-1$，$n=1$；对锂离子电池，$s=-x$，$z=1$，$n=x$，其中x由嵌锂炭电极的组成决定。在式（3-34）中离子通量密度为

$$N=-D_{\mathrm{e}}^{\mathrm{eff}}\frac{\partial c}{\partial x} \tag{3-37}$$

式中，$D_{\mathrm{e}}^{\mathrm{eff}}$（$\mathrm{cm}^2/\mathrm{s}$）是有效扩散系数。式（3-37）代表的扩散过程是由浓度梯度导致的。当物质均匀分布时就得到了最小能量状态的解。物质非均匀分布导致的浓度梯度使得离子朝着浓度减小的方向移动。

有效扩散系数$D_{\mathrm{e}}^{\mathrm{eff}}$不等于散装电解液的扩散系数$D_{\mathrm{e}}$是因为存在电极的孔隙率。由Bruggeman关系有

$$D_{\mathrm{e}}^{\mathrm{eff}}=D_{\mathrm{e}}\varepsilon\varepsilon^{0.5}=D_{\mathrm{e}}\varepsilon^{1.5} \tag{3-38}$$

将$D_{\mathrm{e}}^{\mathrm{eff}}$和$D_{\mathrm{e}}$（假设为常数）关联起来，它们的单位都是$\mathrm{cm}^2/\mathrm{s}$。式（3-38）中的第一个$\varepsilon$代表电极的孔隙率，第二个$\varepsilon^{0.5}$进一步减小了有效扩散代表了多孔电极的扭曲。离子穿过电极时的迂回路径降低了扩散速率。

固相的离子通量密度为

$$J=-\left(\frac{t_{\mathrm{k}}}{z}+\frac{s}{n}\right)\frac{j}{F} \tag{3-39}$$

式中，$j(x,t)$从Butler-Volmer方程式（3-19）得到；t_{k}是载流子的迁移数。式（3-39）中的这两个变量分别代表了界面运动和微观扩散导致的离子界面传递。它们是通过将多孔结构中的微观浓度分布取平均建立宏观传递模型而得到的。粗略来说，从固相到液相通过的电流产生了分子化的离子使之能够通过电解液传输。

锂离子和镍氢电池的离子传输方程现在可以根据式(3-34)~式(3-39)得到。对锂离子电池有

$$\varepsilon\frac{\partial c}{\partial t}=D_{\mathrm{e}}^{\mathrm{eff}}\frac{\partial^2 c}{\partial x^2}+a_{\mathrm{s}}\left(\frac{1-t_{+}}{F}\right)j \tag{3-40}$$

式中，$c(x,t)$是锂离子的浓度。对镍氢电池有

$$\varepsilon\frac{\partial c}{\partial t}=D_{\mathrm{e}}^{\mathrm{eff}}\frac{\partial^2 c}{\partial x^2}+a_{\mathrm{s}}\left(\frac{t_{-}-1}{F}\right)j \tag{3-41}$$

式中，$c(x,t)$是氢氧根离子的浓度。

2. 二元电解质

对于二元电解质，两个荷电量为z_+和z_-、化学计量比为s_+和s_-的离子产生n

个电子从固相流向集流体。根据反应［式（3-2）］的电荷守恒有

$$s_+ z_+ + s_- z_- = -n \tag{3-42}$$

对铅酸电池，在正负极发生不同的反应。在负极（Pb）的反应为

$$Pb + HSO_4^- = PbSO_4 + H^+ + 2e^- \tag{3-43}$$

因此，$s_- = 1$，$z_- = -1$，$s_+ = -1$，$z_+ = 1$，$n = 2$。在正极（PbO_2）的反应为

$$PbO_2 + HSO_4^- + 3H^+ + 2e^- \rightleftharpoons PbSO_4 + 2H_2O \tag{3-44}$$

因此，$s_- = -1$，$z_- = -1$，$s_+ = -3$，$z_+ = 1$，$n = 2$。

式（3-34）中的离子通量密度与一元电解质相同，即

$$N = -D_e^{eff} \frac{\partial c}{\partial x} \tag{3-45}$$

式中，D_e^{eff} 是有效扩散系数。对于二元电解质来说，散装溶液的扩散系数 D_e 由带负电和正电的荷电物质的扩散速率决定。可以预计总体扩散速率将会由 D_- 和 D_+ 这两种扩散速率的平均值来决定。如果扩散系数不同，则粒子将在电场的作用下被拉开。这使得电解液产生极化，粒子一起被拉回。这种平衡意味着移动快的离子拉着移动慢的离子。总体扩散系数由两者的扩散系数共同决定，即

$$D_e = \frac{(z_+ - z_-) D_+ D_-}{z_+ D_+ - z_- D_-} \tag{3-46}$$

这里用到了 Nernst－Einstein 关系。对于铅酸电池，式（3-46）可简化为

$$D_e = 2 \frac{D_+ D_-}{D_+ + D_-} \tag{3-47}$$

即在常见的并联电阻关系中加入2倍的因子，如果阴阳离子的扩散系数相等，则有 $D_e = D_+ = D_-$。考虑到电极孔隙率，再次利用 Bruggeman 关系式（3-38）来计算 D_e^{eff}。

固相的离子通量密度为

$$J = -\left(\frac{t_+}{z_+} + \frac{t_-}{z_-} + \frac{s_+ + s_-}{n}\right)\frac{j}{2F} \tag{3-48}$$

式中，$j(x,t)$ 从 Bulter－Volmer 方程式（3-19）得到；t_+ 和 t_- 分别是阳离子和阴离子的迁移数。对二元电解质来说，这个方程是将式（3-39）进行了类推。在二元电解液中，电荷不是由阳离子就是由阴离子携带，因此

$$t_+ = 1 - t_- \tag{3-49}$$

迁移数也可以与扩散系数关联，这样可以减少模型中独立参数的数量：

$$t_+ = \frac{z_+ D_+}{z_+ D_+ - z_- D_-} \tag{3-50}$$

对于铅酸电池，式（3-48）变为

在负极

$$J=(1-2t_{+})\frac{j}{2F} \tag{3-51}$$

在正极

$$J=(3-2t_{+})\frac{j}{2F} \tag{3-52}$$

3.4.2 电荷守恒

与固相一样，电解液能够导通离子，并且通常不是均匀分布的。在多孔电极中，液相中电荷的浓度或电场由流进或流出固相的电流驱动。电解液允许荷电粒子扩散，可在式（3-38）的固相模型中增加一个与浓度有关的变量。电解液中的载流子是离子，与固相中的载流子电子相反。

电解液中的电荷守恒表达为

$$\kappa^{\mathrm{eff}}\frac{\partial^2\phi_{\mathrm{e}}}{\partial x^2}+\kappa_{\mathrm{d}}^{\mathrm{eff}}\frac{\partial^2 c}{\partial x^2}=-a_{\mathrm{s}}j \tag{3-53}$$

式中，$\phi_{\mathrm{e}}(x,t)$是电解液的电势；$\kappa^{\mathrm{eff}}=\kappa\varepsilon^{1.5}$用到了 Bruggeman 关系，$\kappa$(S/cm)是电解液的电导率；$\kappa_{\mathrm{d}}^{\mathrm{eff}}=\kappa_{\mathrm{d}}\varepsilon^{1.5}$，$\kappa_{\mathrm{d}}$（$\mathrm{Acm^2/mol}$）是常数。式（3-53）中的第一个变量产生于导电介质（假设均匀）中的静电。第二个变量来源于与浓度梯度有关的带电颗粒的扩散。区域中带电颗粒的分布影响了电场（$\partial\phi_{\mathrm{e}}/\partial x$）和电势的分布。最后一个变量是来自于固相的电流通量。需要注意的是，除了符号相反，这个变量与式（3-38）中的完全相同。所有从固相流出的电流都进入了液相，反之亦然。

电解液浸润了电池的负极、隔膜和正极。因此，与固相电势（仅限于多孔电极而非隔膜）不同的是，电解液电势跨越了整个电池区域。然而，电解液没有直接与集流体相连，因此电势通量仅来自于活性材料之间的相互作用。

需要确定区域两端以及不同参数区域界面（例如电极－隔膜界面）的电解液电势边界条件。边界条件与电解液中的电场有关。在区域末端，电解液中的电场为零，因此有

$$\frac{\partial\phi_{\mathrm{e}}}{\partial x}=0 \quad x=0,\ L \tag{3-54}$$

在电极和隔膜界面电场被保存，因此有

$$\left(\kappa^{\mathrm{eff}}\frac{\partial\phi_{\mathrm{e}}}{\partial x}+\kappa_{\mathrm{d}}^{\mathrm{eff}}\frac{\partial c}{\partial x}\right)\Bigg|_{\delta-\epsilon}^{\delta+\epsilon}=0 \tag{3-55}$$

式中，界面位于$x=\delta$处且ϵ为无穷小。界面两侧的电解液具有相同的电导率κ。然而，孔隙率并不是必须相同，根据 Bruggeman 关系，从界面的一侧到另一侧，κ^{eff}可能变化。如果电极和隔膜的孔隙率相同，则式（3-55）仅要求电场的连续性。

1. 一元电解质

式（3-53）中的常数可以与其他在前面介绍过的一元和二元电解质的常数关

联。一元电解质的电导率可由式（3-56）确定，即

$$\kappa = \frac{zF^2 D_e}{RT} c \tag{3-56}$$

一元电解质的电导率与电解质的扩散系数和浓度成正比。浓度随时间及电池中的位置而变化。因此，式（3-53）中的第一项与电解质的电势和浓度的乘积是非线性关系。仅需要在式（3-56）中使用平均浓度，并使 κ 为常数，即可将式（3-53）线性化。如果浓度变化范围很大（例如深放电过程中），则将电解质电导率假设为常数可能不精确。扩散常数可由式（3-57）确定，即

$$\kappa_d = zFD_e \tag{3-57}$$

扩散常数也与电解液的扩散系数成比例。

2. 二元电解质

对二元电解质来说，电导率由正负离子的移动能力来决定，有

$$\kappa = \frac{v_+ z_+ F^2}{RT}(z_+ D_+ - z_- D_-)c \tag{3-58}$$

式中，括号中的量为平均迁移量。式（3-58）中二元电解质的电导率又与浓度成比例，使式（3-53）非线性。然而，在大多数情况下，用平均浓度 c_{avg} 代替 $c(x,t)$ 将式（3-58）线性化是合理的。扩散常数可由式（3-59）确定

$$\kappa_d = z_+ F(v_+ D_+ - v_- D_-) \tag{3-59}$$

扩散常数与不同平均重量（v_i）和扩散系数的乘积成比例，v_i 与式（3-58）中的 z_i 相对应。

对铅酸电池，式（3-58）可简化为

$$\kappa = \frac{F^2}{RT}(D_+ - D_-)c \tag{3-60}$$

式(3-59)可简化为

$$\kappa_d = F(D_+ - D_-) \tag{3-61}$$

3.4.3 浓溶液理论

与反应和电解液的基本参数扩散系数和电导率相关的公式仅对无限稀释的溶液有效。对高浓度电解液来说这些关系可能并不适用。关于浓溶液理论的详细讨论超出了本书的范围。感兴趣的读者可以参照本书的参考文献[11]获得关于这个主题更深入的信息。

参量的公式化是调整模型使之与实验数据吻合有益开始。相对的量级通常能够保证，然而绝对值可能与稀释理论的预测值有较大的差异。实际上，即使是最先进的溶液理论，也很难从独立的测量中导出模型参数。在此领域还在进行持续的研究以便为电池模型的验证提供这些关键的测量。

3.5 电池电压

集流体连接到固态电极的末端区域（$x=0$ 和 L）。固相的电势随着电极中位置的不同而变化。电池的输出电压为正负极集流体之间的电势差，可表达为

$$V(t)=\phi_s(L,t)-\phi_s(0,t)-\frac{R_f}{A}I \tag{3-62}$$

式中，R_f（Ωcm^2）是极耳、集流体和固相电极层之间的接触电阻。

图 3-5 给出了电池电压下降和上升的示意图。

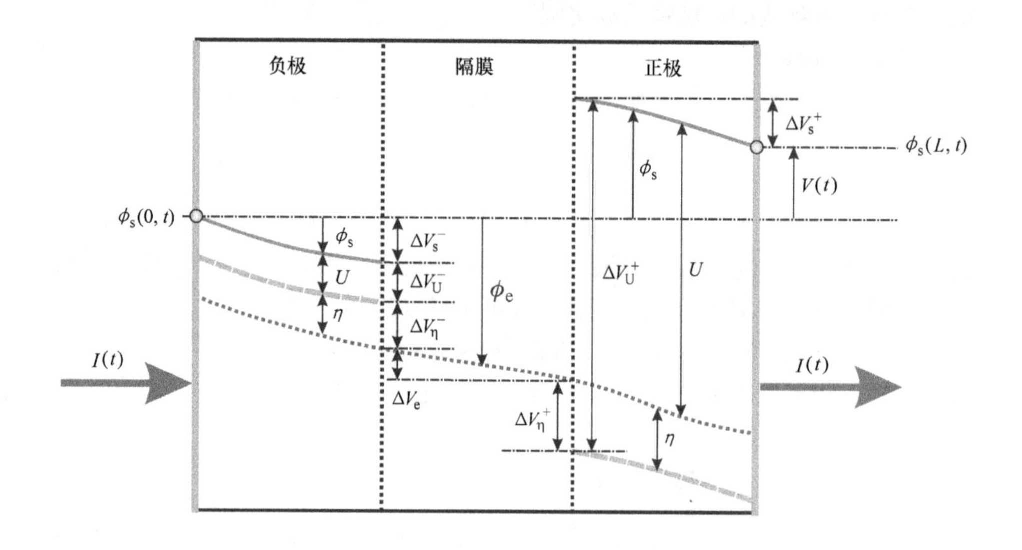

图 3-5 电池内电压升降示意图

如式（3-62）所示，电池的整体电压（不包括接触电阻）是正极固相电势减去负极固相电势。电压的建立来自于电池的电子和离子电阻导致的电压降以及能引起电压上升和下降的开路电势，由符号以及是出现在阴极还是阳极来决定。从负极开始，固相电阻引起电压降 ΔV_s^-。因为是在负极，开路电势为正，电压降为 ΔV_U^-。由 SEI 膜的动力学产生的过电势引起的电压降为 ΔV_η^-。隔膜中电解液的欧姆电阻引起的电压降为 ΔV_e。在正极中，电荷转移电阻和固相欧姆引起的电压降为 ΔV_η^+ 和 ΔV_s^+。正极的开路电势为电流提供的驱动力引起的电压升为 ΔV_U^+。总体的电压可表示为

$$V(t)=\Delta V_U^+-\Delta V_s^--\Delta V_U^--\Delta V_\eta^--\Delta V_e-\Delta V_s^+-\Delta V_\eta^+ \tag{3-63}$$

3.6 电池温度

电池的性能和老化与温度密切相关。在低温下，扩散过程会变慢。在极端温度下副反应会占据主导地位。电池是高能量密度的装置，含有特定的化学物质，在一定条件下，将会由于温度的快速升高（自升温速率超过10℃/min）而发生热失控，整个电池会发生燃烧或爆炸。电池系统工程需要进行高低温对电池组性能影响的详细评估。电池组中通常会集成加热和/或冷却通道以防止极端温度的产生。包含温度效应的精确模拟能够预测电池在极端温度下的性能、安全和老化，这样有助于电池组的设计。本节的重点是电池的热与电化学能量平衡以及温度对电池参数的影响。然而，要得到多只电池组成的电池组的精确模型，需要建立包含实际电池组的几何结构、集成的加热/冷却单元和边界条件的高精度热模型。本节研究的模型可以作为更复杂电池组热模型的参考来源。热－电耦合模型是模拟涉及过充电或高倍率充放电产生的过电势和热的关键。

3.6.1 Arrhenius 方程

很多电池模型参数与温度 T 有关，包括动力学速率常数和传输性质。经常用到这些性质与温度之间的 Arrhenius 关系[12]。对一个温度相关参数 Ψ 来说，Arrhenius 关系式为

$$\Psi = \Psi_{\text{ref}} \exp\left[\frac{E_{\text{act}}^{\Psi}}{R}\left(\frac{1}{T_{\text{ref}}} - \frac{1}{T}\right)\right] \tag{3-64}$$

式中，Ψ_{ref}是在参比温度 $T_{\text{ref}} = 25℃$时的属性值。每个单一的 Ψ 属性的温度敏感性由活化能 E_{act}^{Ψ}（J/mol）控制。

3.6.2 能量守恒

采用初步近似，假设温度在电池中是均匀的，为 $T(t)$。决定电池温度随时间演变的集总参数的能量守恒表达式为

$$C_{\text{p}} \frac{\mathrm{d}T}{\mathrm{d}t} = -hA_{\text{s}}(T - T_{\infty}) + q_{\text{i}} + q_{\text{j}} + q_{\text{c}} + q_{\text{r}} \tag{3-65}$$

式中，$h[\text{W}/(\text{m}^2 \cdot \text{K})]$是强制对流的传热系数；$A_{\text{s}}$ 是暴露于对流冷却介质（通常为空气）中的电池表面积；T_{∞}是冷却介质的自由流温度；C_{p}(J/K)是电池的热容。电化学反应的不可逆热（瓦特）为 q_{i}、欧姆热（焦耳）为 q_{j}、可逆熵热为 q_{r}、接触电阻热 q_{c} 使电池温度上升。

产生于有限可控体积内的体积比反应热等于反应电流 $j(x,t)$乘以过电势 $\eta(x,t)$。总反应的焦耳热 $q_{\text{i}} + q_{\text{j}}$，通过将电池一维区域的体积比反应热与极板面积 A 相乘得到，如下：

$$q_{\text{i}} + q_{\text{j}} = A\int_{0}^{L} j(\phi_{\text{s}} - \phi_{\text{e}} - U)\,\mathrm{d}x \tag{3-66}$$

需注意的是，在隔膜区域，没有反应发生，因此没有反应热产生。可逆熵热为

$$q_r = -\left(T\frac{\partial U}{\partial T}\right)I \tag{3-67}$$

另外，欧姆热由集流体和电极之间的接触电阻 R_f 产生。电池中因接触电阻产生的热量为

$$q_c = I^2\frac{R_f}{A} \tag{3-68}$$

由于接触电阻 R_f 代表一个截然不同的模型中的经验参数，所以我们将先前提到的式（3-66）中的欧姆热 q_j 单独列出来作为 q_c。

3.7 副反应与老化

在一定条件下，所有电池都会发生副反应。一些副反应是良性的，完全可逆的，不会造成长期的影响。其他的副反应则不是完全可逆的，将会导致电池性能的永久性衰退。这些副反应控制着电池的老化或容量的缓慢衰减。本节我们将对造成锂离子电池容量衰减的主要副反应进行建模。然而，对于特定的电池来说，实际的衰减机理会有差别。从实验角度来说，进行长期循环测试和取样分析是确定特定电池老化机制的最佳方法。

在锂离子电池中，副反应会导致阳极和阴极都发生老化[13]。对碳基阳极来说会产生一层 SEI 膜。SEI 膜对电池的正常运行来说是有益且必要的，但是由电解液分解产生的副反应会导致老化。在这个副反应中 SEI 膜会由于电解质（例如 EC）反应产物的沉积而增厚。在阴极的活性颗粒表面也会生成一层表面膜。在老化过程中膜的厚度不会明显变化，但其孔隙率、电导率和扩散系数会因为副反应产物的沉积堵塞已生成的表面膜的微孔而随着时间变化。

图 3-6 给出了锂离子电池的两种老化机理。在负极，SEI 膜的增长使电池阻抗增加以及发生不可逆的锂损失，因此容量衰减。在正极，活性颗粒的通道受到沉积物的限制，导致阻抗增加、可用活性物质和容量减小。

图 3-7 给出了用于正负极的表面膜模型。

固体颗粒半径要远大于膜的厚度，因此可用平面扩散方程计算锂的浓度 c_{ef}（r，t）和电势 ϕ_{ef}（r，t），其中下标“ef”代表电解液膜。膜的浓度动力学遵从下式

$$\frac{\partial c_{ef}}{\partial t} = D_{ef}\frac{\partial^2 c_{ef}}{\partial r^2} \tag{3-69}$$

电势分布由下式决定

$$\kappa_{ef}\frac{\partial^2 \phi_{ef}}{\partial r^2} + \kappa_{ef}^D\frac{\partial^2 c_{ef}}{\partial r^2} = 0 \tag{3-70}$$

式中，$r \in (R_s, R_s + \delta_{ef})$；参数 D_{ef}、κ_{ef} 和 κ_{ef}^D 假设为常数。

副反应的电流密度 j_a^s（阳极）和 j_c^s（阴极）假设遵从 Butler – Volmer 动力学，即

$$j_a^s = -a_{s,a}^s i_{0,a}^s \exp\left[-\frac{\alpha_a^s}{RT}(\phi_s - \phi_{e,s} - U_a^s) \right] \tag{3-71}$$

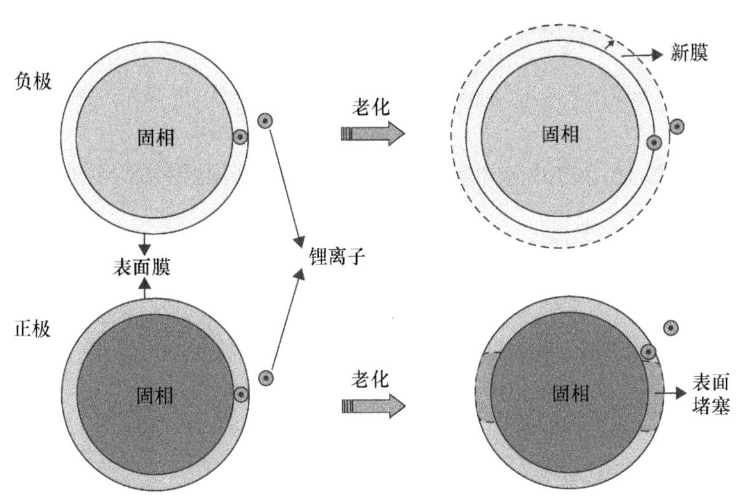

图 3-6 锂离子电池老化机理：负极（上）和正极（下）

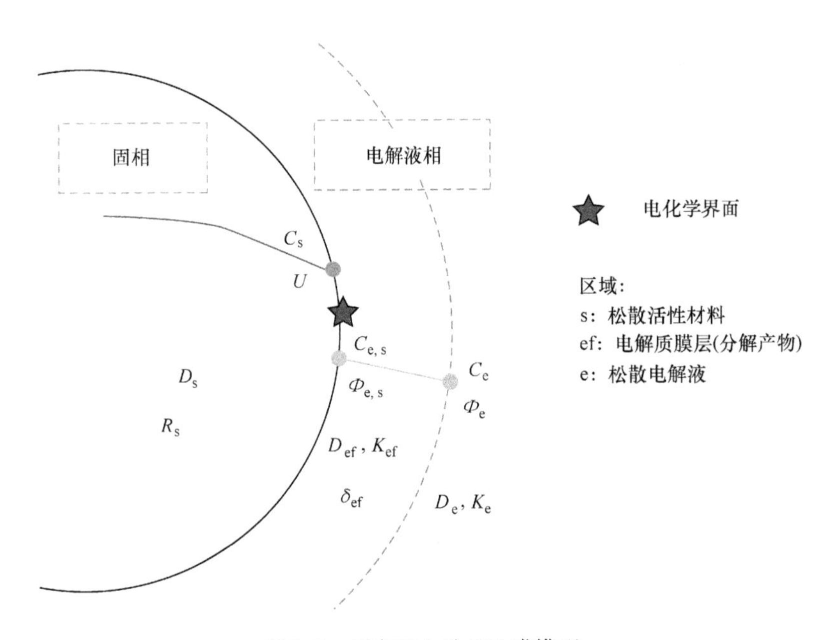

图 3-7 锂离子电池 SEI 膜模型

$$j_c^s = -a_{s,c}^s i_{0,c}^s \exp\left[-\frac{\alpha_c^s}{RT}(\phi_s - \phi_{e,s} - U_c^s)\right] \tag{3-72}$$

此方程基于模型参数 $a_{s,a}^s$，$i_{0,a}^s$，α_a^s，U_a^s，$a_{s,c}^s$，$i_{0,c}^s$，α_c^s和 U_c^s。电流密度可通过通量边界条件代入式（3-69）。基准电池模型中的固相守恒方程（电荷和物质）使用修改过的阳极参数$j+j_a^s$ 和阴极参数$j+j_c^s$。

负极 SEI 膜的增长模型为

$$\frac{\partial \delta_{ef,a}}{\partial t} = \frac{j_a^s}{a_{s,a} nF} \frac{M_a^s}{\rho_a^s} \tag{3-73}$$

式中，M^s和ρ^s分别是产物的分子量和密度。因 SEI 膜的形成导致的活性锂损失速率为

$$\dot{c}_{s,lost}^s = \frac{1}{nF\varepsilon_s L}\int_0^L j_a^s dx \tag{3-74}$$

在正极，膜的孔隙率$\varepsilon_{ef,c}$在循环过程中逐渐减小，其速率方程为

$$\frac{\partial \varepsilon_{ef,c}}{\partial t} = -\frac{j_c^s}{a_{s,c} nF} \frac{M_c^s}{\rho_c^s} \tag{3-75}$$

式中，M^s和ρ^s分别是产物的分子量和密度。由此，电池老化过程中正极膜的电导率和扩散系数可根据由 Bruggeman 关系得到的参考值进行调整。循环过程中正极容量的衰减是因为单位体积的活性表面由于副反应产物的沉积而减小，其表达式为

$$a_c = a_c^0\left[1 - \left(\frac{\varepsilon_{ef,c}^0 - \varepsilon_{ef,c}}{\varepsilon_{ef,c}^0}\right)^{\zeta}\right] \tag{3-76}$$

式中，a_c^0 和 $\varepsilon_{ef,c}^0$是初始值；ζ 是实验参数。

在锂离子电池的衰退模型中，将负极 SEI 膜除了增长的厚度外当作具有常数参数的膜。另一方面，正极的表面膜参数中除了不变的厚度参数外其他都与电池的寿命密切相关。要获得模拟锂离子电池中 SEI 的形成和增长的更多信息，读者可以参阅本书参考文献［14，15］。

习　题

3.1　计算镍氢电池的理论比能量。假设所有的反应物全部参与了电化学反应

$$\mathrm{NiOOH + MH \underset{充电}{\overset{放电}{\rightleftharpoons}} Ni(OH)_2 + M} \tag{A-3-1}$$

NiOOH、H_2O、$Ni(OH)_2$、MH 和 M 的分子量分别为 91.7g/mol,18g/mol,92.7g/mol,57.1g/mol 和 56.1g/mol。

3.2 铅酸电池的半电池反应为

$$PbO_2 + HSO_4^- + 3H^+ + 2e^- \underset{充电}{\overset{放电}{\rightleftharpoons}} PbSO_4 + 2H_2O \tag{A-3-2}$$

$$Pb + HSO_4^- \underset{充电}{\overset{放电}{\rightleftharpoons}} PbSO_4 + H^+ + 2e^- \tag{A-3-3}$$

计算铅酸电池的比能量，用到的分子量为：Pb = 207.2g/mol，PbO_2 = 239.2g/mol，H_2SO_4 = 98.1g/mol。

3.3 计算以下两种材料体系的锂离子电池比能量。

(a) $LiCoO_2$ 电池

负极

$$Li_{0.66}C_6 \rightleftharpoons 0.66Li^+ + 0.66e^- + 6C$$

正极

$$0.66Li^+ + 0.66e^- + Li_{0.34}CoO_2 \rightleftharpoons LiCoO_2$$

(b) $LiMnO_2$ 电池

负极

$$Li_{0.66}C_6 \rightleftharpoons 0.66Li^+ + 0.66e^- + 6C$$

正极

$$0.66Li^+ + 0.66e^- + Li_{0.34}MnO_2 \rightleftharpoons LiMnO_2$$

3.4 确定以下方程的单位

a) 式(3-26)；

b) 式(3-29)；

c) 式(3-40)；

d) 式(3-53)；

例如式(3-16)

$$Q = I\left(V - U + T\frac{\partial U}{\partial T}\right)$$

$$\frac{J}{s} = \frac{C}{s}\left(\frac{J}{C} - \frac{J}{C} + \frac{J}{C}\right)$$

$$\frac{J}{s} = \frac{J}{s}$$

答案：单位为J/s。

3.5　将电极的电荷守恒方程

$$\sigma^{\text{eff}}\frac{\partial^2\phi_s}{\partial x^2}=a_s j \tag{A-3-4}$$

与边界条件

$$\frac{\partial\phi_s}{\partial x}(0,\ t)=0 \tag{A-3-5}$$

和

$$\sigma^{\text{eff}}\frac{\partial\phi_s}{\partial x}(L,\ t)=\frac{I}{A} \tag{A-3-6}$$

整合得到平均电流密度与输入电流 $I(t)$ 之间的关系

$$j_{\text{avg}}=\frac{1}{L}\int_0^L j(x,\ t)\,\mathrm{d}x \tag{A-3-7}$$

3.6　颗粒中的扩散控制方程为

$$\frac{\partial c_s}{\partial t}=D_s\left(\frac{\partial^2 c_s}{\partial r^2}+\frac{m}{r}\frac{\partial c_s}{\partial r}\right) \tag{A-3-8}$$

其中，对于球形锂离子颗粒 $m=2$，对于柱形镍氢颗粒 $m=1$。边界条件为

$$\left.\frac{\partial c_s}{\partial r}\right|_{r=0}=0 \tag{A-3-9}$$

和

$$\left.\frac{\partial c_s}{\partial r}\right|_{r=R_s}=\frac{-j}{D_s F} \tag{A-3-10}$$

确定锂离子颗粒和镍氢颗粒的体积平均浓度的微分方程为

$$c_{s,\text{avg}}=\frac{1}{V}\int_0^{R_s}c_s\,\mathrm{d}V \tag{A-3-11}$$

3.7　电解液中离子传输控制方程

$$\varepsilon\frac{\partial c}{\partial t}=D\frac{\partial^2 c}{\partial x^2}+\frac{ab}{F}j \tag{A-3-12}$$

的两个区域，$x\in(0,\ \delta)$ 和 $x\in(\delta,\ L)$，分别对应负极和正极。在每个区域中，

参数 a、b、ε 和 D 都为常数值，但负极的参数值（a_{m}，b_{m}，ε_{m}，D_{m}）与正极的参数值（a_{p}，b_{p}，ε_{p}，D_{p}）不同。边界条件为

$$\frac{\partial c}{\partial x}=0 \quad x=0,\ L \tag{A-3-13}$$

$$c(\delta^-,\ t)=c(\delta^+,t) \tag{A-3-14}$$

$$D_{\mathrm{m}}\frac{\partial c}{\partial x}(\delta^-,\ t)=D_{\mathrm{p}}\frac{\partial c}{\partial x}(\delta^+,t) \tag{A-3-15}$$

（a）确定电池的平均浓度动力学方程为

$$c_{\mathrm{avg}}=\frac{1}{L}\int_0^L c(x,\ t)\mathrm{d}x \tag{A-3-16}$$

其中平均电流密度为

$$j_{\mathrm{m,\ avg}}=\frac{1}{\delta}\int_0^\delta j(x,\ t)\mathrm{d}x=\frac{I(t)}{a_{\mathrm{m}}A\delta} \tag{A-3-17}$$

$$j_{\mathrm{p,\ avg}}=\frac{1}{L-\delta}\int_\delta^l j(x,\ t)\mathrm{d}x=-\frac{I(t)}{a_{\mathrm{p}}A(L-\delta)} \tag{A-3-18}$$

（b）当锂离子电池中 $b_{\mathrm{m}}=b_{\mathrm{p}}$，铅酸电池中 b_{m}和 b_{p}符号相反时，能得到关于平均浓度的什么结论？假设所有其他参数均为正。

3.8 图 A-3-1 给出了单体电池电极的简单等效电路。

（a）推导出终端电压 V 与给定电流 I 和电池电势 U 之间的函数关系。

（b）如果一个电池放电太快，电极的部分位置的电势将会很快降至零。确定当某点电势 U 为零时的终端电压 V。

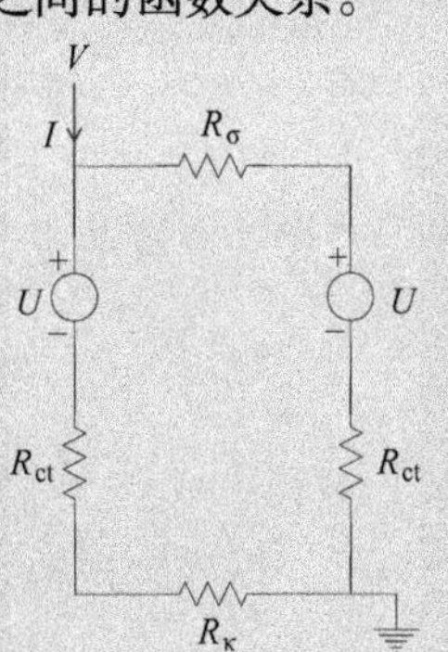

图 A-3-1 单体电池电极的等效电路

3.9 针对一只锂离子电池，通过以下方程

$$c_{\mathrm{e.\,p.\,avg}}=\frac{1}{\delta_{\mathrm{p}}}\int_0^{\delta_{\mathrm{p}}}c_{\mathrm{e}}\mathrm{d}x \tag{A-3-19}$$

结合电解液扩散方程

$$\varepsilon\frac{\partial c_{\mathrm{e}}}{\partial t}=D_{\mathrm{e}}^{\mathrm{eff}}\frac{\partial^2 c_{\mathrm{e}}}{\partial x^2}+a_{\mathrm{s}}\frac{1-t_+}{F}j \tag{A-3-20}$$

以及边界条件

$$\left.\frac{\partial c_{\mathrm{e}}}{\partial x}\right|_{x=0}=0, \tag{A-3-21}$$

$$\left.\frac{\partial c_e}{\partial x}\right|_{x=\delta_p} = -\frac{c_e(\delta_p)}{\delta_{sep}/2} \tag{A-3-22}$$

找出正极电解液中锂平均浓度的表达式。

正极和隔膜之间的界面边界条件式（A-3-22）来源于假设隔膜内浓度分布为线性，并且隔膜中心位置浓度为零。对于许多锂离子电池来说这是一个合理的近似，因为两极中离子产生速率的符号相反且量级大致相当，导致隔膜中心位置电解液浓度呈近似反对称分布，如图 A-3-2 所示。

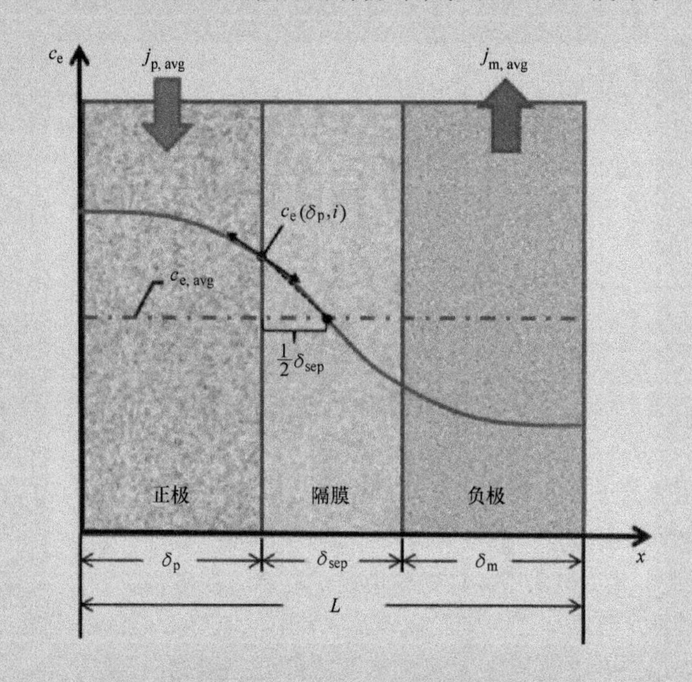

图 A-3-2　对称电解液扩散模型

3.10　电解液电荷守恒方程为

$$\kappa^{eff}\frac{\partial^2 \phi_e}{\partial x^2} + k_d^{eff}\frac{\partial^2 c}{\partial x^2} = -a_s j \tag{A-3-23}$$

式中，浓度 $c(x, t)$ 和电势 $\phi_e(x, t)$ 在电池末端 $x=0$，L 处具有零通量的边界条件。试确定电池总的电荷守恒的计算式为

$$j_{avg} = \frac{1}{L}\int_0^L j(x,t)\,dx \tag{A-3-24}$$

3.11　当 $T=T_{ref}$时将 Arrhenius 方程式（3-64）线性化。

第4章 离散化方法

第3章中导出的控制偏微分方程构成了电池模型的基础。然而，为便于系统工程师使用，这些方程必须进行空间离散化以将它们简化为多个与时间有关的常微分方程。本章将介绍几种将控制方程离散化为标准状态变量和传递函数形式的方法。状态变量形式为

$$\dot{\boldsymbol{x}}(t)=\boldsymbol{Ax}(t)+\boldsymbol{Bu}(t) \tag{4-1a}$$

$$\boldsymbol{y}(t)=\boldsymbol{Cx}(t)+\boldsymbol{Du}(t) \tag{4-1b}$$

式中，$\boldsymbol{x}=\mathrm{d}\boldsymbol{x}/\mathrm{d}t$，$\boldsymbol{x}(t)\in R^N$ 是状态向量；$\boldsymbol{u}(t)\in R^M$是输入向量；$\boldsymbol{y}(t)\in R^P$是输出向量；$\boldsymbol{A}\in R^{N\times N}$是状态矩阵；$\boldsymbol{B}\in R^{N\times M}$是输入矩阵；$\boldsymbol{C}\in R^{P\times N}$是输出矩阵；$\boldsymbol{D}\in R^{P\times M}$，这里，$N$ 是状态的数量，M 是输入数量（通常电池只有一个输入——电流），P 是输出数量（包括电压）。对一个多输入多输出系统来说标准传递函数形式是

$$\boldsymbol{Y}(s)=\boldsymbol{G}(s)\boldsymbol{U}(s) \tag{4-2}$$

式中，$\boldsymbol{Y}(s)$ 和 $\boldsymbol{U}(s)$ 分别是 $\boldsymbol{y}(t)$ 和 $\boldsymbol{u}(t)$ 的拉普拉斯变换；$\boldsymbol{G}(s)\in R^{P\times M}$是传递函数矩阵。

在本章中我们将研究离散电池模型控制方程的分析和计算方法。分析方法通常限于具有常数系数或具有常数系数的几个耦合域的线性问题。在某些特殊情况下，可为系统找到空间变系数或简单非线性解。对于非线性或非常数系数偏微分方程，解析结果很难或不可能得到。因此必须用数值方法来离散控制方程。本章研究了六种方法：积分近似法（IMA）、帕德近似法、Ritz 法、有限元法（FEM）、有限差分法（FDM）和系统辨识法。积分近似法用于域场变量的多项式估计，用场方程和边界条件的积分来确定近似结果。帕德近似法是将超越传递函数（扩散方程的精确解）转换为系统工程中使用的多项式传递函数。里茨法和有限元法使用控制方程的一种变化形式，包含所有的自然边界条件（例如通量）。在 *Ritz* 法中，扩展函数（多项式和傅里叶）被限定于整个域中。对于有限元法，域被分为具有线性插值函数的元。在所有情况下，解均展现出了平滑收敛的特性并保持基本操作的对称。有限差分法也将域分成元并利用简单的差分公式对空间导数做近似。系统辨识法是一种将高阶或超越函数降阶为低阶多项式传递函数的数值方法。

本章中的示例来自于可作为开发更复杂模型基础的简化电池模型，包括第6章中开发的完全电池模型。本章也研究了电解液扩散、固相扩散和液-固相耦合扩散模型。大多数模型的开发都使用了多种方法来对不同方法进行比较和对比。在第5章中，许多模型将被模拟来确定精度和计算效率。特别是本章将研究耦合域电解液扩散模型并在第5章中进行模拟用来对所有的解决方法进行响应预测和计算速度的对比。对于实时应用来说，需要一个精确的低阶模型，并且要比较不同的算法以确定要得到在前述负载条件下的特定响应精度多少阶的模型是必要的。

4.1 解析法

电池系统中遇到的大多数偏微分方程都与常数系数呈近似线性关系，因此我们经常可以得到精确的解或解析解。本节我们将解决电池系统中具有代表性的电解质－固相扩散问题。关于解析方法的更多信息读者可以参阅本书参考文献[16－19]。

两种方法用来解析性/精确地解偏微分方程。第一，我们用分离变量法来得到特征值。空间分布响应从特征函数系列扩展计算得到。电解液在电池宽度上具有浓度分布，因此用特征函数法来计算一维平板扩散，首先用于单域，然后是两个耦合域。第二，我们用拉普拉斯变换来消除时间导数并解出由超越传递函数得到的常微分方程。传递函数不包含空间分布，因此它通常在仅需要输出变量时使用。我们将介绍平板电解液模型的传递函数法并将其专门用于柱形和球形颗粒模型。

4.1.1 电解质扩散

1. 单域

图4-1给出了来源于铅酸、锂离子和镍氢电池电解液中物质守恒的单域扩散模型。控制方程为

$$\frac{\partial c}{\partial t}=a_1\frac{\partial^2 c}{\partial x^2}+a_2 j \qquad x\in(0,L) \tag{4-3}$$

式中，$c(x, t)$ 是浓度；常数 $a_1=D/\varepsilon$，$a_2=(1-t^0)/(\varepsilon F)$，其中 D 是扩散系数，ε 是电解液相体积分数，t^0 是迁移数，F 是法拉第常数。传递电流密度 $j(t)$ 假设在 $0<x<L$ 的域内均匀分布。边界条件是

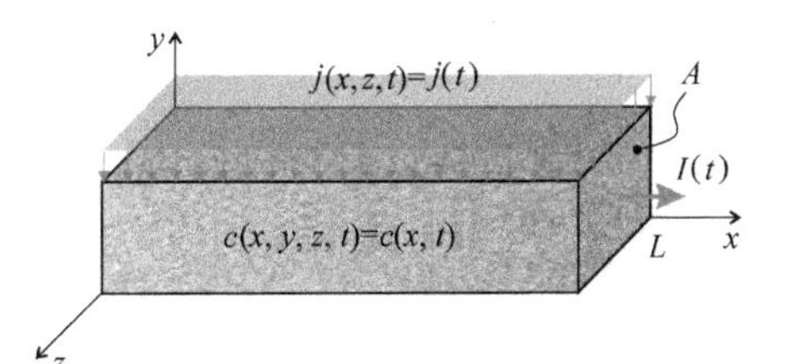

图4-1　多孔电极的电解液相扩散问题

$$\left.\frac{\partial c}{\partial x}\right|_{x=0}=\left.\frac{\partial c}{\partial x}\right|_{x=L}=0 \tag{4-4}$$

在电极的 $x=L$ 处的浓度通量将边界条件变为

$$\left.\frac{\partial c}{\partial x}\right|_{x=L}=a_3 I(t) \tag{4-5}$$

式中，$I(t)$ 是电流输入；$a_3=1/(AF)$；A 是极板面积。浓度的初始条件是

$$c(x,0)=c_{\mathrm{ic}}(x) \tag{4-6}$$

将 $c(x, t)=C(x)\mathrm{e}^{\lambda t}$ 代入式（4-3）且令 $j=0$，得到

$$C\lambda\mathrm{e}^{\lambda t}=a_1 C''\mathrm{e}^{\lambda t} \quad \forall t>0 \tag{4-7}$$

其中我们使用简写符号 $C'=\mathrm{d}C/\mathrm{d}x$。式（4-7）简化为

$$\lambda C-a_1 C''=0 \tag{4-8}$$

式（4-8）是一个特征值问题。我们要寻找满足式（4-8）的特征函数 $C(x)\neq 0$ 和

特征值λ。式（4-8）是线性的，因此当$\lambda = a_1\beta^2$时有指数解$C(x) = e^{\beta x}$。由此，方程的一个解为

$$C(x) = C_1 e^{\beta x} + C_2 e^{-\beta x} \tag{4-9}$$

满足特征值问题［即式（4-8）］，其中$\beta = \sqrt{\lambda / a_1}$。

2. 传递电流输入

对于由场方程式（4-3）定义的单域问题，我们找到特征值λ和特征函数$C(x)$满足边界条件（4-4），有

$$\left.\frac{\partial c}{\partial x}\right|_{x=0} = C_1\beta - C_2\beta = 0$$

$$\left.\frac{\partial c}{\partial x}\right|_{x=L} = C_1\beta e^{\beta L} - C_2\beta e^{-\beta L} = 0 \tag{4-10}$$

式（4-10）的联立求解得到$C_1 = C_2$，且

$$e^{\beta L} - e^{-\beta L} = 0 \tag{4-11}$$

式（4-11）在$\beta = \sqrt{\lambda / a_1}$为纯虚数或$\lambda < 0$时有解。此时，有

$$\begin{aligned} e^{i\sqrt{|\lambda|a_1}L} - e^{-i\sqrt{|\lambda|a_1}L} &= \cos(\sqrt{|\lambda|/a_1}L) + i\sin(\sqrt{|\lambda|/a_1}L) \\ &\quad - \cos(\sqrt{|\lambda|/a_1}L) + i\sin(\sqrt{|\lambda|/a_1}L) \\ &= 2i\sin(\sqrt{|\lambda|/a_1}L) = 0 \end{aligned} \tag{4-12}$$

特征值的解为$\sqrt{|\lambda_m|/a_1}L = m\pi$或$\lambda_m = -a_1/(m\pi/L)^2$，$m = 0, 1, \cdots$。由此，特征函数为

$$C_0(x) = \frac{1}{\sqrt{L}}, C_m(x) = \sqrt{\frac{2}{L}}\cos(m\pi x/L) \tag{4-13}$$

标准化方程为

$$\int_0^L C_m^2 dx = 1 \tag{4-14}$$

特征函数同时也是正交的，因为

$$\int_0^L C_m C_n dx = 0 \quad m \neq n \tag{4-15}$$

另外一个正交关系为

$$\int_0^L a_1 C_m'' C_n dx = \lambda_m \int_0^L C_m C_n dx = \lambda_m \delta_{mn} \tag{4-16}$$

式中，当$m \neq n$时，$\delta_{mm} = 1$，$\delta_{mn} = 0$。在式（4-16）中我们用到了特征值问题（4-8）。

在边界条件式（4-4）下，式（4-3）的精确解是一个无限特征函数系列，即

$$c(x,t) = \sum_{m=0}^{\infty} C_m(x) c_m(t) \tag{4-17}$$

将式（4-17）代入式（4-3），与$C_n(x)$相乘后积分得到

$$\int_0^L \sum_{m=0}^{\infty} C_m C_n \dot{c}_m \mathrm{d}x = \int_0^L \left(\sum_{m=0}^{\infty} a_1 C_m'' c + a_2 j \right) C_n \mathrm{d}x \tag{4-18}$$

利用正交方程式（4-15）和式（4-16）将式（4-18）简化为

$$\dot{c}_n(t) = \lambda_n c_n(t) + b_n j(t) \quad n = 1, \cdots \tag{4-19}$$

式中

$$b_n = a_2 \int_0^L C_n \mathrm{d}x = 0 \quad n > 0 \tag{4-20}$$

且 $b_0 = a_2 \sqrt{L}$。

式（4-19）可以写成状态空间形式（4-1），其中

$$\boldsymbol{x}(t) = [c_0(t), c_1(t), \cdots, c_N(t)]^{\mathrm{T}} \tag{4-21}$$

$$\boldsymbol{A}(m,n) = \lambda_m \delta_{mn}, \quad \boldsymbol{B}(m) = b_m \tag{4-22}$$

$$\boldsymbol{C}(n) = C_n(L), \quad \boldsymbol{D} = 0 \tag{4-23}$$

输入为 $\boldsymbol{u}(t) = j(t)$，输出为

$$y(t) = c(L,t) = \sum_{n=0}^{N} C_n(L) C_n(t) \tag{4-24}$$

我们必须选择近似的阶 N 以实现离散化的状态空间模型。传递函数通过将式(4-19)进行拉普拉斯变换得到，在 $n=0$[$n>0$ 时 $c_n(t)$ 对输入无响应] 时得到

$$\frac{Y(s)}{U(s)} = \frac{a_2}{s} \tag{4-25}$$

因此系统仅扮演积分元件。尽管传递函数简单，但它不能用于模拟初始条件的响应。式（4-6）中 $c(x, t)$ 的初始条件对应于状态的初始条件 $\boldsymbol{x}(0)$ 如下式

$$\int_0^L C_n(x) c(x,0) \mathrm{d}x = \int_0^L C_n(x) \sum_{m=0}^{\infty} C_m(x) c_m(t) \mathrm{d}x = \int_0^L C_n(x) C_{\mathrm{ic}}(x) \mathrm{d}x \tag{4-26}$$

其中我们已经将式（4-17）与 $C_n(x)$ 相乘并在整个域中积分。利用正交关系(4-15)，得到状态的初始条件为

$$c_n(0) = \int_0^L C_n(x) C_{\mathrm{ic}}(x) \mathrm{d}x \tag{4-27}$$

3. 边界电流通量输入

改变边界通量输入，即式（4-5）的边界条件不能改变特征值问题。特征值问题涉及自然响应，因此我们将所有的输入设置为零。由此，$I(t)=0$ 时得到与前述情况相同的零通量边界条件。式（4-17）~式（4-21）的求解过程将给出同样的 $\boldsymbol{A}$、$\boldsymbol{B}$、$\boldsymbol{C}$ 和 $\boldsymbol{D}$ 矩阵，因此输入变量 $I(t)$ 不在最终的方程中出现。为改正这个问题，我们通过乘以 $C_n(x)$ 得到式（4-3）的一个弱解形式并在域中做积分得到

$$\int_0^L C_n(x) \dot{c}(x,t) \mathrm{d}x = \int_0^L C_n(x) a_1 c''(x,t) \mathrm{d}x \tag{4-28}$$

式中，$c = \partial c / \partial / t$。将边界条件式（4-5）代入式（4-28）做部分积分得到

$$\int_0^L C_n \dot{c} \mathrm{d}x = a_1 C_n c' \Big|_0^L - a_1 \int_0^L C'_n c' \mathrm{d}x + a_2 \int_0^L C_n \mathrm{d}xj$$

$$= a_1 a_3 C_n(L) I(t) - a_1 \int_0^L C'_n c' \mathrm{d}x \tag{4-29}$$

仿照式（4-17）~式（4-21）可产生如式（4-21）同样的**A**、**C**和**D**矩阵，但$\boldsymbol{u}(t)=I(t)$，且

$$\boldsymbol{B}=\begin{bmatrix} a_1 a_3 C_0(L) \\ \cdots \\ a_1 a_3 C_N(L) \end{bmatrix} \tag{4-30}$$

通过将包含输入量$I(t)$的式（4-19）做拉普拉斯变换并对式（4-24）求和得到

$$G(s) = \frac{C(L,s)}{I(s)} = \sum_{n=0}^{N} \frac{a_1 a_3 C_n^2(L)}{s+\lambda_n} \tag{4-31}$$

通过在$j=0$时将拉普拉斯变换直接用于式（4-3）得到$G(s)$的超越形式生成常微分方程，有

$$sC(x,s)=a_1 C''(x,s) \tag{4-32}$$

与特征值问题一样，式（4-32）具有如下形式的解：

$$C(x,s)=C_1(s)\mathrm{e}^{\beta x}+C_2(s)\mathrm{e}^{-\beta x} \tag{4-33}$$

将式（4-33）代入式（4-32）得到$\beta=\sqrt{s/a_1}$。我们将式（4-33）代入拉普拉斯变换后的边界条件有

$$C'(0,s)=C_1(s)-C_2(s)=0$$

$$C'(L,s)=\beta(C_1(s)\mathrm{e}^{\beta L}-C_2(s)\mathrm{e}^{-\beta L})=a_3 I(s) \tag{4-34}$$

将式（4-34）中$C_1(s)$和$C_2(s)$的联立解代入式（4-33）在$x=L$处得到超越传递函数

$$\frac{C(L,s)}{I(s)}=C_1(s)\mathrm{e}^{\beta L}+C_2(s)\mathrm{e}^{-\beta L} \tag{4-35}$$

$$=\frac{a_3\cosh(\beta L)}{\beta\sinh(\beta L)} \tag{4-36}$$

式中，$\beta=\sqrt{s/a_1}$。

如果极点为实数且不重复，我们可以通过使用部分分式展开将超越传递函数转换为式（4-31）中的系列扩展

$$G(s) = \sum_{n=0}^{\infty} \frac{\mathrm{Res}_n}{s-\lambda_n} \tag{4-37}$$

留数的计算式为

$$\mathrm{Res}_n = \lim_{s\to\lambda_n}(s-\lambda_n)G(s) \tag{4-38}$$

式（4-36）中$G(s)$的极点在$\beta=0$（$s=0$）且

$$\sinh(\beta L)=\sinh\left(\sqrt{\frac{sL^2}{a_1}}\right)=0 \tag{4-39}$$

式（4-39）在 $s=\lambda_n=-a_1(n\pi/L)^2$ 时仅有负的实极点。利用式（4-38），留数为

$$\mathrm{Res}_n(s)=a_1a_3C_n^2(L) \tag{4-40}$$

与前述导出的传递函数式（4-31）一致。

4. 耦合域

图4-2是具有均匀反应电流分布和两个耦合域的电池电解液相扩散问题。两个域对应多孔负极（$0<x<L/2$）和多孔正极（$L/2<x<L$），之间是一层超薄隔膜用来阻止电子穿过。为了简化，假设两电极长度（$L/2$）相同，两电极中扩散系数和电极相体积分数不同（但为常数）。负极电流密度为 $j(t)=2I(t)/(AL)$，正极为 $j(t)=-2I(t)/(AL)$，其中 A 是电极板面积，$I(t)$ 是流过电池的总电流。由此，耦合域模型由两个场方程组成，即

$$\varepsilon_{\mathrm{m}}=\frac{\partial c}{\partial t}=D_{\mathrm{m}}\frac{\partial^2 c}{\partial x^2}+bI \quad x\in(0,L/2) \tag{4-41}$$

$$\varepsilon_{\mathrm{p}}\frac{\partial c}{\partial t}=D_{\mathrm{p}}\frac{\partial^2 c}{\partial x^2}-bI \quad x\in(L/2,L) \tag{4-42}$$

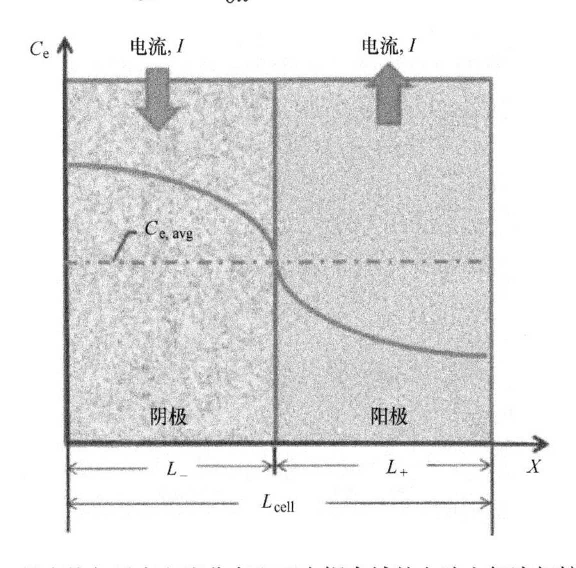

图4-2 具有均匀反应电流分布和两个耦合域的电池电解液相扩散问题

式中，ε_{m}、ε_{p}和 D_{m}、D_{p}分别是电极相体积分数以及正负极的扩散系数。扩散系数由参比扩散系数 D^{ref}决定，相体积分数为 $D_{\mathrm{m}}=D^{\mathrm{ref}}\varepsilon_{\mathrm{m}}^{1.5}$ 和 $D_{\mathrm{p}}=D^{\mathrm{ref}}\varepsilon_{\mathrm{p}}^{1.5}$。输入变量常数为

$$b=\frac{2(1-t_0)}{FAL} \tag{4-43}$$

式中，t_0是迁移数；F是法拉第常数。

在 $x=0$ 和 $x=L$ 处的边界条件为

$$\left.\frac{\partial c}{\partial x}\right|_{x=0}=\left.\frac{\partial c}{\partial x}\right|_{x=L}=0 \tag{4-44}$$

在两域的界面 $x=L/2$ 处

$$D_{\mathrm{m}}\left.\frac{\partial c}{\partial x}\right|_{x=(L/2)_-}=D_{\mathrm{p}}\left.\frac{\partial c}{\partial x}\right|_{x=(L/2)_+}$$

$$c\left(\frac{L}{2_-},t\right)=c\left(\frac{L}{2_+},t\right) \tag{4-45}$$

通过确保边界 $x=L/2$ 处的浓度和通量的连续性，边界条件式（4-45）将两域耦合起来。

5. 特征函数扩展

在 $I(t)=0$ 时，将 $c(x,t)=C(x)\mathrm{e}^{\lambda t}$代入式（4-41）和式（4-42）导出特征值问题有

$$\varepsilon_{\mathrm{m}}\lambda C_{\mathrm{m}}-D_{\mathrm{m}}C''_{\mathrm{m}}=0\quad x\in(0,L/2) \tag{4-46}$$

$$\varepsilon_{\mathrm{p}}\lambda C_{\mathrm{p}}-D_{\mathrm{p}}C''_{\mathrm{p}}=0\quad x\in(L/2,L) \tag{4-47}$$

式（4-46）和式（4-47）的解为

$$C_{\mathrm{m}}(x)=C_{1\mathrm{m}}\mathrm{e}^{\beta_{\mathrm{m}}x}+C_{2\mathrm{m}}\mathrm{e}^{-\beta_{\mathrm{m}}x} \tag{4-48}$$

$$C_{\mathrm{p}}(x)=C_{1\mathrm{p}}\mathrm{e}^{\beta_{\mathrm{p}}x}+C_{2\mathrm{p}}\mathrm{e}^{-\beta_{\mathrm{p}}x} \tag{4-49}$$

将式（4-48）和式（4-49）代入式（4-46）和式（4-47）得到

$$\lambda=\frac{D_{\mathrm{m}}\beta_{\mathrm{m}}^2}{\varepsilon_{\mathrm{m}}}=\frac{D_{\mathrm{p}}\beta_{\mathrm{p}}^2}{\varepsilon_{\mathrm{p}}} \tag{4-50}$$

或

$$\beta_{\mathrm{m}}=\alpha\beta_{\mathrm{p}},\varepsilon_{\mathrm{m}}=\zeta\varepsilon_{\mathrm{p}},D_{\mathrm{m}}=\frac{\zeta D_{\mathrm{p}}}{\alpha^2} \tag{4-51}$$

式中

$$\alpha=\sqrt{\frac{D_{\mathrm{p}}\varepsilon_{\mathrm{m}}}{D_{\mathrm{m}}\varepsilon_{\mathrm{p}}}}\quad \zeta=\frac{\varepsilon_{\mathrm{m}}}{\varepsilon_{\mathrm{p}}} \tag{4-52}$$

将式（4-50）代入式（4-48）和式（4-49），然后代入边界条件式（4-44）和式（4-45）中得到矩阵方程

$$\boldsymbol{Mc}=0 \tag{4-53}$$

式中，$\boldsymbol{c}=[C_{1\mathrm{m}},C_{2\mathrm{m}},C_{1\mathrm{p}},C_{2\mathrm{p}}]^{\mathrm{T}}$，且

$$
\boldsymbol{M}=\begin{bmatrix}
\alpha\beta_{\mathrm{p}} & -\alpha\beta_{\mathrm{p}} & 0 & 0\\
\alpha\zeta\beta_{\mathrm{p}}\mathrm{e}^{\frac{1}{2}\alpha\beta_{\mathrm{p}}L} & -\alpha\zeta\beta_{\mathrm{p}}\mathrm{e}^{-\frac{1}{2}\alpha\beta_{\mathrm{p}}L} & -\alpha^{2}\beta_{\mathrm{p}}\mathrm{e}^{\frac{1}{2}\beta_{\mathrm{p}}L} & \alpha^{2}\beta_{\mathrm{p}}\mathrm{e}^{-\frac{1}{2}\beta_{\mathrm{p}}L}\\
\mathrm{e}^{\frac{1}{2}\alpha\beta_{\mathrm{p}}L} & \mathrm{e}^{-\frac{1}{2}\alpha\beta_{\mathrm{p}}L} & -\mathrm{e}^{\frac{1}{2}\beta_{\mathrm{p}}L} & -\mathrm{e}^{-\frac{1}{2}\beta_{\mathrm{p}}L}\\
0 & 0 & \beta_{\mathrm{p}}\mathrm{e}^{\beta_{\mathrm{p}}L} & -\beta_{\mathrm{p}}\mathrm{e}^{-\beta_{\mathrm{p}}L}
\end{bmatrix} \tag{4-54}
$$

式（4-54）的非零解条件为

$$
|\boldsymbol{M}| = -\alpha^{2}\beta_{\mathrm{p}}^{3}[(\zeta-\alpha)(\mathrm{e}^{-\beta_{\mathrm{p}}\gamma_{1}}-\mathrm{e}^{\beta_{\mathrm{p}}\gamma_{1}})+(\zeta+\alpha)(\mathrm{e}^{-\beta_{\mathrm{p}}\gamma_{2}}-\mathrm{e}^{\beta_{\mathrm{p}}\gamma_{2}})]=0 \tag{4-55}
$$

式中，$\gamma_1=L(\alpha-1)/2$；$\gamma_2=L(\alpha+1)/2$。需注意的是，当 $\alpha=1$ 和 $\zeta=1$ 时特征值式（4-55）可简化为式（4-11），因为这对应于单域问题，其中 $D_{\mathrm{p}}=D_{\mathrm{m}}$、$\varepsilon_{\mathrm{p}}=\varepsilon_{\mathrm{m}}$。式（4-55）也可以写成双曲函数，即

$$
\beta_{\mathrm{p}}^{3}[(\zeta-\alpha)\sinh(\beta_{\mathrm{p}}\gamma_{1})+(\zeta+\alpha)\sinh(\beta_{\mathrm{p}}\gamma_{2})]=0 \tag{4-56}
$$

式（4-55）仅有虚根 $\beta_{\mathrm{p}}=\sqrt{\varepsilon_{\mathrm{p}}\lambda/D_{\mathrm{p}}}$ 对应于负实特征值 $\lambda<0$。这些根通过数值分析得到并被代入式（4-54），使 $\boldsymbol{M}$ 单调。对应于零特征值的特征向量提供了特征函数系数 $C_{1\mathrm{m}}$，…，$C_{2\mathrm{p}}$。特征函数为一次正交，因此如果我们将特征扩展函数（4-17）代入场方程式（4-41）和式（4-42）并在整个域中积分，我们将得到与式（4-21）一样的状态矩阵。进而，矢量 $\boldsymbol{B}$ 的元变为

$$
b_{n}=\int_{0}^{L/2}bC_{n}(x)\,\mathrm{d}x-\int_{L/2}^{L}bC_{n}(x)\,\mathrm{d}x \tag{4-57}
$$

在此例中，令输出变量 $y(t)=c(L,t)-c(0,t)$，因为电池的典型输出电压由两极之间的浓度差决定。输出变量由特征函数系列表达，可通过在式（4-24）中令 $x=L$ 减去 $x=0$ 来计算。

6. 传递函数

将式（4-41）和式（4-42）进行拉普拉斯变换得到

$$
s\varepsilon_{\mathrm{m}}C_{\mathrm{m}}-D_{\mathrm{m}}C''_{\mathrm{m}}-bI=0 \quad x\in(0,L/2) \tag{4-58}
$$

$$
s\varepsilon_{\mathrm{p}}C_{\mathrm{p}}-D_{\mathrm{p}}C''_{\mathrm{p}}+bI=0 \quad x\in(L/2,L) \tag{4-59}
$$

式（4-58）和式（4-59）的解为

$$
C_{\mathrm{m}}(x)=C_{1\mathrm{m}}\mathrm{e}^{\beta_{\mathrm{m}}x}+C_{2\mathrm{m}}\mathrm{e}^{-\beta_{\mathrm{m}}x}+\frac{bI}{\varepsilon_{\mathrm{m}}s} \tag{4-60}
$$

$$
C_{\mathrm{p}}(x)=C_{1\mathrm{p}}\mathrm{e}^{\beta_{\mathrm{p}}x}+C_{2\mathrm{p}}\mathrm{e}^{-\beta_{\mathrm{p}}x}-\frac{bI}{\varepsilon_{\mathrm{p}}s} \tag{4-61}
$$

将式（4-60）和（4-61）代入式（4-58）和式（4-59）得到

$$
s=\frac{D_{\mathrm{m}}\beta_{\mathrm{m}}^{2}}{\varepsilon_{\mathrm{m}}}=\frac{D_{\mathrm{p}}\beta_{\mathrm{p}}^{2}}{\varepsilon_{\mathrm{p}}} \tag{4-62}
$$

这与式（4-51）和式（4-52）中具有相同的关系。将式（4-62）代入解（4-60）和（4-61）然后代入边界条件式（4-44）和式（4-45）中得到四个未知变

量 C_{1m}、C_{2m}、C_{1p}和 C_{2p}的四个线性方程。传递函数为

$$\frac{D_p Y(s)}{b\varepsilon_p I(s)}=\frac{\begin{array}{c}4\alpha\sinh\left(\frac{1}{2}\beta_p L\right)-2(\zeta-\alpha)\sinh(\beta_p\gamma_1)\\+4\zeta\sinh\left(\frac{1}{2}\alpha\beta_p L\right)-2(\zeta+\alpha)\sinh(\beta_p\gamma_2)\end{array}}{\beta_p^2[(\zeta-\alpha)\sinh(\beta_p\gamma_1)+(\zeta+\alpha)\sinh(\beta_p\gamma_2)]} \tag{4-63}$$

来源于将这些解代入 $Y(s)=C(L,s)-C(0,s)$，其中 $\beta_p=\sqrt{\varepsilon_p s/D_p}$。对应于式（4-63）分母的特征方程与通过特征值方法计算式（4-56）得到的方程匹配。

4.1.2 铅电极中电解液——固相耦合扩散

在本节中将研究铅酸电池的浓度和电势耦合控制方程。为简化分析，仅模拟负极（铅）。方程可用以下形式来表示

$$\left.\begin{aligned}\dot{c}&=a_1c''-a_2\eta\\ \eta''&=a_3\eta+a_4c''\end{aligned}\right\}\quad x\in(0,L) \tag{4-64}$$

边界条件为

$$c'(0,t)=c'(L,t)=0 \tag{4-65}$$

$$\eta'(0,t)=-a_5I\quad \eta'(L,t)=-a_6I \tag{4-66}$$

式中，$c(x,t)$ 是酸的浓度；$\eta(x,t)$ 是过电势。输出电压为

$$V(t)=-\eta(L,t) \tag{4-67}$$

参数 a_1，…，a_6是正的常数。式（4-64）中的方程组成了一组耦合的线性偏微分方程。只有第一个方程涉及时间变量，因此第二个方程可被看作是限制条件。这使得精确解变得复杂，尤其是对于形成形态、时间域模型来说。然而，利用传递函数方法，可以消除时间变量得到两个微分方程即

$$\begin{aligned}sC-a_1C''+a_2\mathcal{N}&=0\\ \mathcal{N}''-a_3\mathcal{N}-a_4C''&=0\end{aligned} \tag{4-68}$$

式中，$C(x,s)=L\{c(x,t)\}$，$\mathcal{N}(x,s)=L\{\eta(x,t)\}$。这些方程总共四个空间变量，因此我们期望得到四个 $e^{\beta x}$形式的解。将 $C(x,s)=C(x)e^{\beta x}$和$\mathcal{N}(x,s)=\mathcal{N}(x)e^{\beta x}$代入式（4-68）得到

$$\begin{bmatrix}s-a_1\beta^2 & a_2\\ -a_4\beta^2 & \beta^2-a_3\end{bmatrix}\begin{bmatrix}C(x)\\ \mathcal{N}(x)\end{bmatrix}=0 \tag{4-69}$$

要得到 $C(x)$ 和 $N(x)$ 的非零解，式（4-69）中的矩阵行列式必须为零，得到四个根

$$\beta=\pm\sqrt{\frac{s+a_7\pm\sqrt{(s+a_7)^2-4a_1a_3s}}{2a_1}} \tag{4-70}$$

式中，$a_7=a_1a_3+a_2a_4$。将平方根内的加减看作两个相异根，则四个根简化为 $\beta=$

$\pm\beta_1$，$\pm\beta_2$。式（4-69）中的矩阵特征向量可表达为

$$V_j=\begin{bmatrix}1\\d_j\end{bmatrix}\quad j=1,2 \tag{4-71}$$

式中，$d_j=(a_1\beta_j^2-s)/a_2$。式（4-68）的解的形式为

$$\left.\begin{aligned}C(x,s)&=c_1\mathrm{e}^{\beta_1x}+c_2\mathrm{e}^{-\beta_1x}+c_3\mathrm{e}^{\beta_2x}+c_4\mathrm{e}^{-\beta_2x}\\ \mathcal{N}(x,s)&=d_1(c_1\mathrm{e}^{\beta_1x}+c_2\mathrm{e}^{-\beta_1x})+d_2(c_3\mathrm{e}^{\beta_2x}+c_4\mathrm{e}^{-\beta_2x})\end{aligned}\right\}\quad x\in(0,L) \tag{4-72}$$

将式（4-72）代入边界条件式（4-65）和式（4-66）得到

$$\begin{bmatrix}\beta_1 & -\beta_1 & \beta_2 & -\beta_2\\ \beta_1\mathrm{e}^{\beta_1L} & -\beta_1\mathrm{e}^{-\beta_1L} & \beta_2\mathrm{e}^{\beta_2L} & -\beta_2\mathrm{e}^{-\beta_2L}\\ d_1\beta_1 & -d_1\beta_1 & d_2\beta_2 & -d_2\beta_2\\ d_1\beta_1\mathrm{e}^{\beta_1L} & -d_1\beta_1\mathrm{e}^{-\beta_1L} & d_2\beta_2\mathrm{e}^{\beta_2L} & -d_2\beta_2\mathrm{e}^{-\beta_2L}\end{bmatrix}\begin{bmatrix}c_1\\c_2\\c_3\\c_4\end{bmatrix}=\begin{bmatrix}0\\0\\-a_5\\-a_6\end{bmatrix}I \tag{4-73}$$

为了计算频率响应，我们将 $s=\mathrm{i}\omega$ 代入式（4-70）计算 β_1 和 β_2。这些被代入到式（4-73）并且矩阵被转置和右乘来解 c_1，…，c_4。接下来将系数代入式(4-72)计算作为频率的函数的浓度和过电势分布。根据式（4-67）在 $x=L$ 时计算的过电势分布计算输出量。

4.1.3 锂离子电池和镍氢电池中的固相扩散

图 4-3 是球形锂离子颗粒和柱形镍氢颗粒的固态扩散示意图。材料颗粒中的物质守恒表达式为

$$\frac{\partial c}{\partial t}=D\left(\frac{\partial^2c}{\partial r^2}+\frac{m}{r}\frac{\partial c}{r}\right)\quad r\in(0,R) \tag{4-74}$$

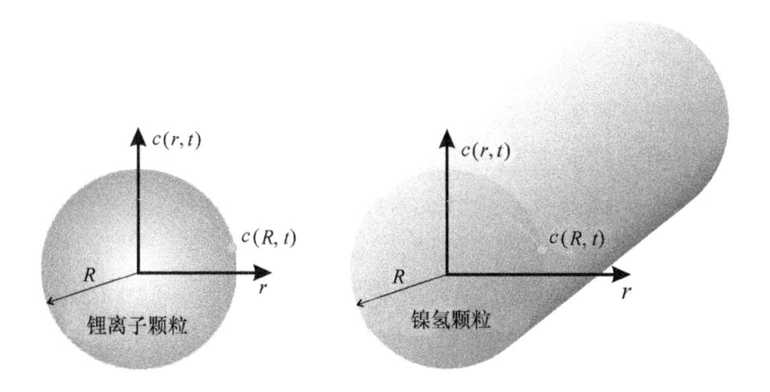

图 4-3 锂离子（左）和镍氢（右）颗粒的固相扩散

式中，$r\in(0,\ R)$ 是径向坐标；作为径向位置和时间的函数的 $c(r,\ t)$ 是锂离子或氢氧根离子的浓度；D 是固相扩散系数。对球形锂离子颗粒，$m=2$。对柱形镍氢颗粒，我们假设无限长（忽略柱体末端的扩散影响）并使 $m=1$。边界条件为

$$\left.\frac{\partial c}{\partial r}\right|_{r=0}=0 \tag{4-75}$$

$$\left.\frac{\partial c}{\partial r}\right|_{r=R}=\frac{-j}{Da_s F} \tag{4-76}$$

式中，$j(t)$ 是颗粒表面电化学反应的容积率（$j>0$ 表示离子放电）；a_s 是比表面积；F 是法拉第常数（96487C/mol）。对球形锂离子和柱形镍氢颗粒占电极的体积分数为 ε，界面表面积分别为 $a_s=3\varepsilon/R$ 和 $2\varepsilon/R$。

对于固态扩散我们通常对颗粒表面浓度感兴趣，因此要找到从 $J(s)$ 到 $C(R,s)$ 的传递函数。将式（4-74）做拉普拉斯变换得到

$$C''+\frac{m}{r}C'-\frac{s}{D}C=0 \tag{4-77}$$

寻找传递函数 $G(s)=C(R,s)/J(s)$ 涉及在边界条件式（4-75）和式（4-76）的拉普拉斯变换的条件下求解式（4-77）。接下来定义 $\Gamma(s)=R\sqrt{s/D}$ 将会很方便，详见本书参考文献［19］。

对于柱形颗粒，$m=1$，传递函数为

$$G(s)=-\frac{RI_0(\Gamma(s))}{Da_s F[\Gamma(s)I_1(\Gamma(s))]} \tag{4-78}$$

式中，$I_0(x)$ 和 $I_1(x)$ 是第一类零阶和一阶修正 Bessel 函数。

对于球形颗粒，$m=2$，传递函数为

$$G(s)=\frac{\tanh(\Gamma(s))}{Da_s F[\tanh(\Gamma(s))-\Gamma(s)]} \tag{4-79}$$

4.2 帕德近似法

电池相关模型的解析解通常可以用前面章节中球状和柱状粒子的超越传递函数来表达。这些传递函数经常包含双曲函数，因此也可以用指数表达。帕德近似能够很好地将这些无限次可微函数扩展为经过原点的幂级数。一个传递函数 $G(s)$ 的 N 阶帕德近似是两个多项式的 s 比值，其中分母为 N 阶。对于一个合适的传递函数来说，分子的阶数小于或等于 N。帕德近似法可以得到分子的阶数从 1 到 N 的传递函数，但当分子的阶数为 N 时通常能得到最高的精确度。也可以考虑高频响应来决定分子的适合阶数。模型和基于模型的估计和控制器的计算速度极大地依赖于模型中积分的数量或分母的阶数。然而，分子的阶数不会显著地影响计算速度。

根据本书参考文献［20］，假设传递函数可以被扩展为经过原点的幂级数

$$G(s)=\sum_{k=0}^{2(N+1)}c_k s^k \tag{4-80}$$

式中，系数 c_k 是通过对 $G(s)$ 进行多重微分后在 $s=0$ 时计算得到的，即

$$c_k = \left.\frac{\mathrm{d}^k G(s)}{\mathrm{d}s^k}\right|_{s=0} \tag{4-81}$$

如果 $G(s)$ 在原点有极点，则利用幂级数扩展得到 $G^*(s)=sG(s)$。

N 阶帕德近似传递函数为

$$P(s) = \frac{\sum_{m=0}^{N} b_m s^m}{1+\sum_{n=1}^{N} a_n s^n} = \frac{\mathrm{num}(s)}{\mathrm{den}(s)} \tag{4-82}$$

式中，假设分母和分子的阶数均为 N。为确定 $P(s)$ 必须计算系数（$N+1$）b_m 和 Na_n。假设分母中的零阶变量具有统一的系数以使解标准化。能够得到系数解的 $2N+1$ 线性方程由以下多项式确定

$$\mathrm{den}(s)\sum_{k=0}^{2(N+1)} c_k s^k - \mathrm{num}(s) = 0 \tag{4-83}$$

式中，系数 c_k 是来自于幂级数扩展的已知量。式（4-83）得到了 s 的 $2N(N+1)$ 阶多项式。对所有 s 来说等式右边为零，因此系数必须为零。s 的第一个 $N+1$ 系数由未知的系数 a_n 和 b_n 决定。其他的系数仅由 a_n 决定。由此，我们令 s^{N+2} 到 s^{2N+1} 的系数等于零来求解 a_1，…，a_N。然后我们将这些解 a_1，…，a_N 代入 s^0 到 s^N 的系数并令它们等于零来求解 b_0，…，b_N。

4.2.1　锂离子电池中的固相扩散

式（4-79）中的传递函数可以写成以下形式

$$G(s) = \frac{\sinh(\sqrt{s^*})}{\sinh(\sqrt{s^*}) - \sqrt{s^*}\cosh(\sqrt{s^*})} \tag{4-84}$$

式中，已将 $s=Ds^*/R^2$ 代入并用 DAF 规范化。传递函数的幂级数为

$$sG(s) = -3 - \frac{1}{5}s + \frac{1}{175}s^2 - \frac{2}{7875}s^3 + \frac{37}{3031875}s^4 + \cdots \tag{4-85}$$

式中，自左乘 s 约去了 $s=0$ 时的奇点，另外去掉星号是为了简化。当 $N=2$ 时，式（4-83）变成

$$\begin{aligned}&\frac{37a_2}{3031875}s^6 + \left(\frac{37a_1}{3031875} - \frac{2a_2}{7875}\right)s^5 + \left(\frac{37}{3031875} - \frac{2a_1}{7875} + \frac{a_2}{175}\right)s^4 \\ &+ \left(\frac{a_1}{175} - \frac{2}{7875} - \frac{a_2}{5}\right)s^3 + \left(\frac{1}{175} - b_2 - \frac{a_1}{5} - 3a_2\right)s^2 \\ &+ \left(-3a_1 - \frac{1}{5} - b_1\right)s - 3 - b_0 = 0\end{aligned} \tag{4-86}$$

从 s^4 到 s^3 的系数得到两个未知数 a_1 和 a_2 的两个方程。然后，从 s^2、s 和常数项得到 b_0、b_1 和 b_2 的方程。代入这些解到式（4-82）可得到二阶帕德近似

$$sP(s)=\frac{-3-\frac{4}{11}s-\frac{1}{165}s^2}{1+\frac{3}{55}s+\frac{1}{3465}s^2} \tag{4-87}$$

在本例中，由于分母中附加的 s，帕德近似实际上是 $N+1$ 阶。

4.3 积分近似法

将电池模型中的偏微分方程转换为常微分方程的另一个途径是为分散变量做一个假设，并整合控制方程，将偏微分方程转换为常微分方程。此节应用积分近似法来研究平板、圆柱和球形扩散。关于积分近似法的更多信息读者可参阅本书参考文献[18，21－23]。

4.3.1 电解液扩散

1. 单域

为验证积分近似法，首先将积分近似法用于4.1.1节中描述的单域电解液扩散问题。如果假设浓度分布是均匀的，$c(x,\ t)=c_0(t)$，则满足式（4-4）的零通量边界条件。代入式（4-3）得到

$$\dot{c}_0(t)=a_2 j(t) \tag{4-88}$$

常微分方程［即式（4-88）］为电解液中的浓度动力学提供了一种集总参数估计。然而，在这种情况下，集总参数的解也是精确解。

对于浓度通量边界条件式（4-5），均匀浓度分布不能满足边界条件，因此假设一种抛物线分布，即

$$c(x,t)=c_0(t)+c_1(t)x+c_2(t)x^2 \tag{4-89}$$

式（4-89）中的三个未知函数由场方程［即式（4-3）］和两个边界条件来求解。对式（4-89）进行微分得到

$$\frac{\partial c}{\partial x}=c_1(t)+2c_2(t)x \tag{4-90}$$

利用边界条件式（4-4）在 $x=0$ 时计算式（4-90）得到 $c_1(t)=0$。将假设的分布方程式（4-89）代入边界条件式（4-5）得到

$$2c_2(t)L=a_3 I(t) \quad 或 \quad c_2(t)=\frac{a_3}{2L}I(t) \tag{4-91}$$

将式（4-91）代入式（4-89）然后代入式（4-3）并令 $j=0$，然后将 x 从0到 L 积分得到

$$c_0(t)=-\frac{a_3 L}{6}\dot{I}(t)+\frac{a_1 a_3}{L}I(t) \tag{4-92}$$

对式（4-92）进行时间积分则有

$$c(x,t)=c_0(t)+\frac{a_3}{2L}x^2I(t) \tag{4-93}$$

该函数即为浓度分布的时间函数。

通过定义状态向量 $\boldsymbol{x}(t)=c_0(t)+\frac{a_3L}{6}I(t)$ 和输出变量 $y(t)=c(L,\ t)$，式（4-92）和式（4-93）可加入到状态变量形式［即式（4-1）］中。输入变量 $u(t)=I(t)$，则状态矩阵变为

$$\boldsymbol{A}=0,\ \boldsymbol{B}=\frac{a_1a_3}{L},\ \boldsymbol{C}=1,\ \boldsymbol{D}=\frac{a_3L}{3} \tag{4-94}$$

当 $x=L$ 时，将式（4-92）的拉普拉斯变换代入式（4-93）可以得到传递函数 $G(s)=c(L,s)/I(s)$，于是有

$$G(s)=\frac{a_3(L^2s+3a_1)}{3Ls} \tag{4-95}$$

通过在多项式中为每个附加系数增加一个附加方程，可以将积分近似法扩展到更高阶的多项式以及可能的更高精度。得到附加方程的一种方法是在附加点（例如 $x=L/4$，$L/2$，$3L/4$，…）计算场方程［即式（4-3）］，这种方法称为选点法。另外，4.4 节给出了一种更有效的将积分近似法扩展到更高阶多项式的方法，称为 Ritz 法。

2. 耦合域

再次回到 4.1.1 节中描述的耦合域电解液扩散问题，积分近似法假设浓度在每个域中为抛物线分布，即

$$c(x,t)=\begin{cases}c_{0\mathrm{m}}(t)+c_{1\mathrm{m}}(t)x+c_{2\mathrm{m}}(t)x^2 & x\leqslant L/2\\ c_{0\mathrm{p}}(t)+c_{1\mathrm{p}}(t)x+c_{2\mathrm{p}}(t)x^2 & x\geqslant L/2\end{cases} \tag{4-96}$$

式（4-96）中的六个系数可以从两个场方程（$x<L/2$ 和 $x>L/2$）以及四个边界条件式（4-44）和式（4-45）中求解。将式（4-96）代入式（4-3）的拉普拉斯变换并积分得到

$$\begin{aligned}&\int_0^{L/2}(s\varepsilon_\mathrm{m}C-D_\mathrm{m}C''-bI)\,\mathrm{d}x\\&=\frac{\varepsilon_\mathrm{m}L}{2}sC_{0\mathrm{m}}+\frac{\varepsilon_\mathrm{m}L^2}{8}sC_{1\mathrm{m}}+\left(\frac{\varepsilon_\mathrm{m}L^3s}{24}-LD_\mathrm{m}\right)C_{2\mathrm{m}}-\frac{bL}{2}I=0\end{aligned} \tag{4-97}$$

和

$$\begin{aligned}&\int_{L/2}^{L}(s\varepsilon_\mathrm{p}C-D_\mathrm{p}C''+bI)\,\mathrm{d}x\\&=\frac{\varepsilon_\mathrm{p}L}{2}sC_{0\mathrm{p}}+\frac{3\varepsilon_\mathrm{p}L^2}{8}sC_{1\mathrm{p}}+\left(\frac{7\varepsilon_\mathrm{p}L^3}{24}s-LD_\mathrm{p}\right)C_{2\mathrm{p}}+\frac{bL}{2}I=0\end{aligned} \tag{4-98}$$

从式（4-44）得到

$$C_{1\mathrm{m}}=0\quad C_{1\mathrm{p}}+2LC_{2\mathrm{p}}=0 \tag{4-99}$$

将式（4-96）和式（4-99）代入边界条件式（4-45）得到

$$D_{\mathrm{m}}C_{2\mathrm{m}}+D_{\mathrm{p}}C_{2\mathrm{p}}=0$$

$$C_{0\mathrm{m}}+\frac{L^2}{4}C_{2\mathrm{m}}-C_{0\mathrm{p}}+\frac{3L^2}{4}C_{2\mathrm{p}}=0 \tag{4-100}$$

将式（4-97）~式（4-100）的解代入输出方程，有

$$Y(s)=C(L,s)-C(0,s)=C_{0\mathrm{p}}+C_{1\mathrm{p}}L+C_{2\mathrm{p}}L^2-C_{0\mathrm{m}} \tag{4-101}$$

可得到传递函数

$$G(s)=\frac{Y(s)}{I(s)}=\frac{-3bL^2(\varepsilon_{\mathrm{m}}+\varepsilon_{\mathrm{p}})(D_{\mathrm{m}}+D_{\mathrm{p}})}{2\varepsilon_{\mathrm{m}}\varepsilon_{\mathrm{p}}L^2(D_{\mathrm{m}}+D_{\mathrm{p}})s+24D_{\mathrm{m}}D_{\mathrm{p}}(\varepsilon_{\mathrm{m}}+\varepsilon_{\mathrm{p}})} \tag{4-102}$$

积分近似也可以用于单个平板域中的两个或多个耦合电势方程。方程可以包含时间或仅含空间变量。对于具有两个空间变量的二阶（扩散型）微分方程来说，一个抛物线分布方程提供了足够的未知系数来满足体积平均场方程和两个边界条件。如果场方程不包含时间变量，则将得到代数方程。如果控制方程是线性的，则积分方法总是能够得到线性代数和微分混合型方程，必须联立求解。

积分近似法也可以通过计算域中特定点的场方程将其扩展为更高阶的近似。对于近似中的每个附加变量会增加一个附加方程。例如，在耦合域问题中，可以在式（4-96）中的近似增加 $c_{3\mathrm{m}}x^3$ 并求解附加方程：

$$\varepsilon_{\mathrm{m}}\frac{\partial c}{\partial t}\bigg|_{x^*}-D_{\mathrm{m}}\frac{\partial^2 c}{\partial x^2}\bigg|_{x^*}-bI \tag{4-103}$$

$$=\varepsilon_{\mathrm{m}}(\dot{c}_{0\mathrm{m}}+\dot{c}_{2\mathrm{m}}x^{*2}+\dot{c}_{3\mathrm{m}}x^{*3})-D_{\mathrm{m}}(2c_{2\mathrm{m}}+3c_{3\mathrm{m}}x^*)-bI=0$$

式中，$x^*\in[0,L/2]$。式（4-103）是一个一阶微分方程，近似的阶数增加 1。附加变量可以加入到式（4-96）中的近似中，附加方程从式（4-103）在不同的 x^* 时计算得到。

4.3.2 锂离子和镍氢电池中的固相扩散

对于 4.1.3 节中描述的球形锂离子颗粒（$m=2$）和柱形镍氢颗粒（$m=1$），用一个二次方程在颗粒半径方向上进行近似：

$$C(r,s)=C_0(s)+C_1(s)r+C_2(s)r^2 \tag{4-104}$$

原点的通量为零要求 $C_1(s)=0$。颗粒表面边界通量要求

$$C'(R,s)=2C_2R=-\frac{J(s)}{DAF} \tag{4-105}$$

对场方程［即式（4-74）］的拉普拉斯变换进行积分得到最终方程为

$$\int_0^R\left[\frac{s}{D}C-\left(C''+\frac{m}{r}C'\right)\right]\mathrm{d}r=0 \tag{4-106}$$

将式（4-104）代入式（4-106）得到

$$C_0(s)=\frac{[6D(1+m)-sR^2]D}{6RDAFs}J(s) \tag{4-107}$$

将 $C_0(s)$、$C_1(s)$ 和 $C_2(s)$ 代入式（4-104）并令 $r=R$ 计算得到传递函数

$$G(s) = -\frac{C(R,s)}{J(s)} = -\frac{R^2 s + 3D(m+1)}{3RDAFs} \tag{4-108}$$

4.4 Ritz 法

Ritz 法保持了控制偏微分方程中算子的固有对称性。在电池系统中，扩散方程是对称的、能产生真实特征值和指数形式的衰减响应。由 Ritz 法生成的离散化 **A** 矩阵也是对称的，确保特征值为实数。对于 Ritz 展开的收敛性也进行了彻底的研究。特征值的量级随着指数级数的增加而单调收敛。

4.4.1 单域中的电解液扩散

首先将 Ritz 法应用于4.1.1 节中描述的单域问题。分布函数 $c(x, t)$ 由多项式系列来近似

$$c(x,t) = \sum_{n=0}^{N-1} x^n c_n(t) \tag{4-109}$$

式（4-109）不能自动满足边界条件。将式（4-3）转换成弱解形式自动导出仅涉及浓度空间变量的通量边界条件。式（4-3）的弱解形式通过将式（4-3）左边乘一个多项式并积分得到

$$\int_0^L x^n \frac{\partial c}{\partial t} \mathrm{d}x = \int_0^L x^n \left(a_1 \frac{\partial^2 c}{\partial x^2} + a_2 j \right) \mathrm{d}x \tag{4-110}$$

$$= a_1 x^n \frac{\partial c}{\partial x}\bigg|_0^L + \int_0^L \left(a_2 j x^n - a_1 n x^{n-1} \frac{\partial c}{\partial x} \right) \mathrm{d}x \tag{4-111}$$

$$= a_1 a_3 L^n I(t) + \frac{a_2 L^{n+1}}{n+1} j(t) - a_1 n \int_0^L \left(x^{n-1} \frac{\partial c}{\partial x} \right) \mathrm{d}x \tag{4-112}$$

在式（4-111）中，使用了部分积分然后代入边界条件得到式（4-112）。将式（4-109）的扩展代入式（4-112）得到

$$\int_0^L \left(x^n \sum_{m=0}^{N-1} x^m c_{\mathrm{m}}(t) \right) \mathrm{d}x = a_1 a_3 L^n I(t) + \frac{a_2 L^{n+1}}{n+1} j(t) - a_1 n \int_0^L \left(x^{n-1} \sum_{m=0}^{N-1} m x^{m-1} c_m(t) \right) \mathrm{d}x \tag{4-113}$$

交换求和与积分，得到离散方程为

$$\sum_{m=0}^{N-1} \left(\int_0^L x^{n+m} \mathrm{d}x c_m(t) \right) = a_1 a_3 L^n I(t) + \frac{a_2 L^{n+1}}{n+1} j(t) - a_1 n \sum_{m=0}^{N-1} \left(m \int_0^L x^{n+m-2} \mathrm{d}x c_m(t) \right) \tag{4-114}$$

$$n = 0, \cdots, N$$

式（4-114）可以加入到状态变量形式（4-1）中，其中 $\boldsymbol{x}(t)=[c_0,\cdots,c_{N-1}]^{\mathrm{T}}$，$\boldsymbol{u}(t)=[I(t),j(t)]^{\mathrm{T}}$有

$$\boldsymbol{A}=\boldsymbol{M}_1^{-1}\boldsymbol{M}_2,\quad \boldsymbol{B}=\boldsymbol{M}_1^{-1}\boldsymbol{M}_3$$
$$\boldsymbol{C}=c(L,t)=[1,L,\cdots,L^{N-1}],\boldsymbol{D}=0 \tag{4-115}$$

式中

$$\boldsymbol{M}_1(k,l)=\int_0^L x^{n+m}\mathrm{d}x=\frac{L^{n+m+1}}{n+m+1}=\boldsymbol{M}_1(l,k) \tag{4-116}$$

$$\boldsymbol{M}_2(k,l)=a_1nm\int_0^L x^{n+m-2}\mathrm{d}x=a_1nm\frac{L^{n+m-1}}{n+m-1}=\boldsymbol{M}_2(l,k) \tag{4-117}$$

$$\boldsymbol{M}_3=\begin{bmatrix} a_1a_3 & a_2L \\ \vdots & \vdots \\ a_1a_3L^N & \dfrac{a_2L^{N+1}}{N+1} \end{bmatrix} \tag{4-118}$$

式中，$k=n+1$，$l=m+1$ 是矩阵指数（必须大于零）。$\boldsymbol{M}_1$和 $\boldsymbol{M}_2$的对称确保离散线性系统有实特征值。

4.4.2 耦合域中的电解液扩散

本章4.1.1节中描述的耦合平板域模型问题包含场方程：

$$\varepsilon(x)\frac{\partial c}{\partial t}=D(x)\frac{\partial^2 c}{\partial x^2}+b(x)I\quad x\in(0,L) \tag{4-119}$$

式中

$$\varepsilon(x)=\begin{cases}\varepsilon_{\mathrm{m}} & 0<x<L/2\\ \varepsilon_{\mathrm{p}} & L/2<x<L\end{cases},D(x)=\begin{cases}D_{\mathrm{m}} & 0<x<L/2\\ D_{\mathrm{p}} & L/2<x<L\end{cases} \tag{4-120}$$

且

$$b(x)=\begin{cases}b & 0<x<L/2\\ -b & L/2<x<L\end{cases} \tag{4-121}$$

边界条件为式（4-44）和式（4-45）。响应将通过在域 $0\leqslant x\leqslant L$ 上连续的容许函数来近似。首先使用式（4-109）中的多项式，然后使用满足 $x=0$，L 的零通量边界条件函数的傅里叶级数解。两种情况都以包含自然（通量）边界条件的控制方程式（4-119）的弱解形式开始。在两域界面对连续浓度的要求将由多项式和正弦函数的连续性自动满足。

使用部分积分和边界条件，通过左乘一个容许函数 $C_n(x)$ 并积分，场方程式（4-119）转换为弱解形式，即

$$\begin{aligned}\int_0^L \varepsilon(x)C_n c\mathrm{d}x &= \int_0^L C_n[D(x)c''+b(x)I]\mathrm{d}x\\ &= D_{\mathrm{m}}C_nc'\big|_0^{L/2}+D_{\mathrm{p}}C_nc'\big|_{L/2}^{L}+\int_0^L C_nbI-DC'_nc'\mathrm{d}x\\ &= -\int_0^L DC'_nc'\mathrm{d}x+b\left(\int_0^{L/2}C_n\mathrm{d}x-\int_{L/2}^{L}C_n\mathrm{d}x\right)I\end{aligned} \tag{4-122}$$

式（4-122）右侧的积分被分成从 $x=0$ 到 $x=L/2$ 和从 $x=L/2$ 到 $x=L$ 的两个积分集合。将 Ritz 扩展

$$c(x,t) = \sum_{m=0}^{N-1} C_m(x)c_m(t) \tag{4-123}$$

代入式（4-122）得到

$$\begin{aligned}
&\int_0^L C_n \sum_{m=0}^{N-1} C_m \varepsilon \dot{c}_m \mathrm{d}x + \int_0^L DC'_n \sum_{m=0}^{N-1} C'_m c_m \mathrm{d}x - \left(\int_0^L bC_n \mathrm{d}x\right)I \\
&= \sum_{m=0}^{N-1}\left[\left(\int_0^L \varepsilon C_n C_m \mathrm{d}x\right)\dot{c}_m + \left(\int_0^L DC'_n C'_m \mathrm{d}x\right)c_m\right] \\
&\quad - b\left(\int_0^{L/2} C_n \mathrm{d}x - \int_{L/2}^L C_n \mathrm{d}x\right)I = 0
\end{aligned} \tag{4-124}$$

或

$$\boldsymbol{M}_1 \dot{\boldsymbol{x}} = \boldsymbol{M}_2 x + \boldsymbol{M}_3 I \tag{4-125}$$

式中，$\boldsymbol{x}(t) = [c_0(t), \cdots, c_{N-1}(t)]^{\mathrm{T}}$，且

$$\boldsymbol{M}_1(k,l) = \varepsilon_m \int_0^{L/2} C_n C_m \mathrm{d}x + \varepsilon_{\mathrm{p}} \int_{L/2}^L C_n C_m \mathrm{d}x = \boldsymbol{M}_1(l,k)$$

$$\boldsymbol{M}_2(k,l) = -D_{\mathrm{m}} \int_0^{L/2} C'_n C'_m \mathrm{d}x - D_{\mathrm{p}} \int_{L/2}^L C'_n C'_m \mathrm{d}x = \boldsymbol{M}_2(l,k)$$

$$\boldsymbol{M}_3(k) = b\left(\int_0^{L/2} C_n \mathrm{d}x - \int_{L/2}^L C_n \mathrm{d}x\right)$$

则式（4-123）中的离散微分方程可以写成状态空间形式，即

$$\boldsymbol{A} = \boldsymbol{M}_1^{-1}\boldsymbol{M}_2, \quad \boldsymbol{B} = \boldsymbol{M}_1^{-1}\boldsymbol{M}_3$$

$$\boldsymbol{C} = c(L,t) - c(0,t) = [C_0(L) - C_0(0), \cdots, C_{N-1}(L) - C_{N-1}(0)] \tag{4-126}$$

以及 $\boldsymbol{D}=0$。我们再次得到了对称的 $\boldsymbol{M}_1$ 和 $\boldsymbol{M}_2$ 矩阵，因此特征值为实数。

1. 多项式级数

将多项式函数 $C_n(x) = x^n$ 代入式（4-123）得到

$$\begin{aligned}
&\boldsymbol{M}_1(k,l) = \frac{\varepsilon_{\mathrm{m}} + \varepsilon_{\mathrm{p}}(2^{n+m+1} - 1)}{n+m+1}\left(\frac{L}{2}\right)^{n+m+1} \\
&\boldsymbol{M}_2(1,l) = 0 \\
&\boldsymbol{M}_2(k,l) = -\frac{nm[D_{\mathrm{m}} + D_{\mathrm{p}}(2^{n-1+m} - 1)]}{n-1+m}\left(\frac{L}{2}\right)^{n-1+m} \quad n,m>0 \\
&\boldsymbol{M}_3(k) = \frac{bL[(L/2)^n - L^n]}{n+1}
\end{aligned} \tag{4-127}$$

其输出向量 $\boldsymbol{C} = [0, L, \cdots, L^{N-1}]$。第一状态不可控是因为 $\boldsymbol{M}_3(1)=0$，$\boldsymbol{M}_2(1, l)=0$，不可观测是因为 $\boldsymbol{C}(1)=0$。

2. 傅里叶级数

在傅里叶级数的近似解中，容许函数为正弦 $C_n(x) = \cos(n\pi x/L)$。与多项式

函数不同的是，这些函数能够自动满足 $x=0$ 和 $x=L$ 的零通量边界条件，如图 4-4 所示。代入式（4-127）得到

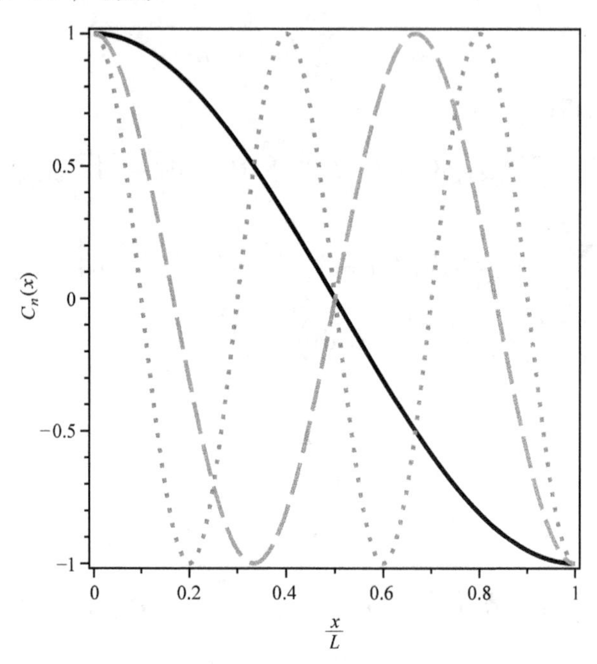

图 4-4　傅里叶级数容许函数［$n=1$（实线），$n=3$（虚线），$n=5$（点）］

$$
\begin{aligned}
&\boldsymbol{M}_1(1,1)=\frac{L}{2}(\varepsilon_{\mathrm{m}}+\varepsilon_{\mathrm{p}})\\
&\boldsymbol{M}_1(k,k)=\frac{L}{4}(\varepsilon_{\mathrm{m}}+\varepsilon_{\mathrm{p}})\\
&\boldsymbol{M}_1(k,l)=0\quad n\text{ 和 }m\text{ 均为奇数或均为偶数，并且 }n\neq m\\
&\boldsymbol{M}_1(k,l)=\frac{nL(\varepsilon_{\mathrm{m}}-\varepsilon_{\mathrm{p}})(-1)^{(n+m-1)/2}}{\pi(n^2-m^2)}\quad n\text{ 为奇数，}m\text{ 为偶数}
\end{aligned}
\tag{4-128}
$$

$$
\begin{aligned}
&\boldsymbol{M}_2(k,k)=-\frac{n^2\pi^2(D_{\mathrm{m}}+D_{\mathrm{p}})}{4L}\\
&\boldsymbol{M}_2(k,l)=0\quad n\text{ 和 }m\text{ 均为奇数或均为偶数，并且 }n\neq m,\\
&\boldsymbol{M}_2(k,l)=\frac{\pi nm^2(D_{\mathrm{m}}-D_{\mathrm{p}})(-1)^{(n+m-1)/2}}{L(m^2-n^2)}\quad n\text{ 为奇数，}m\text{ 为偶数}
\end{aligned}
\tag{4-129}
$$

$$
\begin{aligned}
&\boldsymbol{M}_3(k)=0\quad n\text{ 为偶数}\\
&\boldsymbol{M}_3(k)=\frac{2bL(-1)^{(n-1)/2}}{n\pi}\quad n\text{ 为奇数}
\end{aligned}
\tag{4-130}
$$

再次令 $k=n+1$ 和 $l=m+1$ 来保持矩阵指数为正。输出矩阵 $\boldsymbol{C}=[0,\ -2,\ 0,\ -2,$

…] 显示偶数模在输出变量中不可直接观测。从式（4-130）可知，偶数模在输入变量中也不直接可控。奇数模和偶数模通过 $\boldsymbol{M}_2$ 和 $\boldsymbol{M}_1$ 中的非对角变量耦合，因此它们影响系统的响应。不同的输出量［如 $c(L/2,\ t)-c(0,\ t)$］会直接检测出偶数模。

4.4.3 铅电极中电解液——固相耦合扩散

再次回到本章4.1.2节中介绍的铅酸电池浓度和电势耦合控制方程，Ritz 法提供了一种相对简单的方法来得到一种在状态变量形式中的时间域模型。在此重述这些方程

$$\dot{c}=c_1c''-a_2\eta \tag{4-131}$$

$$\eta''=a_3\eta+a_4c'' \tag{4-132}$$

对 $x\in(0,\ L)$ 有边界条件

$$c'(0,t)=c'(L,t)=0 \tag{4-133}$$

$$\eta'(0,t)=-a_5I\ \text{和}\ \eta'(L,t)=-a_6I \tag{4-134}$$

式中，$c(x,\ t)$ 是酸的浓度；$\eta(x,\ t)$ 是过电势。输出电压为

$$V(t)=-\eta(L,t) \tag{4-135}$$

将浓度和过电势扩展为傅里叶级数

$$c(x,t)=\sum_{n=0}^{N-1}c_n(t)\cos\left(\frac{n\pi x}{L}\right)$$

$$\eta(x,t)=\sum_{n=0}^{N-1}\eta_n(t)\cos\left(\frac{n\pi x}{L}\right) \tag{4-136}$$

式（4-136）中的余弦项展开在 $x=0$，L 时的斜率为零，符合零输入边界条件。将式（4-136）代入式（4-131），左乘 $\cos(m\pi x/L)$ 并在域中积分得到

$$\boldsymbol{M}\dot{\boldsymbol{c}}=-\boldsymbol{K}_{cc}\boldsymbol{c}-\boldsymbol{K}_{c\eta}\boldsymbol{\eta} \tag{4-137}$$

式中，$\boldsymbol{c}(t)=[c_1(t),\cdots,c_N(t)]$ 且矩阵元为

$$\boldsymbol{M}(n,m)=\int_0^L\cos\left(\frac{m\pi x}{L}\right)\cos\left(\frac{n\pi x}{L}\right)\mathrm{d}x=\frac{L}{2}\delta_{mn}$$

$$\boldsymbol{K}_{cc}(n,m)=\int_0^L a_1\left(\frac{n\pi}{L}\right)^2\cos\left(\frac{m\pi x}{L}\right)\cos\left(\frac{n\pi x}{L}\right)\mathrm{d}x=\frac{a_1n^2\pi^2}{2L}\delta_{mn}$$

$$\boldsymbol{K}_{c\eta}(n,m)=\int_0^L a_2\cos\left(\frac{m\pi x}{L}\right)\cos\left(\frac{n\pi x}{L}\right)\mathrm{d}x=\frac{a_2L}{2}\delta_{mn}$$

式中，当 m 为 n 和零时，$\delta_{mn}=1$。对式（4-132）左乘 $v(x)$ 并部分积分得到弱解形式

$$(a_5v(0)-a_6v(L))I(t)-\int_0^L v'\eta'+a_3v\eta-a_4v'c'\mathrm{d}x=0 \tag{4-138}$$

将 $v(x,\ t)=\cos(m\pi x/L)$ 和傅里叶级数（4-136）代入式（4-138）得到

$$\boldsymbol{K}_{\eta\eta}\boldsymbol{\eta}=\boldsymbol{K}_{\eta c}\boldsymbol{c}-\boldsymbol{B}_{\eta}I \tag{4-139}$$

其中矩阵元为

$$\boldsymbol{K}_{\eta\eta}(m,n)=\int_0^L \frac{m\pi}{L}\sin\left(\frac{m\pi x}{L}\right)\frac{n\pi}{L}\sin\left(\frac{n\pi x}{L}\right)+a_3\cos\left(\frac{m\pi x}{L}\right)\cos\left(\frac{n\pi x}{L}\right)\mathrm{d}x$$

$$=\left[\frac{n^2\pi^2}{2L}+\frac{a_3L}{2}\right]\delta_{mn}$$

$$\boldsymbol{K}_{\eta c}(m,n)=\int_0^L a_4\frac{m\pi}{L}\sin\left(\frac{m\pi x}{L}\right)\frac{n\pi}{L}\sin\left(\frac{n\pi x}{L}\right)\mathrm{d}x=\frac{a_4n^2\pi^2}{2L}\delta_{mn}$$

$$\boldsymbol{B}_\eta(n)=a_5-a_6(-1)^n$$

当$n=m=0$时，非零的矩阵元变为$\boldsymbol{M}(0,0)=L$，$\boldsymbol{K}_{c\eta}(0,0)=a_2L$，$\boldsymbol{K}_{\eta\eta}(0,0)=a_3L$。

矩阵$\boldsymbol{K}_{\eta\eta}$非奇异，因此由式（4-139）得到

$$\eta=\boldsymbol{K}_{\eta\eta}^{-1}(\boldsymbol{K}_{\eta c}\boldsymbol{c}-\boldsymbol{B}_\eta\boldsymbol{I}) \tag{4-140}$$

将式（4-140）代入式（4-137）得到状态变量模型为

$$\boldsymbol{x}=\boldsymbol{A}\boldsymbol{x}+\boldsymbol{B}\boldsymbol{I} \tag{4-141}$$

$$\boldsymbol{V}=\boldsymbol{C}\boldsymbol{x}+\boldsymbol{D}\boldsymbol{I} \tag{4-142}$$

式中

$$\boldsymbol{A}=-\boldsymbol{M}^{-1}[\boldsymbol{K}_{cc}+\boldsymbol{K}_{c\eta}\boldsymbol{K}_{\eta\eta}^{-1}\boldsymbol{K}_{\eta c}]$$

$$\boldsymbol{B}=\boldsymbol{M}^{-1}\boldsymbol{K}_{c\eta}\boldsymbol{K}_{\eta\eta}^{-1}\boldsymbol{B}_\eta$$

$$\boldsymbol{C}=\boldsymbol{v}^{\mathrm{T}}\boldsymbol{K}_{\eta\eta}^{-1}\boldsymbol{K}_{\eta c}$$

$$\boldsymbol{D}=\boldsymbol{v}^{\mathrm{T}}\boldsymbol{K}_{\eta\eta}^{-1}\boldsymbol{B}_\eta$$

式中，$\boldsymbol{v}=[1,\cos(\pi x/L),\cdots,\cos[(N-1)\pi x/L]]$。

4.5 有限元法

有限元法是一种基于 Ritz 法已有公式的简化形式。不同于选择全域范围内存在的全部功能，有限元法是将广域范围$x\in[0,L]$离散为$N-1$个子域或元素，即

$$\Omega_1=[0,h],\cdots,\Omega_m=[(m-1)h,mh],\cdots,\Omega_{N-1}=[L-h,L] \tag{4-143}$$

通常，每个元素的长度都是可变的，以便提高高流量区域的准确性并降低低梯度区域内的元素数量。简单来说，假设网格是高度一致的，每个元素长度为h，因此$L=h(N-1)$。域的端点位置的浓度记为节点$c_m(t)=c((m-1)h,t)$，其中$m=1$，…，N。第N阶有限元近似含有N个节点。有限元法可以用方程描述多状态或转移函数的动态节点。如想了解关于有限元法的更多详细信息，请参阅本书参考文献［17，24］。

如图4-5所示，形式函数$\varphi_m(x)$（其中$m=1$，…，$N-1$）定义为

$$
\varphi_1(x)=\begin{cases}1-x/h & x\in\Omega_1\\ 0 & x\notin\Omega_1\end{cases}
$$

$$
\varphi_m(x)=\begin{cases}[x-(m-2)h]/h & x\in\Omega_{m-1}\\ 1-[x-(m-1)h]/h & x\in\Omega_m\\ 0 & x\notin\Omega_m\cup\Omega_{m-1}\end{cases}\qquad 2\leqslant m\leqslant N-1
$$

$$
\varphi_N(x)=\begin{cases}1-[x-(N-2)h]/h & x\in\Omega_{N-1}\\ 0 & x\notin\Omega_{N-1}\end{cases}
\tag{4-144}
$$

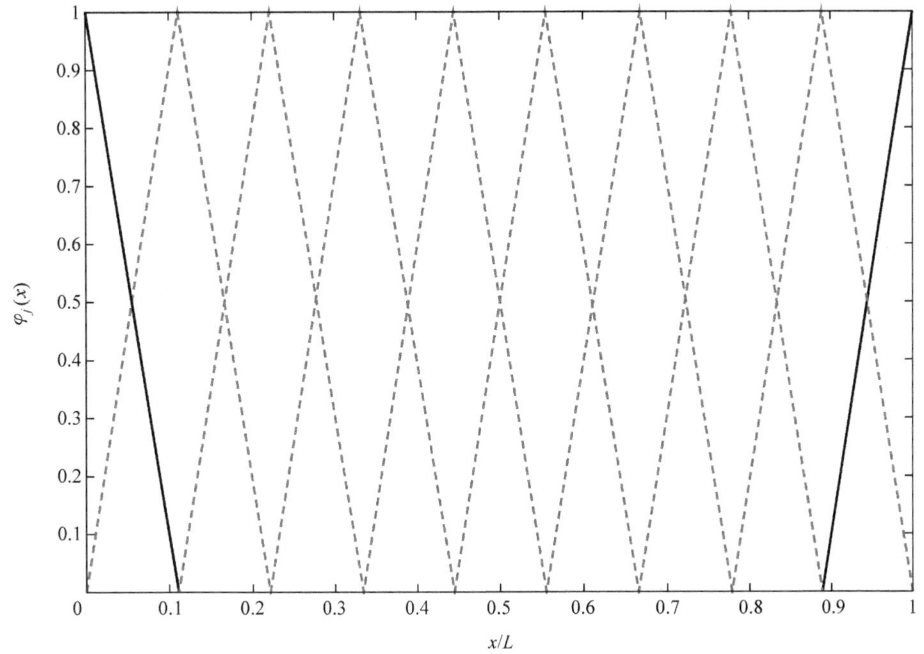

图4-5 有限元法可接受的函数（$N=10$）

形式函数为 $\varphi_m[(n-1)h]=\delta_{mn}$，因此它们在第 m 个节点 $[x=(m-1)h]$ 为单一值，其他节点均为零。当 m 和 n 差值大于1时，$\varphi_m\varphi_n=0$。有限元法可近似为

$$
c(x,t)=\sum_{m=1}^{N}c_m(t)\varphi_m(x) \tag{4-145}
$$

4.5.1 电解质扩散

由于扩散方程受式（4-3）及零边界条件制约，因此域方程与 φ_n 相乘得到的简化方程为

$$
\sum_{m=1}^{N}\left(\int_0^L\varphi_n\varphi_m\mathrm{d}x\dot{c}_m+\int_0^L a_1\varphi'_n\varphi'_m\mathrm{d}xc_m\right)-\int_0^L a_2\varphi_n j\mathrm{d}x=0 \tag{4-146}
$$

式中，$n=1$，…，N。假设在每个元素 a_{1n}，a_{2n}和 j_n 内的系数 a_1，a_2 和 j 均为常数，但能应用于不同域。式（4-146）中的积分过程被简化了，因为 $\varphi_n=0$ 在域 $\Omega_n\cup\Omega_{n-1}$之外。这样第 m 个方程仅包含函数 φ_n，且其在至少一个域或者 c_{m-1}，c_m及 c_{m+1}中为非零。基于此，假设元素长度为常数，式（4-146）中的积分可被简化为以下形式：

$$\begin{aligned}\sum_{m=1}^{N}\int_0^L a_1\varphi'_n\varphi'_m\mathrm{d}xc_m &= a_{1_{n-1}}\int_{\Omega_{n-1}}\varphi'_n(\varphi'_{n-1}c_{n-1}+\varphi'_nc_n)\mathrm{d}x\\&\quad+a_{1_n}\int_{\Omega_n}\varphi'_n(\varphi'_nc_n+\varphi'_{n+1}c_{n+1})\mathrm{d}x\\&=(a_{1_{n-1}}+a_{1_n})\int_0^h\varphi'^2_1\mathrm{d}xc_n\\&\quad+\int_0^h\varphi'_1\varphi'_2\mathrm{d}x(a_{1_{n-1}}c_{n-1}+a_{1_n}c_{n+1})\\&=-\frac{a_{1_{n-1}}}{h}c_{n-1}+\frac{1}{h}(a_{1_{n-1}}+a_{1_n})c_n-\frac{a_{1_n}}{h}c_{n+1}\end{aligned}\tag{4-147}$$

当 $n=1$ 时，有

$$\begin{aligned}\sum_{m=1}^{N}\int_0^L a_1\varphi'_1\varphi'_m\mathrm{d}xc_m &= a_{1_1}\int_{\Omega_1}\varphi'_1(\varphi'_1c_1+\varphi'_2c_2)\mathrm{d}x\\&=\frac{a_{1_1}}{h}c_n-\frac{a_{1_1}}{h}c_2\end{aligned}\tag{4-148}$$

与此类似，当 $n=N$ 时，式（4-146）中的第一个积分变为

$$\begin{aligned}\sum_{m=1}^{N}\int_0^L \varphi_n\varphi_m\mathrm{d}xc_m &= \int_{\Omega_{n-1}}\varphi_n(\varphi_{n-1}c_{n-1}+\varphi_nc_n)\mathrm{d}x\\&\quad+\int_{\Omega_n}\varphi_n(\varphi_nc_n+\varphi_{n+1}c_{n+1})\mathrm{d}x\\&=2\int_0^h\varphi_1^2\mathrm{d}xc_n+\int_0^h\varphi_1\varphi_2\mathrm{d}x(c_{n-1}+c_{n+1})\\&=\frac{h}{6}c_{n-1}+\frac{2h}{3}c_n+\frac{h}{6}c_{n+1}\end{aligned}\tag{4-149}$$

式（4-149）中元素 1 和 N 均没有 c_{-1}和 c_{N+1}项，c_n 的系数为 $h/3$。离散方程的一阶形式为

$$\boldsymbol{M}_1\boldsymbol{x}=\boldsymbol{M}_2\boldsymbol{x}+\boldsymbol{M}_3\boldsymbol{j}\tag{4-150}$$

此处形式矢量 $\boldsymbol{x}(t)=[c_1(t),\cdots,c_N(t)]^{\mathrm{T}}\in R^N$ 和输入矢量 $j(t)=[j_1(t),\cdots,j_N(t)]^{\mathrm{T}}\in R^N$。输入矩阵是元素为 $\boldsymbol{M}_3(n,n)=a_{2_n}h/2$ 的对角阵。其他矩阵元素等于

零。离散方程下部对称确保特征值为实数。同时，这一方法也在 N 增大时很好地定义了收敛性。矩阵 $\boldsymbol{M}_1$ 为正定、对称且非奇异的。矩阵 $\boldsymbol{M}_2$ 同样也是对称的，但在一些情形下为半正定（如 a_1 是常数时）和奇异的。当边界条件不是零通量时可以改变这种奇异性。定义新的变量 $\Delta c(x,t)=c(x,t)-c(0,t)$，使得 $\Delta c(0,\ t)=0$ 并改变了 $\boldsymbol{M}_2$ 的奇异性。

有限元法允许在变换空间的域中分散输入参数，也同样可以直接添加时变参数。

对于本章4.1.1节中的耦合域问题，定义模型参数如下：

$$\left.\begin{aligned} a_{1_n}&=D_{\mathrm{m}}\\ a_{2_n}&=b \end{aligned}\right\}x\in(0,L/2)\quad 和\quad \left.\begin{aligned} a_{1_n}&=D_{\mathrm{p}}\\ a_{2_n}&=-b \end{aligned}\right\}x\in(L/2,L) \tag{4-151}$$

其中在全域范围内 $j_n=1$。$\boldsymbol{M}_1$ 的元素一定被 ε 增大，正如式（4-147）中 a_1 的作用。

4.5.2 锂离子电极中的电解液——固相耦合扩散

在锂离子电池中，活性材料颗粒在多孔电极中嵌入。每个电极内的电流密度 $j(x,\ t)$ 取决于颗粒扩散动力学，而非一个常数。计及颗粒动力学时，输入电流 $I(t)$ 和电流密度分布之间的函数关系为

$$\frac{J(x,s)}{I(s)}=G(x,s) \tag{4-152}$$

以本书参考文献［25］为例，有

$$G(x,s)=\frac{v(s)\{\kappa^{\mathrm{eff}}\cosh[v(s)(x/L-1)]+\sigma^{\mathrm{eff}}\cosh[v(s)(x/L)]\}}{L\,A\,\sinh v(s)(\kappa^{\mathrm{eff}}+\sigma^{\mathrm{eff}})} \tag{4-153}$$

此处无量纲变量，有

$$v(s)=L\sqrt{\frac{\kappa+\sigma}{\kappa\sigma\left[\dfrac{R_{\mathrm{ct}}}{a_{\mathrm{s}}}+\dfrac{\partial U}{\partial c}\left(\dfrac{C_{\mathrm{s}}(R,s)}{J(s)}\right)\right]}} \tag{4-154}$$

以球形颗粒迁移函数式（4-79）或近似迁移函数式（4-108）表示为 $C_{\mathrm{s}}(R,\ s)/J(s)$。

将式（4-150）进行拉普拉斯变换，得到

$$\boldsymbol{C}(s)=(\boldsymbol{M}_1 s-\boldsymbol{M}_2)^{-1}\boldsymbol{M}_3\boldsymbol{J}(s) \tag{4-155}$$

有限元法模型式（4-155）输入矢量与分散迁移函数的关系可表示为

$$\boldsymbol{J}(s)=\begin{bmatrix}J(0,s)\\J(h,s)\\\vdots\\J(L,s)\end{bmatrix}=\begin{bmatrix}G(0,s)\\G(h,s)\\\vdots\\G(L,s)\end{bmatrix}I(s)=\boldsymbol{G}(s)I(s) \tag{4-156}$$

将式（4-156）代入式（4-155）中，得到系统传递函数为

$$\frac{\boldsymbol{C}(s)}{I(s)}=(\boldsymbol{M}_1 s-\boldsymbol{M}_2)^{-1}\boldsymbol{M}_3\boldsymbol{G}(s) \tag{4-157}$$

总体模型的阶数为式（4-155）中有限元法模型阶数乘以电流密度传递函数 $G((m-1)h,s)$（全部假设有相同阶数 N_J），$m=1$，…，N 的阶数。电流密度传递函数的分母不是 x 的函数，所以极点不应随空间位置而变化。这样，如果所有 $G((m-1)h,s)$ 都有相同的分母，则阶数应为 $N+N_J$。

4.6 有限差分法

有限差分法是在电池模型中解决扩散方程的最简单且最常用的方法。与有限元法相比，有限差分法较容易地解决了输入和参数的空间差异性。有限差分法也可被用于非线性问题。但这种方法不能用于维持根本问题的对称性，也缺乏不同方法的收敛保证。这种方法的详细信息可查询本书的参考文献［17，18，26，27］。

在有限差分法中，在 $x=0$，h，…，$(N-1)h$ 处，空间域 $x\in[0,\ L]$ 离散成 N 个节点，为简便起见，此处 $h=L/(N-1)$ 假设为常数。空间分布［如 $c(x,\ t)$］离散成节点量 $c_m(t)=c((m-1)h,t)$，其中 $m=1$，…，N。以前向差分对空间导数做近似为

$$\left.\frac{\partial c}{\partial x}\right|_{x=(m-1)h}\approx\frac{c_{m+1}(t)-c_m(t)}{h} \tag{4-158}$$

采用后向差分近似为

$$\left.\frac{\partial c}{\partial x}\right|_{x=(m-1)h}\approx\frac{c_m(t)-c_{m-1}(t)}{h} \tag{4-159}$$

或采用中心差分近似为

$$\left.\frac{\partial c}{\partial x}\right|_{x=(m-1)h}\approx\frac{c_{m+1}(t)-c_{m-1}(t)}{2h} \tag{4-160}$$

前向差分和后向差分分别用于左右侧边界，因为 C_0 和 C_{N+1} 并不存在。中心差分被用于保持节点，典型地是用于二阶导数，即

$$\left.\frac{\partial^2 c}{\partial x^2}\right|_{x=(m-1)h}\approx\frac{c_{m+1}(t)+c_{m-1}(t)-2c_m(t)}{h^2} \tag{4-161}$$

4.6.1 电解质扩散

电解质扩散对应的有限差分法离散域方程为

$$\dot{c}_m=a_1\frac{c_{m+1}+c_{m-1}-2c_m}{h^2}+a_2j_m \tag{4-162}$$

零通量边界条件为

$$\left.\frac{\partial c}{\partial x}\right|_{x=0}=\frac{c_2(t)-c_1(t)}{h}=0 \tag{4-163}$$

$$\left.\frac{\partial c}{\partial x}\right|_{x=L}=\frac{c_N(t)-c_{N-1}(t)}{h}=0 \tag{4-164}$$

这就意味着 $c_1(t)=c_2(t)$，同时 $c_N(t)=C_{N-1}(t)$，因此模型阶数为 $N-2$。离散方程式（4-162）能被写成状态变量形式，其中 $\boldsymbol{x}(t)=[c_2,\cdots,c_{N-1}]^{\mathrm{T}}\in R^{N-2}$，输入矢量$\boldsymbol{u}(t)=[j_2(t),\cdots,j_{N-1}(t)]^{\mathrm{T}}$。状态矩阵为

$$\boldsymbol{A}=\frac{1}{h^2}\begin{bmatrix}-a_1 & a_1 & 0 & \cdots & 0 & 0 & 0\\ a_1 & -2a_1 & a_1 & \cdots & 0 & 0 & 0\\ 0 & a_1 & -2a_1 & \cdots & 0 & 0 & 0\\ & & & \ddots & & & \\ & & & & -2a_1 & a_1 & 0\\ & & & & a_1 & -2a_1 & a_1\\ 0 & 0 & 0 & \cdots & 0 & a_1 & -a_1\end{bmatrix} \tag{4-165}$$

$\boldsymbol{B}=\mathrm{diag}(\{a_2,a_2,\cdots,a_2\})$，$\boldsymbol{C}=[0,\cdots,0,1]$，$\boldsymbol{D}=\boldsymbol{0}$。通常，系数 a_1 和 a_2 是空间可靠的。对于本章4.1.1节中的耦合域问题，定义式（4-151）中的有限差分法中模型参数并以 ε 区分 $\boldsymbol{A}$ 和 $\boldsymbol{B}$ 的行。$\boldsymbol{A}$ 矩阵对于单一域问题是对称的，但对于耦合域问题并不对称。在耦合域问题中，$\boldsymbol{A}$ 矩阵的非对称性体现在两个域的界面上。

4.6.2 在铅电极内的非线性电解质——固相耦合扩散

本章4.1.2节中的铅酸电池耦合电解质——固相扩散模型包括了多个线性假设。本节中，在控制方程中保持了一个非线性项，并用有限差分法得到了离散及非线性常微分方程组。此处，以任何其他前面已提到的方法都难以获得非线性常微分方程组。

模型包括以下场方程

$$\dot{c}=a_1c''+a_2\phi'' \tag{4-166}$$

$$\phi''=a_3\phi-a_4^*\ln(c)'' \tag{4-167}$$

式中，$a_4^*\ln(c)''$在电压场方程式（4-167）中替代了线性区间 a_4c''。边界条件、输出电压方程及固相电压方程保持不变。

域被离散为长度为常数 h 的 N 个节点。分散浓度及电压用它们节点值近似为 $c_m(t)=c((m-1)h,t)$，$\phi_m(t)=\phi((m-1)h,t)$，此处 $m=1$，…，N。浓度场方程式（4-166）以中心差分离散为

$$c_m=a_1\frac{c_{m+1}+c_{m-1}-2c_m}{h^2}+a_2\frac{\phi_{m+1}+\phi_{m-1}-2\phi_m}{h^2} \tag{4-168}$$

场方程式（4-167）离散为

$$\frac{\phi_{m+1}+\phi_{m-1}-2\phi_m}{h^2}=a_3\phi_m-a_4^*\frac{\ln(c_{m+1})+\ln(c_{m-1})-2\ln(c_m)}{h^2} \tag{4-169}$$

或

$$\frac{1}{h^2}(\phi_{m+1}+\phi_{m-1})-\left(\frac{2}{h^2}+a_3\right)\phi_m=\frac{a_4^*}{h^2}\ln\left(\frac{c_{m+1}c_{m-1}}{c_m^2}\right) \tag{4-170}$$

零通量浓度边界条件要求 $c_1(t)=c_2(t)$，同时 $c_{N-1}(t)=c_N(t)=0$，所以状态矢量 $\boldsymbol{x}(t)=[c_2,\cdots,c_{N-1}]^{\mathrm{T}}$。电压边界条件需要

$$\phi'(0,t)=\frac{\phi_2-\phi_1}{h}=a_5I \tag{4-171}$$

$$\phi'(L,t)=\frac{\phi_{N-1}-\phi_N}{h}=a_5I \tag{4-172}$$

定义电压矢量 $\boldsymbol{\Phi}=[\phi_2,\cdots,\phi_{N-1}]^{\mathrm{T}}$。式（4-168）和式（4-170）能够以矩阵形式表示为

$$\boldsymbol{x}=\boldsymbol{A}\boldsymbol{x}+a_2\boldsymbol{B}\boldsymbol{\phi} \tag{4-173}$$

$$\boldsymbol{P}\boldsymbol{\phi}=\boldsymbol{f}(\boldsymbol{x}) \tag{4-174}$$

式中，$\boldsymbol{A}$ 由式（4-165）给出，且

$$\boldsymbol{B}=\frac{1}{h^2}\begin{bmatrix}-1 & 1 & 0 & \cdots & 0 & 0 & 0\\ 1 & -2 & 1 & \cdots & 0 & 0 & 0\\ & & & \ddots & & & \\ & & & & 1 & -2 & 1\\ 0 & 0 & 0 & \cdots & 0 & 1 & -1\end{bmatrix} \tag{4-175}$$

同时，$\boldsymbol{P}=\boldsymbol{B}-a_3\boldsymbol{I}$，此处 $\boldsymbol{I}$ 是一个$(N-2)\times(N-2)$ 单位矩阵。非线性矢量函数为

$$\boldsymbol{f}(\boldsymbol{x})=\frac{a_4^*}{h^2}\begin{bmatrix}\ln\left(\frac{c_1}{c_2}\right)\\ \ln\left(\frac{c_4c_2}{c_3^2}\right)\\ \vdots\\ \ln\left(\frac{c_{N-2}}{c_{N-1}}\right)\end{bmatrix} \tag{4-176}$$

输出电压可以通过对 $\phi(x,\ t)$ 进行欧拉积分得到，即

$$V(t)=\phi_{\mathrm{s}}(L,t)-\phi_{\mathrm{s}}(0,t)=a_7\int_0^x\int_0^{x_2}\phi\,\mathrm{d}x_1\,\mathrm{d}x_2 \tag{4-177}$$

4.7 频域内的系统辨识

一般情况下较易确定一个电池系统的超越传递函数和/或频率响应。在简单情况时，超越传递函数能够通过解析确定。举例来说，两个区域间及球形颗粒扩散

函数能够很容易地分别从式（4-63）及式（4-78）中确定。超越传递函数包含多项式函数，如双曲线和平方根，因此在 s 域中难以以两个多项式比例的形式得到标准传递函数。

本节探索了一种以基于频率反馈数据提取的线性、离散模型的系统辨识应用技术。系统辨识有着很长的历史，如想了解相关背景知识可以参考很多文献资料，包括本节引用的参考文献［28］和［29］。针对本节内容，我们试图找到一类能够和频率反馈数据集进行最佳匹配的最低阶传递函数。这种最佳匹配必须满足最小二乘法中数据和模型总方差最小。幸运的是，有很多最小二乘法的优化方法可用于解决这一问题，读者可以参考很多优秀书籍来了解优化方法（比如本书的参考文献［30］、［31］、［32］）。通过建立扩散模型试图确认电池动力学参数。假设本征值是实数且不是重复的，这样就使得系统识别问题变得简单，且容许使用相对简单的优化方法。同时，由于频率响应是由数学模型得到，因此不受测量和输入噪声的干扰，所以也不需要统计分析。本节，我们将应用多种检测频域和时域的方法建立模型，并与实验数据进行最佳匹配。

4.7.1 系统模型

对于以极点和留数表示的扩散系统，建立一个线性模型，即

$$\hat{G}(\theta,s) = \sum_{k=1}^{N} \frac{R_k}{s - p_k} \tag{4-178}$$

式中，模型阶数 N 是已知的；留数 R_k 和极点 p_k 是未知的；参数矢量 $\theta=[R_1,\cdots,R_N,p_1,\cdots,p_N]$。为稳定起见，极点全部为负值。然而，留数能够指定为任意符号。式（4-178）仅能用于单输入输出（SISO）传递函数，但如果含有多重输入输出传递函数的模型有着同样的极点，则也能适用。

4.7.2 最小二乘优化问题

以最优算法使得成本函数最小化即是对复杂的频率响应函数 $G(\mathrm{i}\omega_j)$ 和估算值 $\hat{G}(\theta,\mathrm{i}\omega_j)$ 之间的方差进行求和。

$$e(\theta,\omega_j) = G(\mathrm{i}\omega_j) - \hat{G}(\theta,\mathrm{i}\omega_j) \tag{4-179}$$

式中，频率响应函数由频率值 $j=1$，…，N_{eval} 得到，同时 $N_{\mathrm{eval}}>N/2$。成本函数为

$$CF = \sum_{j=1}^{N_{\mathrm{eval}}} \left([\Re\{e(\theta,\omega_j)\}]^2 + [\Im\{e(\theta,\omega_j)\}]^2\right) \tag{4-180}$$

式中，$\Re$和$\Im$分别指函数实部和虚部。目标是找到使得 CF 最小的 θ 值。

留数是误差项，在式（4-180）中进行了平方，有

$$r_m(\theta) = \Re\{e(\theta,\omega_j)\} = \Re\{G(i\omega_j)\} + \sum_{k=1}^{N} \frac{R_k p_k}{p_k^2 + \omega_j^2} \quad m = 1,\cdots,N_{eval}$$
$$r_m(\theta) = \Im\{e(\theta,\omega_j)\} = \Im\{G(i\omega_j)\} + \sum_{k=1}^{N} \frac{R_k \omega_j}{p_k^2 + \omega_j^2} \quad m = N_{eval}+1,\cdots,2N_{eval} \tag{4-181}$$

式中，第一个 N_{eval} 与误差的实部相关，而最后一个 N_{eval} 与虚部相关。式（4-181）显示了留数与 R_k 呈线性关系，而与 p_k 呈非线性关系。

雅可比行列式 $\boldsymbol{J}=[\boldsymbol{J}_R,\ \boldsymbol{J}_P]\in\Re^{2N_{eval}\times 2N}$ 是成本函数留数关于模参数 θ 的斜率。考虑到 R_j 是唯一一个未知参数，因此雅可比行列式

$$\boldsymbol{J}_R(k,j) = \frac{\partial r_k}{\partial R_j} = \left.\begin{cases} \dfrac{p_j}{p_j^2+\omega_k^2} & k=1,\cdots,N_{eval} \\ \dfrac{\omega_k}{p_j^2+\omega_k^2} & k=N_{eval}+1,\cdots,2N_{eval} \end{cases}\right\} j=1,\cdots N \tag{4-182}$$

在 $\Re^{2N_{eval}\times N}$ 内，与 R_j 不相关但与 p_j 相关。对 p_j 来说，雅可比行列式

$$\boldsymbol{J}_{P(k,j)} = \frac{\partial r_k}{\partial p_j} = \left.\begin{cases} \dfrac{R_j(\omega_k^2-p_j^2)}{(p_j^2+\omega_k^2)^2} & k=1,\cdots,N_{eval} \\ -\dfrac{2R_j p_j \omega_k}{(p_j^2+\omega_k^2)^2} & k=N_{eval}+1,\cdots,2N_{eval} \end{cases}\right\} j=1,\cdots N \tag{4-183}$$

同样在 $\Re^{2N_{eval}\times N}$ 内。

由于雅可比行列式 $\boldsymbol{J}_R$ 与 R_k 无关，因此如果 p_k 已知包含一个最小二乘法问题，就必须解决 R_k。将留数重写为

$$\boldsymbol{r} = \begin{bmatrix} r_1 \\ \vdots \\ r_{2N_{eval}} \end{bmatrix} = \boldsymbol{g} - \boldsymbol{J}_P\boldsymbol{R} \tag{4-184}$$

式中，$\boldsymbol{R}=[R_1,\cdots,R_N]'$；$\boldsymbol{g}(k)=\Re\{G(\omega_k)\},k=1,\cdots,N_{eval}$；$\boldsymbol{g}_k=\Im\{G(\omega_k)\}$，$k=N_{eval}+1$，…，$2N_{eval}$。成本函数变为

$$CF = |\boldsymbol{g}-\boldsymbol{J}_P\boldsymbol{R}|^2 \tag{4-185}$$

式（4-185）中的价值函数是个凸面，因此全局最小值在

$$\frac{\partial CF}{\partial \boldsymbol{R}}=2\boldsymbol{J}^{\mathrm{T}}(\boldsymbol{g}-\boldsymbol{J}\boldsymbol{R})=0 \tag{4-186}$$

于是生成了标准方程

$$\boldsymbol{J}\boldsymbol{J}^{\mathrm{T}}\boldsymbol{R}^{*}=\boldsymbol{J}^{\mathrm{T}}\boldsymbol{g} \tag{4-187}$$

式中，$\boldsymbol{R}^{*}$是CF对应的全局最小值。假如$\boldsymbol{J}\boldsymbol{J}^{\mathrm{T}}$是可逆的，就能直接求解式（4-187）从而得到$\boldsymbol{R}^{*}$。

由于非线性最小二乘法问题与找到极点p相关，因此有很多算法可用。高斯－牛顿迭代算法可以用于线性搜寻并有效近似为Hessin函数。Levenberg－Marquardt方法使用同样的Hessin近似，但使用一个置信区间而非线性搜寻。解析雅可比行列式是可行的，所以选择一个能够使用梯度信息的优化方法是有意义的。

4.7.3 优化方法

Matlab软件可以提供多种工具，能够以频域方法进行系统辨识。Matlab软件的基本套装包含了一些优化程序。优化工具箱有更多复杂的优化程序适用于系统辨识问题。

Matlab在其基本套装里包含了fminsearch. m和fminbnd. m。这些工具允许直接以Nelder－Mead搜索法（fminsearch. m）和单变量边界非线性函数最小化（fminbnd. m）进行多重维度自由非线性最小化。通常，我们寻找的极点多于一个，因此fminbnd. m并不适用。Nelder－Mead搜索法是一种非衍生优化方法，在此问题上与分析雅可比行列式相比并无明显优势。

Matlab软件中的优化工具箱提供了多种其他优化工具，包括lsqnonlin. m，这是一种明确为了应对最小二乘法问题和解析雅可比行列式而设计的算法。设计的变量包含了更宽泛的边界条件，因此我们能够使得极点变为负值。默认的优化工具被认为是“大尺度”的，并需要满足$2N_{\mathrm{eval}}>N$。“大尺度”算法是基于内反射牛顿法的子空间置信区间法。一个“中尺度”设置也能使用Levenberg－Marquardt方法，但不能提供设计参数的边界条件。lsqnonlin. m算法能够通过选择输入参数进行转换，如MaxFunEvals、MaxIter、TolFun和TolX。系统能够自动生成初始默认值，但也能够由用户自定义。

lsqnonlin. m算法中两个参数最为关键：TolFun和TolX。大多数情况下，当出现以下情况时最优化工具会终止计算

1）x的变化值小于自定义能力范围（TolX）。

2）留数的变化量小于自定义范围能力范围（TolFun）。

3）迭代次数溢出（MaxFunEvals或MaxIter）。

按照系统响应的要求，TolX必须比最慢极点（或最小频率）小10～100倍。TolFun能够基于优化模型所能够识别的最小数量级。

lsqnonlin. m算法能够找出一个局部最小值，但并不能保证这是全局最小值或

最佳拟合方法。与找寻极点相关的非线性优化问题不是凸的，且有大量近似空间最小值。极点是能够变化的，因此如果两个极点转换错误，将无法改变。对算法最初预测的输入值来说，lsqnonlin. m 返回的最小值非常敏感。用户可以基于优化程序制定一个回路，用于以遗传的、随机的或球面最小化方案控制初始预测值。典型计算过程非常快速，即使以普通个人电脑也能够完成低阶（$N<10$）的系统检测。这样一来，一个满足初始预测值的输出回路对于找寻整体最小值来说就非常简单且有效。通常用一个已知的传递函数来检测优化方案，判定其解是否收敛于已知的全局最小值。

整体优化方法的步骤如下：

1）选择 $\omega_{\min}$、$\omega_{\max}$、N_{eval} 和 N。频率值 $\omega_{\min}$、$\omega_{\max}$ 设定了我们感兴趣的频率范围。在频率响应中扣除所有积分，以确保 DC 响应不变。设置 TolX 和 TolFun。

2）给出一系列初始预估极值，保证 $p_1>p_2>\cdots>p_N$，同时所有 $p_k<0$。在设计空间选择初始预估值过程中，可以使用一个蒙特卡洛法或一种更加系统性的方法。初始预估值的对数坐标下的分布能够保证涵盖要求的频率带宽范围。在优化工具中，在极点之间进行最小化分割能够将异常点问题的影响降到最低。

3）使用 lsqnonlin. m 来最小化成本函数［即式（4-186）］。对每次迭代来说，取 R_1，…，R_N 则可解决线性最小二乘法问题。

4）回到步骤 2）并重复，直到有足够的初始预估值 N_{guess} 填满设置的空间。

5）有着最小误差结果的 N_{guess} 初始预估值即是整体最小值。

4.7.4 多重输出

上一节论述的针对多重输出系统的方法也可以拓展到很多其他电池系统工程应用中，即便大多数复杂的电池模型只有一个输入（电流）和一个输出（电压）。不管频率响应是如何发生的，这种方法都会产生一个最优线性模型。系统工程师常会对电池内部条件感兴趣，并需要建立一个多重输出模型。最优化问题能够建立包括多重输出在内的多种模式，但函数对应的是一组高阶运算，而且很难找出整体最小值。另一方面，我们能够基于单输出最优化结果建立多重输出模型。对电池模型来说，能够以电流 - 电压（阻抗）传递函数建立整体最优化模型。首先可认为电池内部各动力学参数均共享相同极点，而没有共享极点的内部动力学参数一般可认为是不可观测或不可控量。如果我们假设内部动力学参数都共享相同极点（如阻抗），则所有输出的传递函数分母相同。为获取内部状态动力学参数，只需要对一个指定的输出利用简单的线性最小二乘法决定留数（也就是分子）。从状态空间的视角看，多重输出系统有着相同的 $\boldsymbol{A}=\text{diag}(p_1, \cdots, P_N)$ 及 $\boldsymbol{B}=[1, \cdots, 1]^{\mathrm{T}}$矩阵。输出矩阵 $\boldsymbol{P}$ 也有着与多重输出中每组输出相关的行列。这一单输出、多重输出模型阶数较低、且可控可观，能够为电池的模拟和控制奠定良好的基础。

4.7.5 系统辨识工具箱

系统辨识工具箱是为处理由频率响应数据得到的通用传递函数而专门设计的，它非常有效且很复杂。例如 pem. m 函数，用来计算通用线性模型的预测误差。输入数据能够转化为一个可辨识频率响应数据（IDFRD）模型的形式，而输出数据为可辨识的线性模型。使用 IDGREY 模型时，使用者可在式（4-178）的极点/留数形式中定义一个线性模型结构，或在状态空间或多项式形式中搜寻一个更常见的线性模型结构。带有多重输出数据的 pem. m 函数能够生成一个多输出线性模型。

4.7.6 实验数据

用来拟合超传递函数的频率响应的算法同样能够建立模型并对实测实验数据进行经验性拟合。不过模型仅能用于拟合实测的阻抗谱图，而无法预测电池内部状态。这一方法能够用来对某一特定电池，对其寿命周期内的某一特定状态进行准确建模模拟，但无法进行 SOC 值和其他内部状态的预测。模型和电池内部物理过程及控制方程之间的关系很难以经验方法表述。

习　题

4.1　为将锂离子电池内的三个域（负极、隔膜及正极）进行解耦，对习题 3.9 中的电极 - 隔膜界面推导出一组近似边界条件

$$\left.\frac{\partial c_e}{\partial x}\right|_L = -\alpha c_e(L, t) \tag{A-4-1}$$

式中，$\alpha = 2/\delta_{sep}$。其他边界条件符合$\frac{\partial c_e}{\partial x}(0, t) = 0$。场方程表示为

$$\frac{\partial c_e}{\partial t} = a_1 \frac{\partial^2 c_e}{\partial x^2} + a_2 j_{avg}(t) \tag{A-4-2}$$

式中，假设电流分布是均匀的。在此问题中，研究了从另两个域中去耦化的正极 $x = 0 \cdots L$。

a）写出这个系统的特性方程，其根是特征值 λ。当快速特征值 $\lambda \to -\infty$ 时，写出简化方程。

b）以解析法推导超传递函数$\frac{C_e(x,s)}{J_{avg}(s)}$。

c）以一个抛物线集合分布的 IMA 法推导一个离散传递函数。

d）以 Ritz 法和多项式容许函数推导一个状态空间模型。

4.2　式（4-108）是用 IMA 法得到的活性物质颗粒离散一阶传递函数。

a）以 IMA 离散化中的体积 $\int \mathrm{d}V$ 平均值而非测试中的半径 $\int \mathrm{d}r$ 平均值重新推导出传递函数。

b）对一个圆柱形颗粒推导一阶、IMA 离散的体积平均传递函数。

4.3　对一个单域扩散问题

$$\frac{\partial c}{\partial t}=a_1\frac{\partial^2 c}{\partial x^2}+a_2 j$$

边界条件是

$$\left.\frac{\partial c}{\partial x}\right|_{x=0}=\left.\frac{\partial c}{\partial x}\right|_{x=L}=0$$

隔膜一侧的电流分布通常非常集中，表示为 $j(x,\ t)=\alpha x^2 I(t)$。将这一模型进行拓展，输入为 $I(t)$，输出为 $c(L,\ t)$。

a）推导解析传递函数 $C(L,\ s)/I(s)$。

b）以特征值方法推导解析状态空间矩阵。

c）推导 FDM 离散状态空间矩阵。

d）推导 FEM 离散状态空间矩阵。

4.4　对圆柱形颗粒的固相扩散来说，本章推导的传递函数为（为简化而归一化为）

$$G(s)=\frac{I_0(\Gamma(s))}{\Gamma(s)I_1(\Gamma(s))}$$

式中，$\Gamma(s)=R\sqrt{-s/D}$；$I_0(s)$和 $I_1(s)$是第 0 阶及第 1 阶修正的第一类贝塞尔函数。请确定$sG(s)$的 2 阶帕德近似。

4.5　球形颗粒中的固相扩散过程由以下方程控制

$$\frac{\partial c}{\partial t}=D\left(\frac{\partial^2 c}{\partial r^2}+\frac{2}{r}\frac{\partial c}{\partial r}\right)\quad r\in(0,R)$$

边界条件是

$$\left.\frac{\partial c}{\partial r}\right|_{r=0}=0 \text{ 和} \left.\frac{\partial c}{\partial r}\right|_{r=R}=\frac{-j}{DAF}$$

以 Ritz 法和多项式容许函数 $C_m(r)=x^m$ 将这一问题离散。

4.6　以一个三阶帕德近似将如下传递函数进行离散

$$G(s)=-\frac{2a_2\alpha L}{s\beta}\frac{\cosh\beta L}{\sinh\beta L}+\frac{\alpha_2\alpha(2a_1+L^2 s)}{s^2} \tag{A-4-3}$$

式中，$\beta=\sqrt{s}/\sqrt{a_1}$。选择帕德近似的分子阶数来匹配（如有可能的话）传递函数的高频渐近线。

第5章 系统响应

第 4 章中探讨的状态空间及传递函数模型主要用于预测电池系统在不同输入条件下的输出响应。输出包括电流密度和电压分布及端电压。电池模型的输入是电流，而输出是电压。有些情况下，电池组将功率定为输入参数。这种情况仅适用于解决以调整输入电流使得功率（也就是电流乘以电压）达到要求的情形。另一种较为简单的方法是假设一个恒定端电压，然后将功率图形直接转换为电流图形。

电池系统工程师们都很关心电池组在阶跃式（恒电流）充放电、正弦波及频宽比电流情况下的响应情况。阶跃电流响应通常以倍率 C 表示。一个 $1C$ 充电过程是指电池容量从 0 至完全充满所需的时间为 1h。恒流充放电电流用于表征电池在不同倍率下的电压响应情况。

在对电池系统有意义的频带范围内，正弦波电流信号对应的频率响应结果最为重要，典型的频率在 10Hz 附近。频率响应的结果可以通过电化学交流阻抗谱（EIS）实验得到。在 EIS 实验中，将对电池输入一组小幅正弦波电流信号，同时采集并计算输出电压和相位角信号。电池对于正弦波电流输入信号的频率响应特性反映了电池对于宽频带中动力学参数的响应情况。

电池的循环周期要根据特定使用条件进行定义，特别是过程中包含有交替的充放电脉冲时。不同的循环周期定义已在混合动力汽车中得到了应用，许多循环周期制定都来自于环境保护署（EPA）用以获取燃油效率的车速 - 时间工作周期定义。这些已得到应用的事例包括由新一代交通工具合作计划支持的美国先进电池联合会及混合插电特性检测（HPPC）设立的联邦城市交通计划（FUDS）、SFUDS 及 DST。这些混合动力汽车的检测方法被用以对电池性能及寿命进行测试和评价。

本书第 4 章中对电池模型进行了拓展研究，研究中用到了检测法、积分近似法、Ritz 法、帕德近似法、有限元法、有限差法及系统辨识法等对底层偏微分方程进行离散。对实际应用中的系统设计和检测来说，模型计算应具备快速收敛能力以便快速准确地对系统状态进行评价和预测。接下来本章内容将基于这些模型提出电池预测和管理算法，并使其能够实时准确地反应电池状态。对电池来说，典型的实时控制要求整个电池模型状态应少于 10 种。本章中我们将对比阶跃响应和频率响应对于系统状态预测的准确性。

有两种途径能够建立低阶（$N<10$）模型并将其应用于实时建模预测和控制过程。第一，以一种近似方法准确有效地得到几种状态下的系统响应。本章，将以一个模型阶数的函数运用不同方法进行离散，并表征其预测准确性。第二，可以建立一个准确的高阶模型，并使用模型降阶技术降低模型状态数量同时保持响应预测的准确性。为此，本章还将介绍模型降阶技术。为对比不同离散化和模型降阶技术的量化效果，本章也将介绍基于 L_2 及 L_∞ 基准值的阶跃及频率响应模型误差度量方法。

电池降阶模型能够以等效电路表示。如果底层方程是线性的，则等效电路模型通常能够离散。这些等效模型能够帮助我们深入到电池内部的电学/电化学机理层面，理解电池对于频率响应和时间响应特性。这也能够帮助工程师以软件对电池内部电路和反应机理进行模拟。然而，我们的目的是通过建立电池模型运用 Matlab 等软件帮助系统工程师对电池进行预测和管理。这一系统工程的主要工具是传递函数和状态空间模型。

5.1 时域响应

电池系统会对充放电过程中输入的实时电流信号给予响应。时域响应能够以阶跃响应的形式进行表征。图 5-1 显示了一个经历了脉冲测试的满充状态 $LiFePO_4$ 电池的实验数据。测试中电流程序设置为 30s 放电，30s 静置，30s 充电，30s 静置。在测试的第 1min 内，电流脉冲为 $2C$，然后是 $5C$，最后是 $10C$。在每个循环的终点，由于输入和输出电流相同，因此电池电压回到与初始值非常接近的状态，每个循环起始和终点的 SOC 值也相同。然而，相比放电过程，充电过程中会有更多的能量进入电池。另外，尽管充放电过程中的电流相同，但充电电压却高于放电电压，这就意味着充电功率大于放电功率。

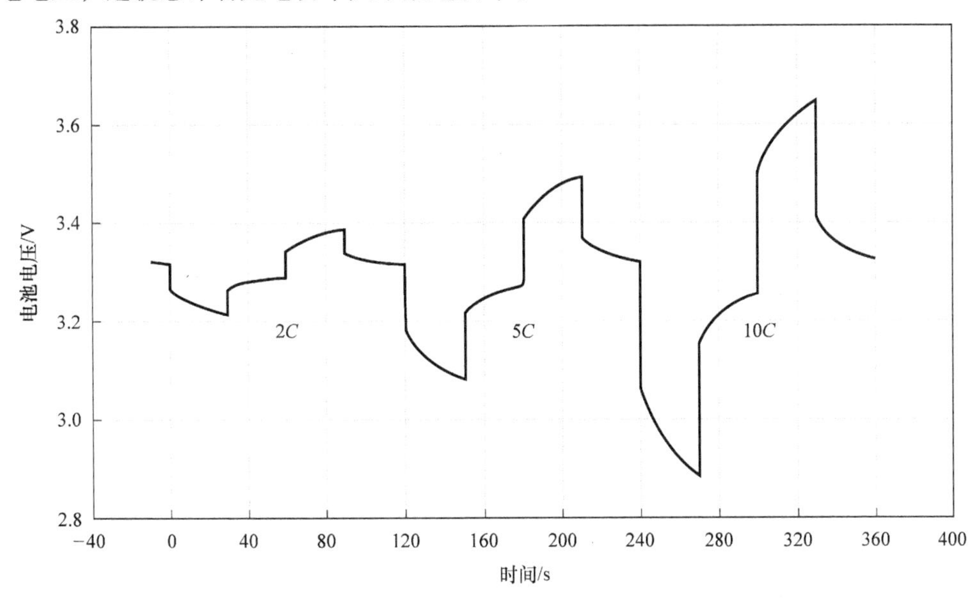

图 5-1 充放电倍率分别为 $2C$、$5C$ 及 $10C$ 时，$LiFePO_4$ 电池脉冲测试数据

实验结果表明电池在此电流范围内的响应是线性的。正向和反向电流脉冲会激发相同的响应。不同幅值电流脉冲对应的响应输出曲线形状相同，只是大小随输入电流大小而改变，这一切都是线性系统的特征。即便在大倍率下，脉冲持续时间没有长到足以使电池充电完全，所以此时非线性关系变得更为重要。如果当 SOC 降至非常低的范围内或电池出现过充时，非线性现象就会十分显著。幸运的是，混合动力汽车的设计将 SOC 保持在一个控制容许的范围内，所以通常可以使

用线性模型。插电式混合动力汽车一般的 SOC 范围较宽，因此需要非线性模型准确预测电池的响应情况。

评估模型预测电池响应的准确性需要对误差进行定量定义。本章认为影响离散准确性和降阶模型的离散方法及模型降阶技术与解决方案的精确性密切相关。

5.1.1 恒流充放电模式

电池对于恒流充放电信号的阶跃响应通常用来表征电池的性能。电池的容量大小由电压对时间曲线包含的面积决定。这种电池工作模式还可用来研究大倍率充放电电流对电压响应和电池性能的影响。对于短时间和小倍率电流来说，以线性模型即可准确预测电池响应情况。当 SOC 值在欠充电/过充电过程中达到低/高值范围时，高倍率电流和长充放电时间将导致非线性响应情况出现。本节将研究第 4 章中探讨的几种电池模型的阶跃响应，同时也将推导 $t\to\infty$ 时的稳态及暂态响应情况。离散化对模型精度的影响也进行了量化。

1. 稳态响应

以电流输入和电压输出建立的典型电池模型在起始状态下有一个极点。这意味着一个脉冲电流输入信号将带来一个电压的稳态变化，但一个阶跃电流输入将导致一个电压响应的线性增大（充电）或减小（放电）。如果电流持续时间足够长或电流倍率足够大，最后将会使电压响应由于非线性或无法模型化的副反应而变为一条水平线。

举例来说，如本章 4.1.1 节讨论的单个域扩散问题。边界电流通量对浓度的传递函数是

$$\frac{C(L,\ s)}{I(s)}=\frac{a_3\cosh(\beta L)}{\beta\sinh(\beta L)}=G(s) \tag{5-1}$$

式中，$\beta=\sqrt{s/a_1}$。对一个单位脉冲电流输入来说，$I(s)=1$，且运用终值定理

$$y(\infty)=\lim_{s\to 0}sY(s) \tag{5-2}$$

得到

$$c(L,\ \infty)=\lim_{s\to 0}sG(s)I(s)=\lim_{s\to 0}\frac{a_3 s\cosh(\sqrt{L^2 s/a_1})}{\sqrt{s/a_1}\sinh(\sqrt{L^2 s/a_1})}=\frac{a_1 a_3}{L} \tag{5-3}$$

因此，电流浓度的稳态变化与扩散速率 a_1 及电流输入乘数 a_3 成正比，与域长度 L 成反比。对一个阶跃电流输入来说，电流浓度以流入域中的电流通量计量，因此不存在稳态情形。

初值定理

$$y(0^+)=\lim_{s\to\infty}sY(s) \tag{5-4}$$

能根据不同输入计算初始值。对单域扩散问题，可以通过式（5-3）计算对一个脉冲信号的初始响应值，且是无穷大的。如将输入直接与输出连通，则会导致输出

一个无穷大的脉冲信号。对一个单位阶跃输入来说，$I(s)=1/s$，然而

$$c(L,0^+)=\lim_{s\to\infty}sG(s)I(s)=\lim_{s\to\infty}\frac{a_3\cosh(\sqrt{L^2s/a_1})}{\sqrt{s/a_1}\sinh(\sqrt{L^2s/a_1})}=0 \tag{5-5}$$

所以阶跃响应由电流浓度为0开始，由于$t\to\infty$，电流浓度在放电过程中随时间呈线性下降趋势，且永远无法达到稳态。

这个问题中有一个现象值得关注，与式（5-4）中脉冲响应初始值匹配的IMA可以预估出脉冲输入初始值是无穷大的，但无法对一个阶跃输入正确估算出非零的初始值。因此，IMA不适宜于对单纯扩散问题进行稳态预测。

本章4.1.1节中讨论过的电解质扩散的耦合域问题与单域问题稳态特征不同。运用终值定理，可将一单位阶跃电流输入的稳态下电流浓度响应表示为

$$\begin{aligned}c(L,\infty)-c(0,\infty)&=\frac{b\varepsilon_p}{D_p}\lim_{s\to0}\left\{\frac{4\alpha\sinh\left(\frac{1}{2}\beta_pL\right)-2(\zeta-\alpha)\sinh(\beta_p\gamma_1)+4\zeta\sinh\left(\frac{1}{2}\alpha\beta_pL\right)-2(\zeta+\alpha)\sinh(\beta_p\gamma_2)}{\beta_p^2[(\zeta-\alpha)\sinh(\beta_p\gamma_1)+(\zeta+\alpha)\sinh(\beta_p\gamma_2)]}\right\}\\&=-\frac{b\varepsilon_m\varepsilon_pL^2(D_m+D_p)}{4D_mD_p(\varepsilon_m+\varepsilon_p)}\end{aligned} \tag{5-6}$$

此处使用了式（4-62）和$\beta_p=\sqrt{\varepsilon_ps/D_p}$中定义的$\gamma_1$及$\gamma_2$。

式（5-6）显示了一个恒流放电过程中浓度变化是负值，且与域长度二次方成正比关系，与有效扩散系数成反比关系。式（5-6）中的L^2是由这一模型的分布输入得来，而非式（5-4）中L由单个域问题的输入边界条件得到。同样的，在单个域问题中，当$x=L$时输出为电流浓度，并不像此问题中需要考虑$x=L$及$x=0$时的浓度差。有效扩散系数是由两个扩散电导串联得到的。较快的扩散过程（更高的D_m/ε_m及D_p/ε_p）导致较小的浓度梯度，所以$c(L,\infty)$与$c(0,\infty)$很接近，且输出值很小。如果任意一个扩散电导趋近于0，则相应电极上的电流浓度差将快速建立且输出也将增大。当L更大时，离子扩散到域边界需要的路程更远，导致更大的浓度梯度。运用初值定理，一个阶跃输入的初值输出为$c(L,0^+)-c(0,0^+)=\lim\limits_{s\to\infty}G(s)=0$，因此阶跃响应由0开始并收敛于一个有限稳态值。

解析法同样要求计算与分布输出$\Delta c(x,t)=c(x,t)-c(0,t)$对应的稳态电流浓度分布。初值定理应用于两个域情况下的精确解是：

$$\frac{4D_p(\zeta-1)}{b\varepsilon_pL^2}\Delta c(x,\infty)=\begin{cases}-4\alpha^2x^{*2} & x^*\in(0,1/2)\\3\zeta-\alpha^2+4\zeta x^{*2}-8\zeta x^* & x^*\in(1/2,1)\end{cases} \tag{5-7}$$

式中，$x^*=x/L$。图5-2是式（5-7）得到的稳态结果。当$x=0$及$x=L$时的0通量边界条件结果较好。如果两个域有不同扩散常数（$\alpha\neq1$）或电极相体积率（$\zeta\neq1$）时，则在图中$x=L/2$处会出现斜坡。电流浓度在$x\in(0,L/2)$时为正值而x

$\in (L/2, L)$时为负值归咎于传输电流密度在两个域中符号相反。

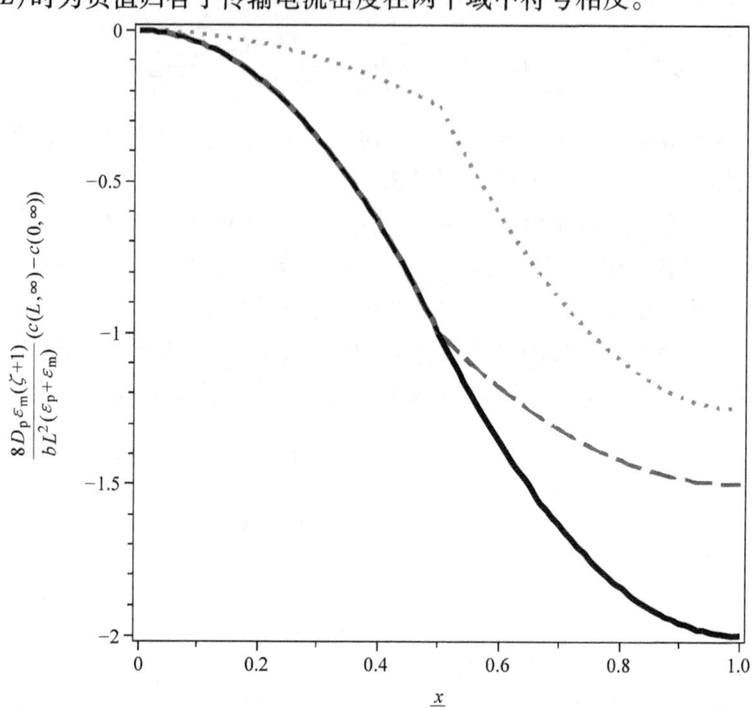

图 5-2　耦合电解质扩散模型的稳态浓度分布

[$\alpha=0.5$、$\zeta=1$（虚线）；$\alpha=\zeta=1$（实线）；$\alpha=1$、$\zeta=0.5$（点线）]

2. 暂态响应

电池在充放电阶跃变化电流作用下的暂态响应表明了电池恒流充放电时内部浓度梯度、电位、电流密度及终值电压随时间变化的情况。本节将以典型电池参数对电解质扩散模型的阶跃响应进行推导计算。同时也以时间函数对电池全部输出参数和分布情况进行演算。此处，以阶跃放电电流作为输入的实例，由于系统是线性的，因此充电响应情况相同只是符号相反。

表 5-1 给出了电解质扩散模型的参数。对典型的锂离子电池来说，尺寸一般较小，域的长度通常不超过 0.1mm。解析传递函数的本征值或极点始于 0.14rad/s，与时间常数 7.1s 一致。在 100rad/s（16Hz）以下存在 26 个本征值。留数始于 -1.05，并且随着频率增大而减小，第 26 个留数已接近 0。奇数留数（1、3 等）一般比偶数留数小几个数量级。

表 5-1　电解质扩散模型参数

参　数	数值
$L/\mu m$	100
I_0	0.363

（续）

参　　数	数值
A/cm^2	10 452
$D^{\mathrm{ref}}/(\mathrm{cm}^2/\mathrm{s})$	2.6×10^{-6}
ε_{m}	0.332
ε_{p}	0.28

图5-3所示是不同截断阶数下放电阶跃响应情况。在$c(L, t)-c(0, t)$范围内，电池的输出是浓度差。初始浓度是0，电流流入负极，同时流出正极，造成相应的浓度出现反向变化。时间响应稳定为在上一节稳态分析中预测值近似的5倍，达到35s。由于模型阶数由2增加至4和26，响应也逐渐收敛。即便只有两种阶数模式，响应仍然相当准确。对电解质扩散问题来说，截断解析方法也是有效离散的手段。

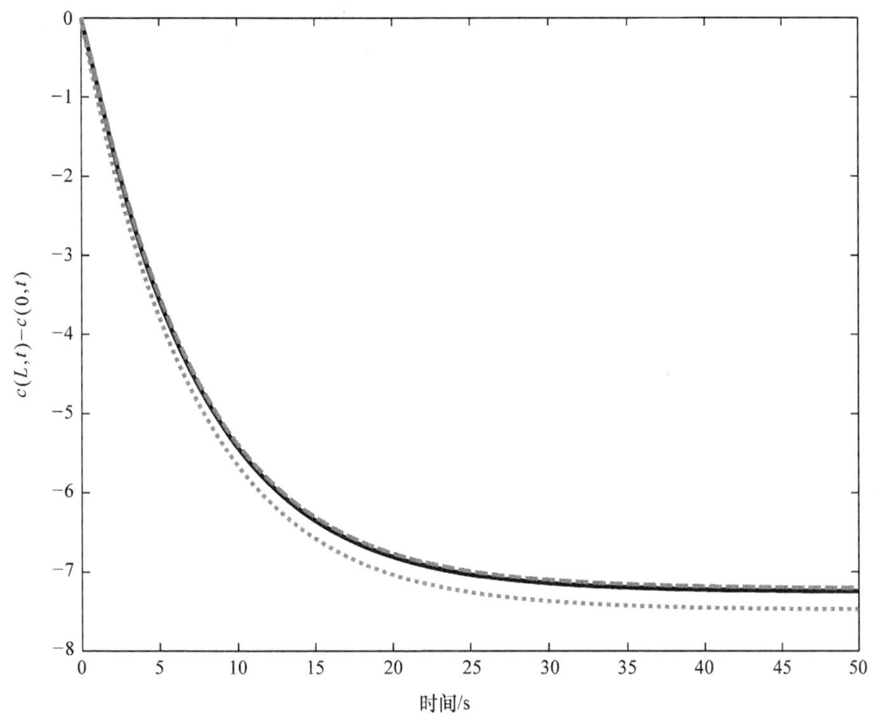

图5-3　电解质扩散的放电阶跃响应［26（实线）、4（虚线）、2（点）级近似进行测试，输出浓度$c(L, t)-c(0, t)$以$\mathrm{mol/m^3}$表示］

图5-4所示是浓度梯度分布随时间变化情况。电池的起始浓度为0，随着时间的推移负极内的浓度上升而正极内的浓度下降。将浓度与c（0，t）的关系在图中以可区分的不同线形表示，从结果可见分布始终是负值。图中还可清晰地看到，当$x=0$及$x=L$时，通量边界条件为0。在两个域（$x=L/2$）交界处，浓度及通量均是连续的。由于当$x=L/2$时的扩散系数发生改变，因此浓度分布的曲线的斜率

会出现轻微变化。

3. 离散化效率

本节将对第4章中探讨的针对阶跃输入建立精准、高阶模型的不同方法的效率进行定量评估。对于基于电池模型的系统预测和控制来说，需要建立能够准确预计电池时间响应的低阶模型。准确地说，是需要以超越传递函数或一个高阶近似作为对比的基准。为建立一个解析模型，必须对模型进行截尾以产生一个有限阶数近似。其他运算技术也能够自动生成以模型中积分次数定义为阶数的有限阶数模型。对不同运算技术来说，阶数对应的特定误差决定了模型的定量效率，而这就是一个有准确度要求的截尾模型所需阶数（状态数量）。以一个阶跃响应计算为例，在10Hz下持续200s或只持续2min。这个例子中的频率是HEV模型和控制系统对应的典型值，而采样时间200s则涵盖了大多数低速动态工况。

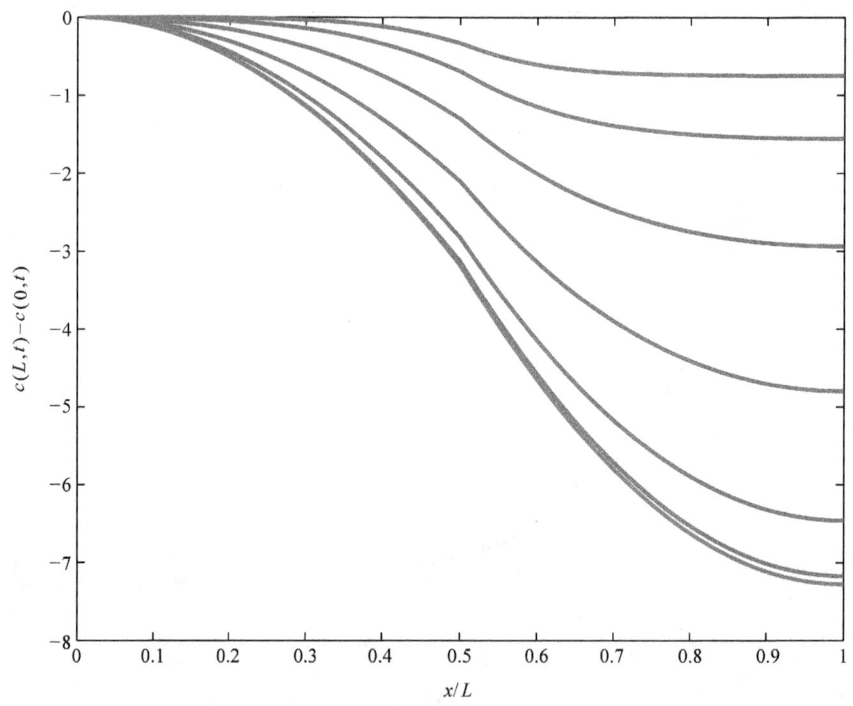

图5-4　电解质扩散问题中的放电阶跃响应［浓度分布$c(x,t)-c(0,t)$以mol/m^3表示：以26级近似进行测试，时间选择$t=1$，2，4，8，16和32s且稳态时（最下面的曲线）］

准确值$\boldsymbol{y}(t)$与离散并降阶的$\hat{\boldsymbol{y}}(t)$模型之间的误差为$\tilde{\boldsymbol{y}}(t)=\boldsymbol{y}(t)-\hat{\boldsymbol{y}}(t)$。输出矢量$\boldsymbol{y}(t)$能够用来表示电压（仅限于对比模型与实验数据）或其他内部变量（例如电池内部离子浓度）。我们测量元素$\boldsymbol{y}(t)$时必须非常谨慎以确保它们数量级相近。另一方面，小元素可能带来的较大相对误差，也有可能被大元素的较小相对误差掩盖。实际操作中，我们以一个固定的采样频率f_s和给定的时间范围

$t\in[0, t_{\text{final}}]$对响应进行模拟，此处时间范围与$N_s$样品相关，$N_S=t_{\text{final}}f_s+1$。

有很多种能够转换对$t\in[0,t_{\text{final}}]$的误差时间分布$\tilde{\boldsymbol{y}}(t)$的度量方法，并以此测试误差的总体大小。$L_2$范数是

$$\|\tilde{\boldsymbol{y}}(t)\|_2=\sqrt{\sum_{n=1}^{N_S}\left|\tilde{\boldsymbol{y}}\left(\frac{n}{f_s}\right)\right|_2^2} \tag{5-8}$$

此处，$|\boldsymbol{y}|_2$是标准欧几里得范数。这一范数凸显了一个长时间区间内的小误差，而忽略了仅针对少数事例的大误差。L_∞范数为

$$\|\tilde{\boldsymbol{y}}(t)\|_\infty=\max_{n\in(1,N_S)}\left(\left|\tilde{\boldsymbol{y}}\left(\frac{n}{f_s}\right)\right|_\infty\right) \tag{5-9}$$

测算出了整个时间范围内最坏情况下的误差，此处

$$|\boldsymbol{y}|_\infty=\max_{i\in(1,\ N)}(|y_i|)$$

L_2和L_∞能够以$\|\boldsymbol{y}(t)\|_2$和$\|\boldsymbol{y}(t)\|_\infty$将误差定量化为百分比的形式。

图5-5给出了两个域电解质扩散问题的离散效率典型计算结果。图中解析模型在不同的阶数N被截尾，计算结果给出了相应范数L_2和L_∞的阶跃响应。当$N=26$时的阶跃响应如图5-3中的图形所示。误差以L_2或L_∞范数响应的百分比表示。即使对最小阶数解析模型（$N<5$），误差也达到3%以上，这对有些应用场合来说可

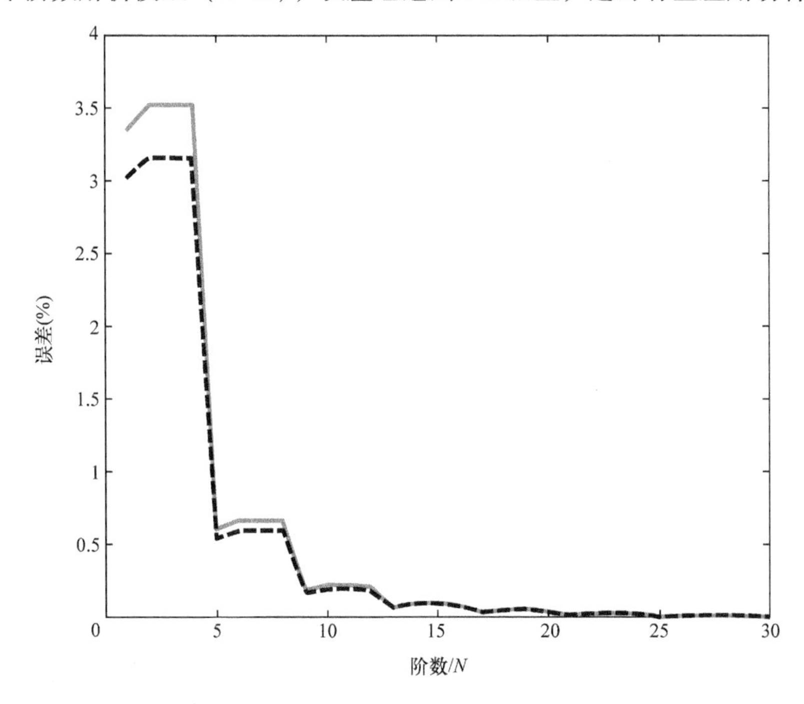

图5-5　两个域电解质扩散问题解析方法对应的阶跃响应误差数值与近似阶数关系

[L_2范数$\|\tilde{\boldsymbol{y}}(t)\|_2$（实线）、$L_\infty$范数$\|\tilde{\boldsymbol{y}}(t)\|_\infty$（虚线）]

能已经足够小了。正如预计的那样，随着模型阶数的增加，准确度也随之提高（误差值下降）。当 $N \geq 5$ 时误差将小于 1%，当 $N \geq 9$ 时误差将小于 0.5%。L_2 和 L_∞ 也是同样的变化趋势，同时 L_∞ 的误差要略小于 L_2。

表 5-2 总结了第 4 章中介绍的 6 种方法的离散效率。表中所示为每种方法阶跃误差达到 1% 和 0.5% 以下所需的模型阶数。表下的注释说明了不同解析方法。几种方法中，帕德近似法效率最高，对 L_2 和 L_∞ 都仅需 $N=2$ 即可使误差达到 0.5%。积分近似法需要阶数 $N=4$ 才能达到相同的效果。Ritz 法需要阶数 $N=6$，其次是解析法。有限元法需要 $N=12$，有限差分法离散效果最差，需要 $N=27$。

表 5-2　电解质扩散问题所需的近似阶数

方法①	阶响应				频率响应			
	L_2		L_∞		L_2		L_∞	
	0.5%	1%	0.5%	1%	0.5%	1%	0.5%	1%
PAM	1	1	2	2	3	3	3	3
IMA	4	3	4	4	4	3	4	3
RM	6	4	6	4	6	4	6	4
AM	9	5	9	5	9	5	9	5
FEM	10	10	10	12	10	12	10	14
FDM	27	15	27	15	27	15	27	15

① AM 表示解析方法；FDM 表示有限差分法；FEM 表示有限元法；IMA 表示积分近似法；PAM 表示帕德近似法；RM 表示 Ritz 法。

效率是选择离散方法的多种定量手段之一。尽管有限差分法离散效果并不理想，但它是实际应用中最为简单的方法。模型的简化能够帮助我们降低投入，而模型降阶算法能够帮助降低工具的运算阶数和运算量。通常，准确的时间和运行状态评估需要建立一个对于电池系统模拟、检测、评估和控制能够有效反应的模型。积分近似法和 Ritz 法能够在效率和模型简略性之间很好的兼顾。

5.1.2　铅酸电极对 DST 循环测试的响应

本书第 1 章中介绍的 DST（见图 1.3）是测试电池性能和寿命的一种工况模拟方法。DST 方法中充放电循环的电流输入制度是结合了 HEV 车辆运行状态和驾驶员典型驾驶模式而制定的。电池系统工程研究中常需要根据类似 DST 这样的实际工况测试方法建立电池响应模型。本节将使用 DST 测试法对第 4 章中探讨的铅酸电池 Ritz 模型进行模拟，模型使用的参数是一组在文献中广泛研究的基本参数[36]，见表 5-3。可以看出，阶数 $N=32$ 的 Ritz 模型在 DC 至 10Hz 的范围内与解析的电流浓度和过电位频率响应非常吻合。

表 5-3　铅酸电池电极模型参数

参数	数值
a_1	$1.96\times10^{-5}\mathrm{cm^2/s}$
a_2	$0.256/(\mathrm{mol\cdot cm^3\cdot s})$
a_3	$987\mathrm{A/(S\cdot cm^2)}$

（续）

参数	数值
a_4	$3.29\mathrm{cm}^3/\mathrm{mol}$
a_5	$0.0415\mathrm{cm}^2/\mathrm{s}$
a_6	$5.40\times10^{-7}\mathrm{cm}^2/\mathrm{s}$

图5-6所示为铅酸电池电极模型随DST电流输入的时间响应情况。从图中可以看出，充放电循环过程中最大充电电流为$1\mathrm{A/cm}^2$，最大放电电流为$2\mathrm{A/cm}^2$。由于放电电流大于充电电流，因此从最上面的图线中可以看出电流呈稳定下降趋势。然而，由于此处铅酸电池中Pb电极的输出模拟仅与过电位相关，而过电位不随酸浓度下降而下降，因此电池电压并不下降。在PbO_2电极一侧，输出电压由酸的浓度决定。图5-7所示为特定时间点的浓度（上半部分图线）和过电位（下半部分图线）分布，时间点选取在$t=0.18\sim0.32\mathrm{h}$的充放电输入区间内。在两个边界处浓度分布的斜率接近于0，与预测的边界条件符合。图中还可看出，过电位分布在$x=0$处的斜率很大，而在$x=L$处的斜率几乎为0，这应归咎于根据系数a_5和a_6的量级。同时，曲线在$x=0$处的斜率随电流方向的改变而明显发生变化，再一次证明了$x=0$处的过电位边界条件。

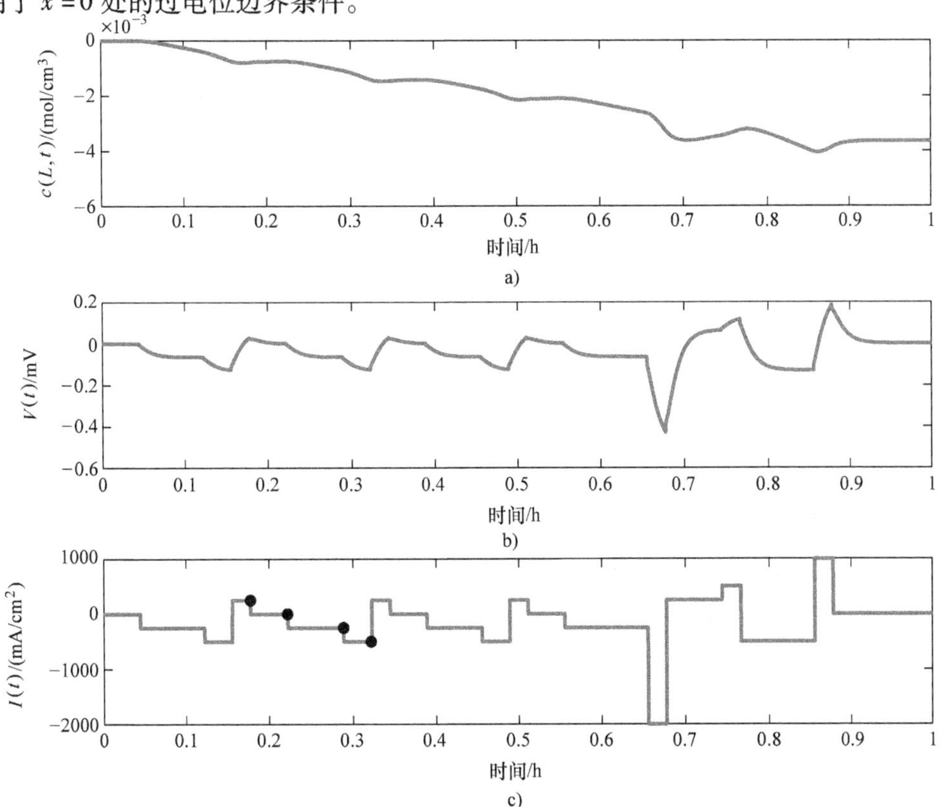

图5-6　铅酸电池电极模型的DST时间响应

a）隔膜浓度$c(L, t)$　b）电压$V(t)$　c）电流$I(t)$

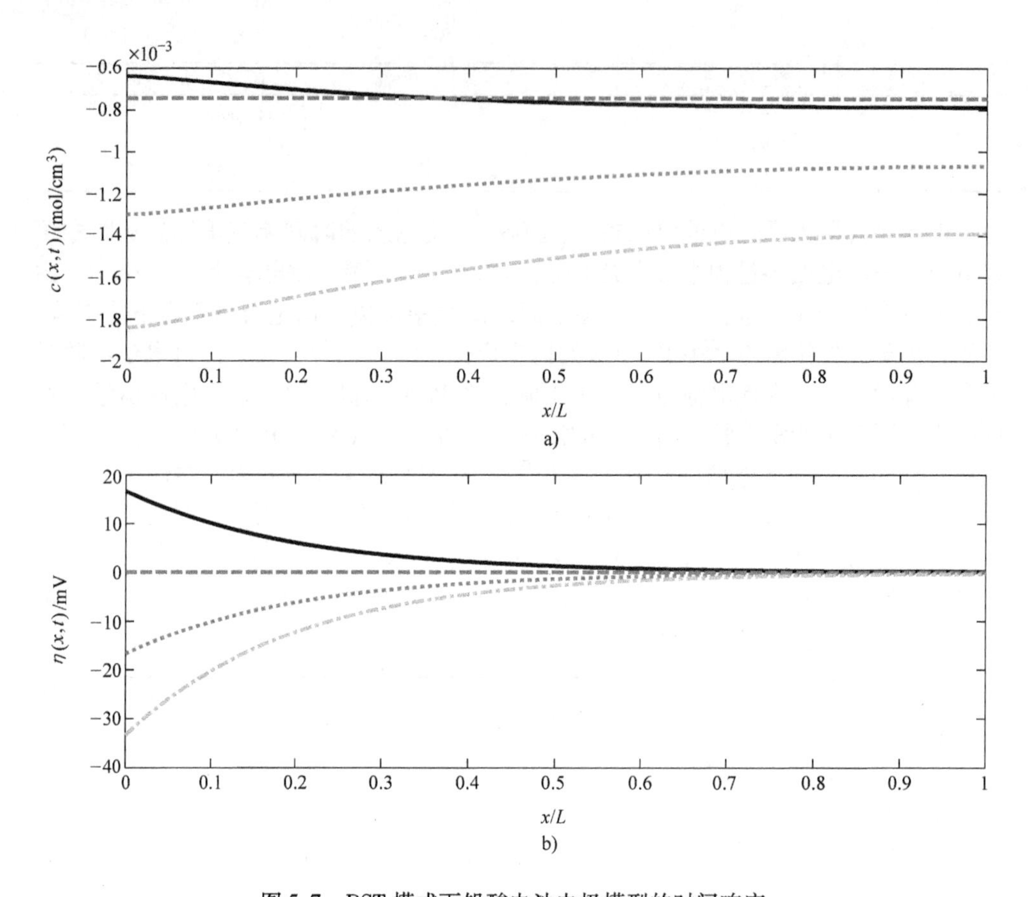

图 5-7　DST 模式下铅酸电池电极模型的时间响应

a）浓度分布 c（x，t）　b）当 t 分别为 0.1778h（实线）、0.2222h（虚线）、0.2889%h（点线）、0.3217h（点划线，也就是图 5-6c 中实心圆点）时，过电位分布 η（x，t）

5.2　频域响应

电池的频域响应情况可以揭示其在一个宽的频率范围内的动力学特性。系统参数和正弦波输入信号的幅值和相位角之间的关系是一个深入研究电池动力学行为的有效手段。频域响应的伯德图能够用以分析响应情况，优化动力学模型，研究电化学现象，加深对电池系统内部机理的理解。

5.2.1　电化学阻抗谱

以电化学阻抗谱对电池进行频域响应实验研究已有很长的历史了。除虚轴是负向朝上以外，电化学阻抗谱与阻抗传递函数 $V(s)/I(s)=Z(s)$ 的 Nyquist 曲线相同。阻抗可表示为 $Z(\mathrm{i}\omega)=Z'(\omega)+\mathrm{i}Z''(\omega)$。此处，$Z'$ 和 Z'' 分别是阻抗的实部和虚部。关于电化学阻抗谱的详细信息读者可参阅本书参考文献［37，38］。

图5-8所示为典型的锂离子电池电化学阻抗谱测试结果。在低频段（0.01Hz），Nyquist曲线呈一条倾斜45°角的斜线，所以此处低频段相位角在45°附近几乎是个常数。一个在较宽频率范围内不是90°整数倍的恒定相位角对大多数习惯于以线性常微分方程求解传递函数的系统工程师来说都并不熟悉。电池的本征偏微分方程模型带来了一些非标准的电化学行为，包括在45°整数倍处的相位渐近线。在0.79Hz处，频率响应偏离了45°角斜线，并形成一个半圆弧，与横轴在158Hz处相交。随着频率值升高，Nyquist曲线趋近于∞i，也就是在Z''方向上趋近于∞。由于大多数应用对应的频率范围在10Hz以下，因此阻抗谱中的中低频部分更有研究的意义和价值。

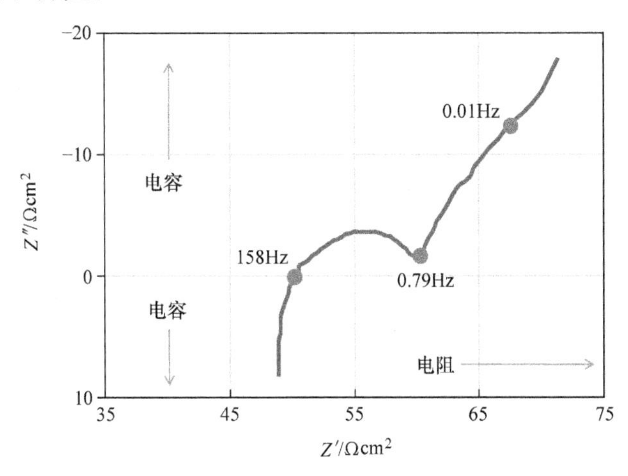

图5-8　一个典型的锂离子电池电化学阻抗谱测试实例

人们可以用图5-9中的等效电路对电池的频率响应情况进行近似模拟。在高频段，由于存在电感L的阻抗$Z_1(\omega)=\mathrm{i}\omega L$，因此出现一组响应曲线。欧姆电阻$R_0$和电荷交换电阻$R_{ct}$的阻抗值等于它们的电阻，并能作用于整个频率范围内。电容的阻抗值$Z_C(\omega)=-\mathrm{i}/\omega C_{dl}$，数值较大且在低频区为负值。电路中以Warburg扩散电阻模拟颗粒和/或电解质内部及相互之间的扩散过程。回想一下我们设计用以表征电解质及颗粒扩散模型的解析传递函数，它是$\sqrt{s}$的函数。有限差分模型仅能近似这些分布式模型中的分数导数。Warburg阻抗可以表示为

$$W_d(s)=\frac{\sigma}{s^n} \tag{5-10}$$

式中，σ是一个可变增量；指数n通常容许偏离0.5，以便更好地对实验数据进行拟合，并反映电池内部不同尺寸颗粒、不同电极孔隙分布和电极组装结构带来的复杂影响。当$n=1/2$时，Warburg阻抗为

$$W_d(\mathrm{i}\omega)=\frac{\sigma}{\sqrt{\mathrm{i}\omega}}=\frac{\sigma}{\sqrt{\omega}}\left[\cos\left(\frac{\pi}{4}\right)-\mathrm{i}\sin\left(\frac{\pi}{4}\right)\right] \tag{5-11}$$

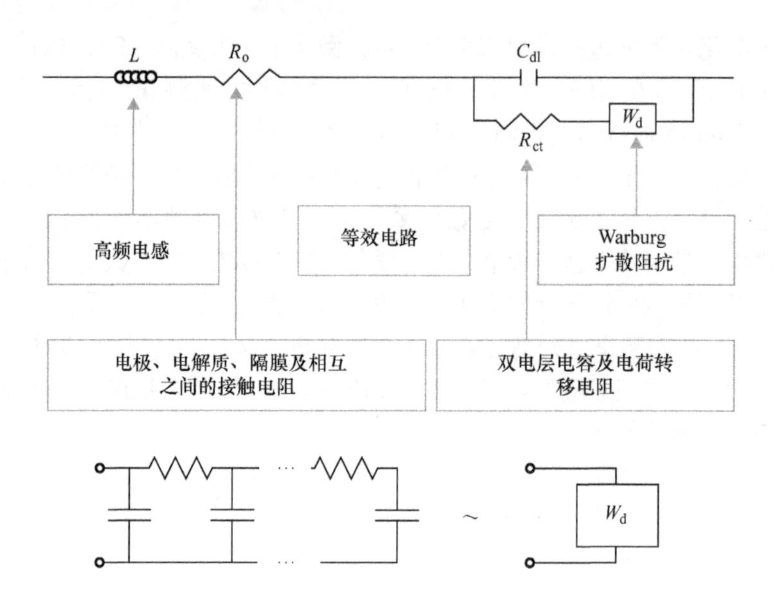

图 5-9　一个包含高频电感、欧姆电阻、双电层电容、电荷转移电阻和 Warburg 扩散阻抗的完整等效电路模型实例（Warburg 扩散阻抗的等效电路模型如图下部所示）

所以 $|W_d(i\omega)| = \sigma/\sqrt{\omega}$，且

$$\angle W_d(i\omega) = \arctan\left[\tan\left(-\frac{\pi}{4}\right)\right] = -\frac{\pi}{4} \tag{5-12}$$

或 $-45°$。

Warburg 扩散阻抗是负值（或容性），且在低频段变得很大。当频率升高时，Warburg 阻抗的减小速度慢于电容，因此它是 $\omega \to 0$ 时频率响应的控制因素。Warburg 阻抗能够以图 5-9 中的 $R-C$ 阶梯式电路进行近似表示。为了用一个有限维模型对等效电路进行近似，我们必须选定相应频率范围内保证分布式 Warburg 阻抗有足够高精度的电容数量（即模型阶数）。

图 5-10 所示为图 5-9 中等效电路模型生成的 Nyquist 曲线，与图 5-8 中的实验结果非常吻合。Warburg 阻抗在低频段呈一条 45°角斜线。双电层电容与电荷交换电阻并联电路在中频段为一条半圆弧。当 $\omega \to \infty$ 时，控制着电感，其阻抗趋近 $R_0 + \infty i$。

电解质扩散

图 5-11 所示为电解质扩散模型的频率响应。浓度频率响应的整体形状是一个低通滤波器。在低频区，浓度有一个稳态响应，而在高频区则相反，角频率在 3×10^{-2}Hz 附近。以 $s = i\omega$ 替代超传递函数式（4-63）进行精确解，包括计算相关的增益和相位。精确解隐藏在 26 模式的解析解之后。解析解随着截断序列号由 2 逐渐增大至 4 和 26 而收敛。同样地，在有意义的频带宽度范围内，只有少数模式需要准确得到频率响应值。

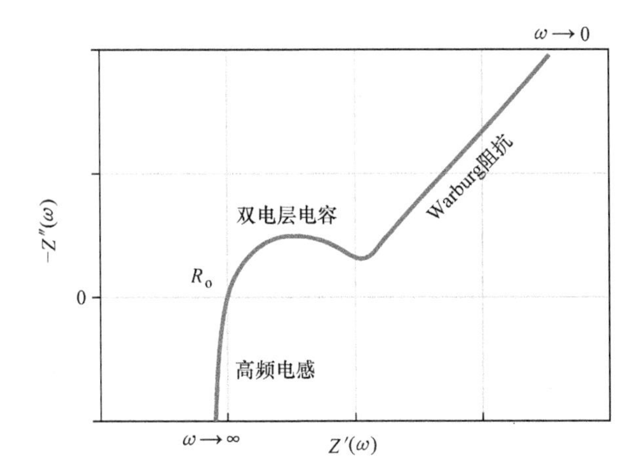

图 5-10　图 5-9 中等效电路示例对应的 Nyquist 曲线

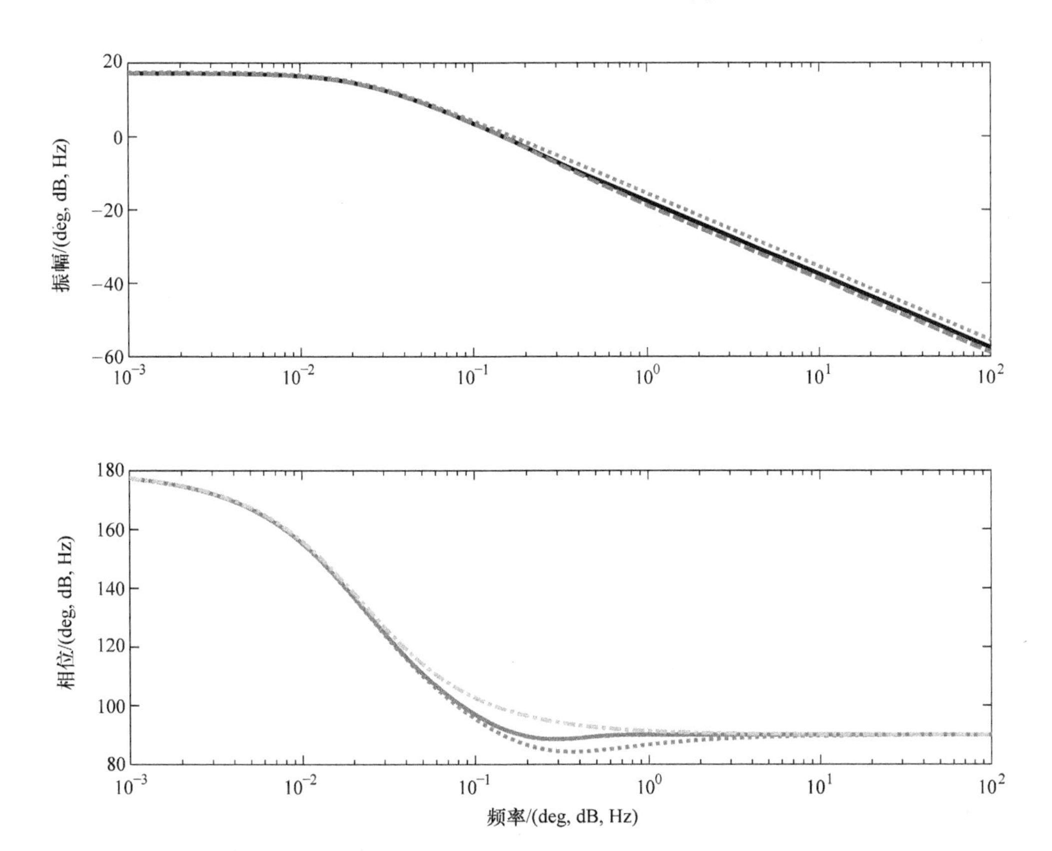

图 5-11　电解质扩散的伯德图［精确解（黑色实线）和 26 级（短线）、4 级（点 - 线）、2 级（点）近似的解析解；输出浓度$(C(L, i\omega) - C(0, i\omega))/I(i\omega)$］

5.2.2 离散效率

一个模型预测频率响应的准确程度依赖于建立一个恰当的误差定量评价定义。除非误差正处于拉氏域中且在 $s=\mathrm{i}\omega$ 处进行计算，否则使用相同的误差矢量 $\tilde{\boldsymbol{Y}}(\mathrm{i}\omega)$。频域被 N_s个样本以 log 空间进行了分割，范围由 $f_{\min}$至 f_s［在 Matlab 中：f = logspace(log10(fmin),log10(fs),Ns)］。L_2及 L_∞ 范数将 $\tilde{\boldsymbol{Y}}(\mathrm{i}\omega_n)$ 的复频率分布转换成一个能够测量整个误差尺度的正数。L_2频率范数为

$$\|\tilde{\boldsymbol{Y}}(\mathrm{i}\omega)\|_2=\sqrt{\sum_{n=1}^{N_S}|\tilde{\boldsymbol{Y}}(\mathrm{i}\omega_n)|_2^2} \tag{5-13}$$

这一范数可以凸显整个频率范围内持续存在的小误差，而忽略少数几个样品存在的大误差。以 L_∞ 范数

$$\|\tilde{\boldsymbol{Y}}(\mathrm{i}\omega)\|_\infty=\max_{n\in(1,N_S)}(|\tilde{\boldsymbol{Y}}(\mathrm{i}\omega_n)|_\infty) \tag{5-14}$$

测量整个有意义频率范围内最大误差。L_2 及 L_∞ 的度量能够以 $\|\boldsymbol{Y}(\mathrm{i}\omega)\|_2$ 和 $\|\boldsymbol{Y}(\mathrm{i}\omega)\|_\infty$生成响应的误差百分比进行区分。

本节将对第 4 章中涉及精确解或高阶频域响应的不同计算方法进行定量的离散效率评估。频域响应的计算范围由 $f_{\min}=0.005\mathrm{Hz}$ 至 $f_s=10\mathrm{Hz}$，对 $N_s=2000$ 来说阶跃响应分析中的误差值是不变的。

图 5-12 是解析方法的离散效率结果。其结果以响应的 L_2或 L_∞ 范数百分比表示，形式上与图 5-5 中所示的阶跃响应结果非常相似。两条数据线非常紧密地相互交织，且 L_∞ 范数略小于 L_2。如要误差小于1%和0.5%，则解析方法需要的阶数分别为 5 和 9。L_2和 L_∞ 误差分别为 1% 和 0.5% 时对应的六种离散方法已总结在表 5-2 中。频率响应结果与阶跃响应很吻合。

锂离子

式（4-84）给出的锂离子传递函数提供了一种有效评估频域中离散技术的手段。图 5-13 显示了典型粒子参数的锂离子频域响应（$D=2\times10^{-12}\mathrm{cm^2/s}$，$a_3=17400\mathrm{cm^2/cm^3}$，$R=1\mu\mathrm{m}$）。为了使问题更加简化，将传递函数中的积分去除从而移除零极点。在低频段，传递函数趋近于一个负常数；在高频段，-10dB/dec 处对应的数值接近于 0，而对应的相位角趋近 135°。多项式传递函数仅在倍数为 s 时才能转降，斜率分别为 0、±20dB/dec、±40dB/dec，而相位角渐近线分别为 0°、±90°、±180°。当频率趋于无穷大时，任何多项式近似最终都必须为 90°的整数倍。因此，需要建立一个高阶近似才能在一个宽频率范围内与超越传递函数匹配。

这个传递函数的二阶帕德近似来自式（4-86）。图 5-13 给出了锂离子传递函数的第 2 至第 19 阶帕德近似。帕德近似适用于对 $s\to0$ 时的多项式求导和超越传递函数进行匹配，所有帕德近似都与低频区内（$<10^{-2}\mathrm{Hz}$）的精确解相匹配。因此，帕德近似渐近线在 90°和 -20dB/dec，而非所预期的 135°和 -10dB/dec。随着近似

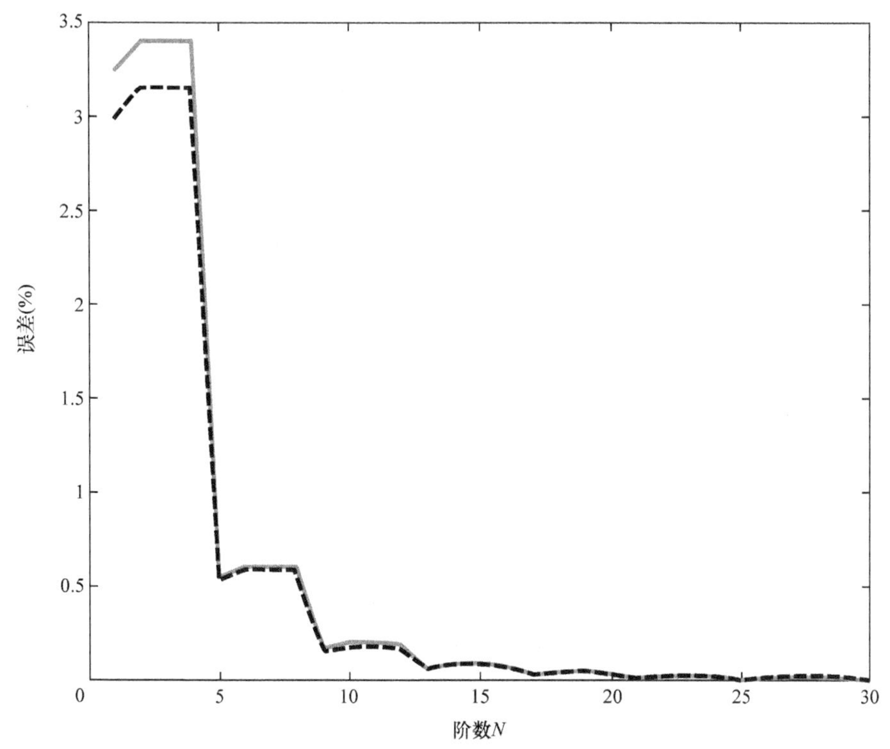

图 5-12 频域响应误差值与近似阶数之间的关系：

L_2范数 $\|\tilde{Y}(\mathrm{i}\omega)\|_2$（实线）、$L_\infty$ 范数 $\|\tilde{Y}(\mathrm{i}\omega)\|_\infty$（虚线）

阶数的增加，与精确解匹配的频率范围也呈有规律性的上升趋势。然而，每个附加项只对应增加一小段带宽范围，以便达到高精确度所需的 19 阶模型对应的 10Hz 频率值。因传递函数的幅值非常小，在 10Hz 时幅值和相位的较小偏差对响应的影响很小。所以对此来说一个低阶帕德近似较为适用。

由于传递函数的计算需要求导，因此帕德近似法的应用受到了限制。尽管球形颗粒传递函数能够通过解析导数得到，但计算过程难度很大，即便使用例如 Maple 这样的符号数学程序也难以完成。通常来说，只能对最简单的系统进行求导计算，因为大多数情况下解析导数是很难或根本不可能得到的。由于帕德近似非常灵敏，因此数值求导通常不适用，尤其是对高阶函数，近似的结果总是不够精确或者当导数不精确时甚至都无法得到稳定的近似过程。

系统辨识是由频域数值得到低阶函数模型的另一种有效方法。这一方法并不需要解析导数，但却能以很少的收敛保证即可得到定量值。近似的质量能够以不同模型阶数和优化工具的输入参数频域数值进行评价。所以，总能够借此找到一个适合的近似过程。

图 5-14 是第 1 阶至第 10 阶系统辨识的近似结果。图中黑色点线为 25 个精确解点的连线，并计算了误差，如将计算点增加到 50 个或 100 个对结果影响很小。

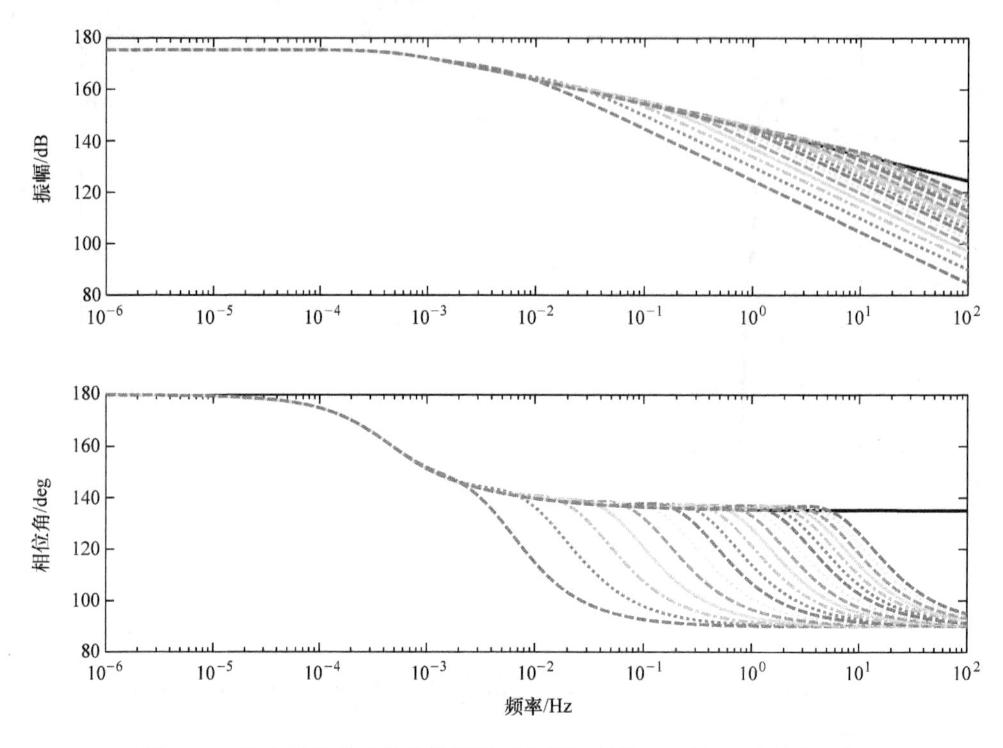

图 5-13　锂离子传递函数的伯德图（实线）及第 2 至第 19 阶帕德近似

评价结果选点频率范围为 10^{-5} ~ 10Hz。低频下限点的选取能够显著影响辨识传递函数，而最小二乘法对所有评价点带来的误差是相同的。高频上限点的选取对结果的影响很小，因此不予重点考虑。评价点的选取应在保持高低频范围内选点基本平均的前提下适当增加高频区点数量以保持准确度。我们可以用一个随频率增大而增大的函数对成本函数进行预乘，从而提升高频响应的权重。以线性最小二乘法可以得到留数，从优化工具箱得到 Matlab 函数 lsqnonlin. m，并用于获取极点。再用雅可比行列式，并将参数设置为Tolfun = 6e − 12、TolX = 6e − 9。

以随机初始值辅助获取全局最小值。初始极点是 $-2\pi f_{\min}$ ~ $-2\pi f_{\max}$之间的一个在对数空间均匀分布的随机数。第二个预测值的选择是在第一个极点和 $-2\pi f_{\max}$之间，同样也是一个对数空间随机分布的数。因此，其他每个预测值点应在上一个点与 $-2\pi f_{\max}$之间选取。如果初始预测值之间过于接近，应该是优化工具内部的奇异性问题。相邻极点预测值之间的间距应大于用户自定义的最小值。图 5-14 中也给出了每个阶数对应的最小误差模型，其中有 250 个初始值的结果。由于增加预测值数目并不能显著提高模型准确度，因此选择较低的 250 点以加快计算速度。

图 5-14 中还给出了系统辨识算法的结果。一阶近似可以在 25 个评估值点和单个极点/残项之间将均方误差最小化。在低频区间，数值大但近似符合情况好；在高频区间，数值小但近似符合情况差。辨识准确度随着模型阶数增加

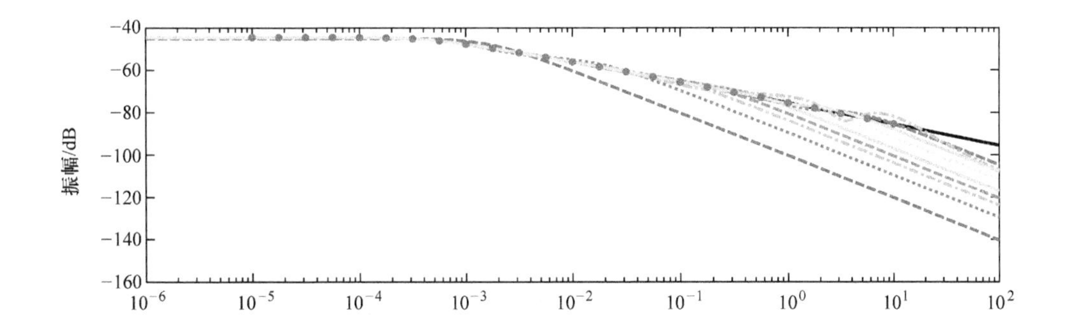

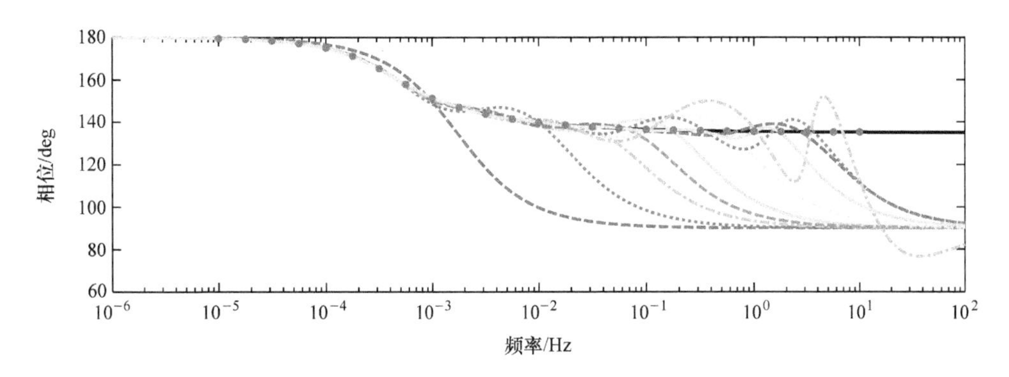

图 5-14 第 1 到第 10 阶系统辨识近似对应的锂离子传递函数（实线）伯德图

而平缓地增大，但在频率域内第 7 阶出现振荡。这一结果有可能是 250 个初始预测值最小的局部解，或是实际上是最小全局解。最佳解是 10 阶，如图 5-14 中的虚线所示。

球形颗粒频率响应结果的实部和虚部同样能够由 Nyquist 曲线或电化学阻抗谱（EIS）转换得到。图 5-15 是以 EIS 转换而来的复平面，其中负数轴方向向上。与前面的图形不同，初始积分极值点保持不变。为了与 EIS 数据进行比对，需要将颗粒表面锂离子浓度和电压建立关联。由于电压变化和浓度上升呈典型的负相关趋势，因此将传递函数的相反数以图形表示在图 5-15 中。图中，由右上角至左下角分别选取频率值为 0.1Hz、1Hz 和 10Hz，并以圆圈、方点和菱形分别表示。从图中可以看出，低频响应是一个典型的呈 45°夹角的 Warburg 阻抗图，图中曲线在 5Hz 处出现一个小突起应为中高频半圆的起点。但是，由于球形颗粒模型并不包括双电层电容、接触电阻和电感元素，因此频域响应结果在高频区域与电池 EIS 有所偏差。如果考虑接触电阻，频域响应将向右偏移。如果考虑双电层电容则会出现一个明显的半圆。如果考虑电感元素，则会导致高频区域 EIS 的虚部在第四象限出现一段曲线。将更低频区域图形放大可以发现，积分控制和频率响应在 $-Z''$轴方向上趋近于无穷大（相位角为 $-90°$）。

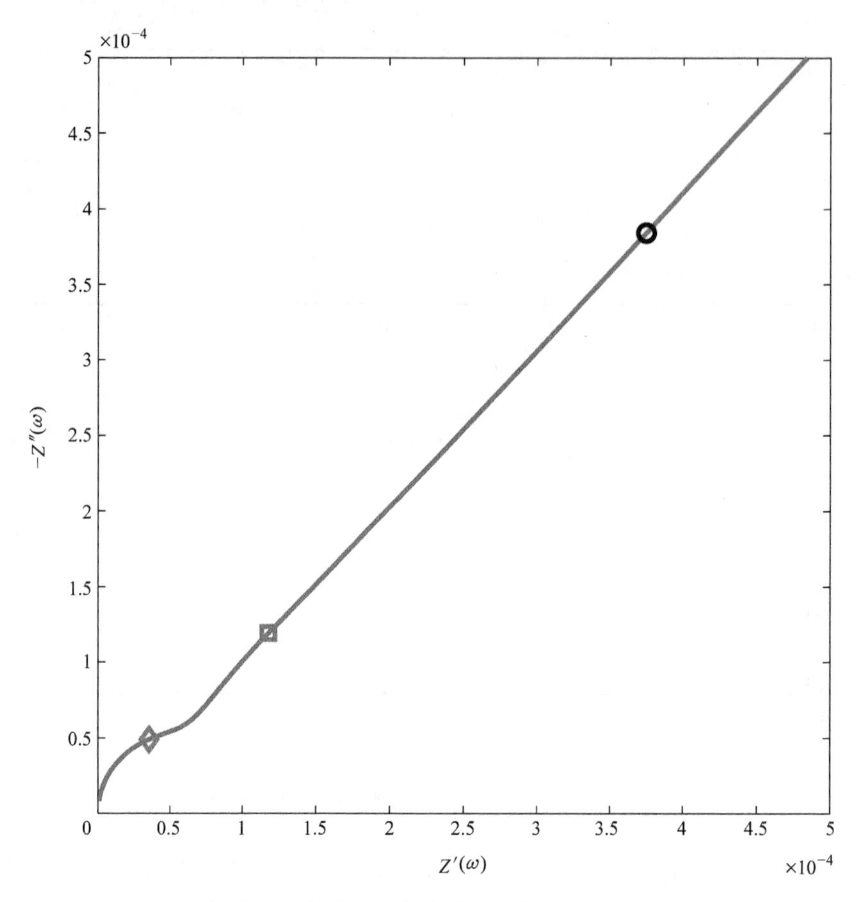

图 5-15　锂离子颗粒传递函数在特定频率 $f=0.1\text{Hz}$（圆圈）、$f=1\text{Hz}$（方形）及 $f=10\text{Hz}$（菱形）下的 EIS 图形（实线）

5.3　模型降阶

在基于模型控制的复杂或大型系统中，模型降阶技术会使得低阶控制器更加易于设计、制造和进行实时控制。模型降阶技术已经能够在模式和排序过程中基于优势控制量（数量或速率）、可控性或可观测性建立数学模型。不太重要的模式将被弃用，或者在快速模式下保持静态增益状态。典型情况下，电池模型包括无限维度的 PDE，会导致一个准确的低阶模型辨识复杂化。更多模型降阶技术的详细研究请参阅本书参考文献［39－42］。

本节中，我们将以 4 种模型降阶技术建立准确的低阶模型。首先，将模型在最低模式 N_{red} 截断。其次，使用 Matlab 中基于平衡实现算法（balred. m）的标准模型降阶技术。Ba. lred 算法仅需要输入全阶模型和降阶模型所对应的阶数即可。这一方法摒弃了在全阶模型和降阶模型之间与直流增益匹配的小 Hankel 奇异值相关的状态[43]。第三，以分组、合并或相同特征值模式进行降阶[44]。这一方法相对电池模型的实时特征谱具有优势。最后，已介绍过的频率响应曲线拟合能够用来将一个超越传递函数转换为一个低阶有理多项式传递函数。

5.3.1 截断方法

截断是降低模型阶数的最简单方法。对于包括大多数电池模型的 SISO 抛物线 PDE 系统来说，将传递函数表示为

$$G(s)=\sum_{n=1}^{\infty}\mathrm{Res}_n s-\lambda_m \tag{5-15}$$

如果极点是真实的且不重复的，通过以下公式可以进行留数计算

$$\mathrm{Res}_n=\lim_{r\to\lambda_n}(s-\lambda_n)G(s) \tag{5-16}$$

一个截断模型将在前 N 项将式（5-15）中的无限级数截断。特征值λ_n对抛物线 PDE 系统来说是实数，于是将它们进行排序，$|\lambda_0|<|\lambda_1|<\cdots<|\lambda_{N-1}|$，则相应的留数有如下关系：$|\mathrm{Res}_0|>|\mathrm{Res}_1|>\cdots|\mathrm{Res}_{N-1}|>$。为选择截断阶数 N，需弃用比样品频率f_s更快的模式，于是

$$|\lambda_{N-1}|\leqslant 2\pi f_s<|\lambda_n|\quad n\geqslant N \tag{5-17}$$

或者弃用小留数的模式

$$|\mathrm{Res}_{N-1}|>\mathrm{Res}_{\min}>|\mathrm{Res}_n|\quad n\geqslant N \tag{5-18}$$

小留数的模式同样相对来说不可控、可观测。对一些电池模型来说，截断方法是有效的模型降阶策略。对其他电池模型，在一定的频率范围内有着许多有相近留数的特征值，所以需要运用其他的模型降阶方法。

5.3.2 群组划分

为了划分出群组，将所关注的频域划分成 N 个单元并将每个单元内包含的模式进行整合。对群指数 $k_f\subseteq\{0,1,2,\cdots n\}$ 进行排序，则 $0=k_0<k_1<\cdots<k_N=n$。与单元$f\in\{1,2,\cdots,N\}$ 相关的群留数为

$$\overline{\mathrm{Res}_f}=\sum_{k=k_{f-1}+1}^{k_f}\mathrm{Res}_k \tag{5-19}$$

相关的留数加权点为

$$\bar{p}_f=\frac{\sum\limits_{k=k_{f-1}+1}^{k_f}p_k\mathrm{Res}_k}{\overline{\mathrm{Res}_f}} \tag{5-20}$$

此处，留数 Res_k和极点 p_k均由需降阶的初始传递函数计算而来。式（5-20）将分组后的极点置于靠近主导响应对应的模式并容许位置靠近有着相反符号的模式相互抵消。群组划分过程产生了一个 N 阶传递函数

$$\frac{Y^*(x,s)}{U(s)}=\sum_{f=1}^{N}\frac{\overline{\mathrm{Res}_f}}{s-\bar{p}_f} \tag{5-21}$$

一个多重、粗略的群组划分过程是选择群极点$\bar{p}_k$ 的优先级，进而找出由式

(5-19) 和式 (5-20) 演算而来的群留数$\overline{\mathrm{Res}_k}$。由于电池模型对应的群极点分布频率范围非常宽并有很多特征值，因此它们的真值并不重要。实际上，建模者可以利用“开环”系统将极点进行归置，这是一个对多数系统工程师来说较为陌生的概念。另一方面，留数也能够在全阶模型和降阶模型之间寻求定量优化的办法以使误差最小化。选择或设置开环极点这一方法的优势在于传递函数能够共用特征值相乘。这就容许将电池系统低阶模型拓展为一个完整模型。它也容许不同温度、不同老化状态的不同电池在模型中共用特征值。在状态变量模型中，由老化过程、温度环境变化带来的改变仅体现在输出矩阵之中，这样可以简化参数估算过程。

5.3.3 频域响应曲线的拟合

本书4.7.3节中介绍的优化方法也可用于模型降阶。4.7.3节所介绍内容的目的是在理论超越传递函数和离散多项式传递函数之间进行优化匹配。对模型降阶来说，目的是对一个给定的高阶多项式传递函数的频域响应进行低阶近似匹配。尽管两个过程目的不同，但算法和方法是通用的。

5.3.4 特性比较

为帮助理解为何需要模型降阶及对不同降阶技术进行对比，下面以球形颗粒模型为例进行说明。这一模型有一个相对简化的传递函数，即

$$G(s)=\frac{\tanh(\Gamma(s))}{\tanh(\Gamma(s))-\Gamma(s)} \tag{5-22}$$

式中，$\Gamma(s)=R\sqrt{s/D}$。为简化测试，引入$s=-\gamma^2D/R^2$后得到

$$G(s)=\frac{\sin(\gamma)}{\sin(\gamma)-\gamma\cos(\gamma)} \tag{5-23}$$

于是，特征值是$G(s)$分母的根或者

$$\tan(\gamma)-\gamma=0 \tag{5-24}$$

表5-4所示为式 (5-24) 的前5个根，然后可由$\lambda_n=-\gamma_n^2D/R^2$计算特征值。对一个典型锂离子颗粒来说，$R=1.0\mu m$，$D=2.0\times10^{-12}cm^2/s$，所以$R^2/D=5000s$。在第1个特征值0之后，紧接着的第2个特征值等于$6.4\times10^{-4}$Hz。事实上，锂离子颗粒的低频非常低。由于$\gamma\to\infty$，因此近似可用于更高阶特征值。由式(5-24)，tan (γ) →∞ 或者

表5-4 前5个锂离子颗粒的特征值

截断阶数	精确值	近似值
1	0	0
2	4.49	4.71
3	7.72	7.85
4	10.9	11.0
5	14.1	14.1

$$\gamma_a = \frac{\pi}{2}(2n-1) \quad n>0 \tag{5-25}$$

随着 n 的增大近似解快速收敛于精确值，正如表 5-4 中所示当 $n=5$ 时误差仅为0.5%。

图5-16所示为锂离子颗粒的特征值（以 Hz 表示）与截断模型降阶技术中截断阶数之间的关系。在对数空间内，当 n 很小时特征值上升很快；当 $n\to\infty$ 时增长较慢。式（5-17）中使用的 $f_s=10\text{Hz}$ 这一条件需要大约 200 个模式。留数 $G(s)$ 为

$$\text{Res}_1 = -\frac{3D}{R} \quad \text{Res}_n = -\frac{2D}{R} \quad n>1 \tag{5-26}$$

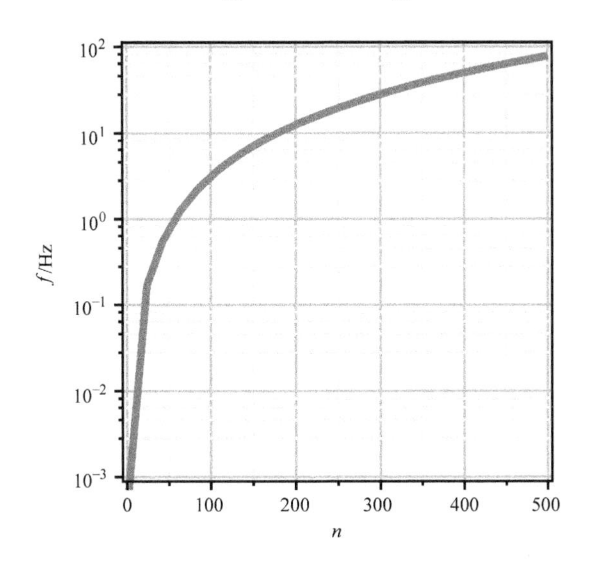

图5-16 锂离子颗粒特征值与截断阶数之间的关系

因此，不能应用式（5-18）中的条件，因为留数并不随截断阶数上升而下降。

由于每个极点附近都有一个零点，因此每个极点对系统响应的影响相对较小。球形传递函数的零点位于 $\sin(\gamma)=0$ 或 $\gamma_m=(n-1)\pi$ 处。由于 $\gamma\to\infty$，极点和零点随着 $\gamma_m-\gamma_n=\pi/2$ 而交替出现。这一看似抵消的过程意味着每个极点对系统响应有着较小且大致相等的贡献。

锂离子颗粒模型表明，电池动态频谱的时间范围十分宽泛，其时间常数的量级可以涵盖所样品采样频率范围。在有些情况下，由于截断频率以下的模式太多且留数并不随阶数增加而增大，因此截断方法并不能用于有效地建立低阶模型。如此一来，无论什么截断条件都是无效的。

在5.2.2节中，对比了球形颗粒模型的频率响应曲线拟合结果。图5-14是一个数值和相位到达10Hz且模型阶数小于10时匹配较好的实例。这一实例显示其结果的数量级比截断法得到的结果小了一个多。

图5-17和图5-18是由balred. m和群组方法得到的结果。群组方法得到的结果始终为实数留数和极点。在这一事例中，Balred同样给出了一个带有实数极点和留数的降阶模型。图5-17的图形显示了以测试法、Balred法及群组法得到的特征值和留数之间的关系。正如图中所示，解析留数为一个约1×10^{-5}的常数，而解析极点之间位置随着对数空间中频率升高变得更为靠近。Balred极点和残值在图中以“○”表示。模型降阶为5，因此5个Balred极点位于6×10^{-4}和1Hz之间。Balred留数通常情况下随频率增加而在数值上增大。群组方法中对应的5个单元在图中以垂直横轴的点虚线划分。每个单元内的群极点以一个“+”表示。单元的划分是基于所需带宽（10Hz）和最小检测极点。群极点非常典型地处于单元中心附近，其留数随频率增加而增大。

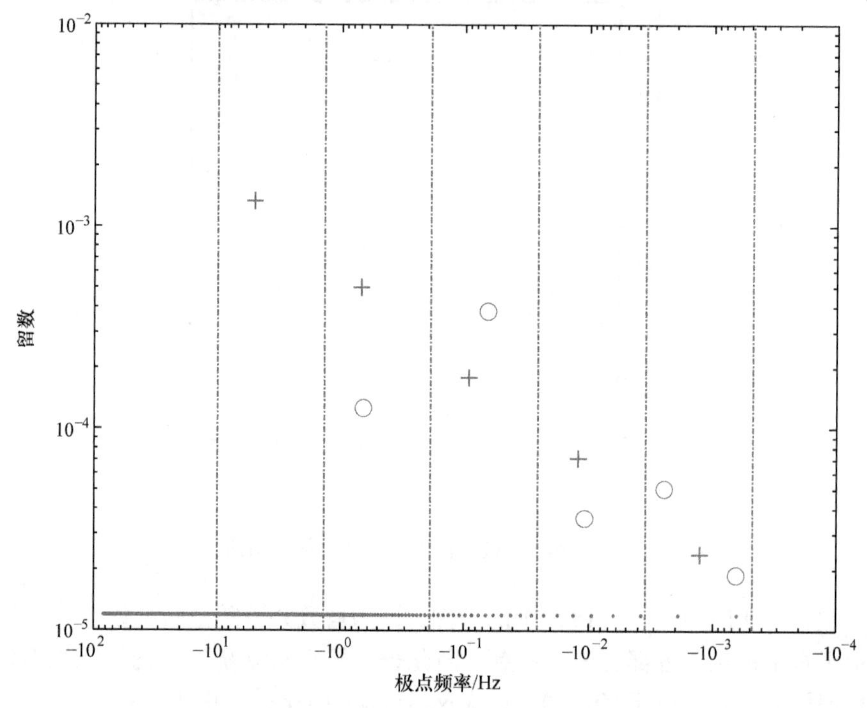

图5-17　锂离子颗粒模型留数与极点关系
[解析法（●）、Balred（○）和群组法（+）]

图5-18将$N=5$时解析法、Balred法及群组法频率响应情况进行了对比。解析响应对应的阶段模型有512个极点，这与图5-14中低于10Hz时超越传递函数的解析频率响应情况相吻合。当然，降阶模型将第512阶离散模型进行了近似，但并不是图5-14中的精确解。第5阶Balred模型在比状态小两个数量级的有意义频率范围内与解析响应非常吻合。群组解的结果不太准确，在全频率范围内其数值都低于解析结果，且在低频段表现得更为明显。但另一方面，相位角的匹配在10Hz以下相当吻合。

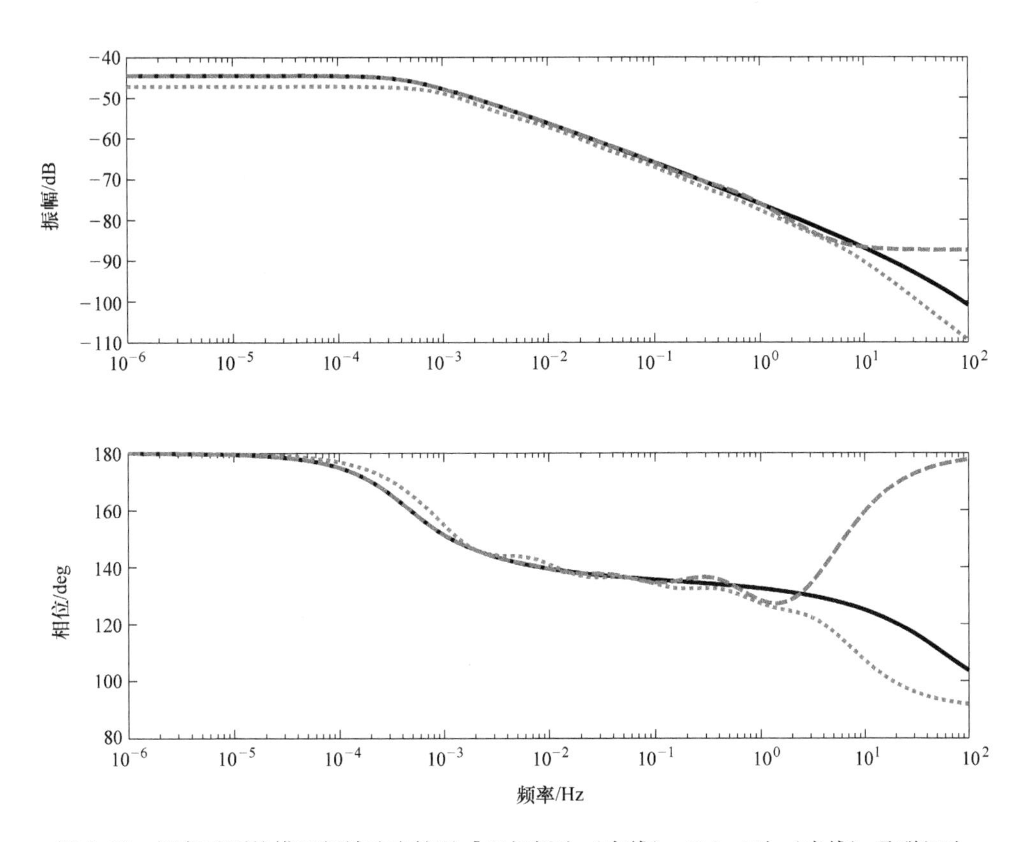

图 5-18 锂离子颗粒模型频域响应情况［以解析法（实线）、Balred 法（虚线）及群组法（点线）分别测试 512 个极点模型对应的响应情况］

习 题

5.1 以 PDE 求解单个域扩散问题

$$\frac{\partial c}{\partial t}=a_1\frac{\partial^2 c}{\partial x^2}\quad x\in(0,\ L) \tag{A-5-1}$$

式中，$c(x,\ t)$是浓度。于是，边界条件为

$$\left.\frac{\partial c}{\partial x}\right|_{x=0}=0 \tag{A-5-2}$$

且

$$\left.\frac{\partial c}{\partial x}\right|_{x=L}=a_3 I(t) \tag{A-5-3}$$

式中，$I(t)$是输入电流。常数 $a_1=D/\varepsilon$ 且 $a_3=1/(AF)$，其中 D 是扩散系数，ε 是电解质相体积分数，A 是电极片面积，F 是法拉第常数。解析法、模式法、IMA、Ritz 法、FEM、FDM 对应的解均已在第 4 章中有过介绍。运用这些解对下面这一系统的频率响应和阶跃响应进行计算并作图。

（a）计算 $C(L, s)/I(s)$的超越（精确）频率响应并以图示对（i）模式法、（ii）IMA、（iii）Ritz 法、（iv）FEM、（v）FDM 的 2 阶近似进行对比。讨论这些方法计算效率与表 5-2 中耦合域问题计算效率之间的关系。

（b）对一个单位脉冲输入 $I(t)$来说，取 $t_i=0, 1, 2, 8$ 及 16，以（i）模式法、（ii）IMA、（iii）Ritz 法、（iv）FEM、（v）FDM 模型的 2 阶近似计算浓度分布的时间响应 $c(x, t_i)$。

5.2　以 PDE 求解耦合域扩散问题

$$\varepsilon_{\mathrm{m}}\frac{\partial c}{\partial t}=D_{\mathrm{m}}\frac{\partial^2 c}{\partial x^2}+bI \quad x\in(0,L/2) \tag{A-5-4}$$

$$\varepsilon_{\mathrm{p}}\frac{\partial c}{\partial t}=D_{\mathrm{p}}\frac{\partial^2 c}{\partial x^2}-bI \quad x\in(L/2,L) \tag{A-5-5}$$

式中

$$b=\frac{2(I-t_0)}{FAL} \tag{A-5-6}$$

边界条件为

$$\left.\frac{\partial c}{\partial x}\right|_{x=0}=\left.\frac{\partial c}{\partial x}\right|_{x=L}=0 \tag{A-5-7}$$

模型参数的数值见表 5-1。第 4 章中已详细介绍了解析法、帕德法、IMA、Ritz 法、FEM 及 FDM 的求解。以这些方法对以下这一系统的频域响应和阶跃响应进行求解和作图：

（a）计算并图示 $C(L, s)/I(s)$的超越（精确）频域响应并以图示对（i）模式法、（ii）IMA、（iii）Ritz 法、（iv）FEM、（v）FDM 的 2 阶近似进行对比。讨论这些方法计算效率与表 5-2 中耦合域问题计算效率之间的关系。

（b）对一个单位脉冲输入 $I(t)$来说，取 $t_i=0, 1, 2, 8$ 及 16，以（i）模式法、（ii）IMA、（iii）Ritz 法、（iv）FEM、（v）FDM 模型的 2 阶近似计算浓度分布的时间响应 $c(x, t_i)$。

5.3　计算 IMA 2 阶离散的频域响应 $C(R, s)/J(s)$，同时以第 4 章中介绍的参数（$D=2\times10^{-12}\mathrm{cm^2/s}$，$a_s=17400\mathrm{cm^2/cm^3}$，$R=1\mu\mathrm{m}$）计算源自球形颗粒传递函数的解析传递函数。将这两种模型得出的频域响应在同一个伯德图中作图，并解释 IMA 得到的结果如何与精确解匹配。

5.4　以同样的参数（$D=2\times10^{-12}\mathrm{cm^2/s}$，$a_s=17400\mathrm{cm^2/cm^3}$，$R=1\mu\mathrm{m}$）计算第4章中涉及的球形及圆柱形颗粒的解析频域响应 $C(R,\ s)/J(s)$。将这两种模型得出的频域响应在同一个伯德图中作图，并解释区别两种颗粒的频域响应。

5.5　取 $N=2$，以第4章中拓展的Ritz模型，运用表5-3中的参数对铅酸电极的电压响应进行模拟，并以如下的DST解析法中输入电流格式作为电流脉冲值：

$$[\text{持续时间（s），振幅（A/cm}^2\text{）}]$$
$$=[28,\ -0.25;\ 12,\ -0.5;\ 8,\ 0.25;\ 16,\ 0:\ 24,\ -0.25;\ 12,\ -0.5]$$

5.6　锂离子颗粒中的固态扩散解析传递函数为

$$\frac{L\tanh(L/\sqrt{s/D})}{DAF[\tanh(L\sqrt{s/D})-L\sqrt{s/D}]}$$

图A-5-1所示为以解析传递函数计算的当 $N=20$、40、100、260时FEM离散结果与精确解之间的对比。讨论以Ritz法对此问题进行求解的效率。

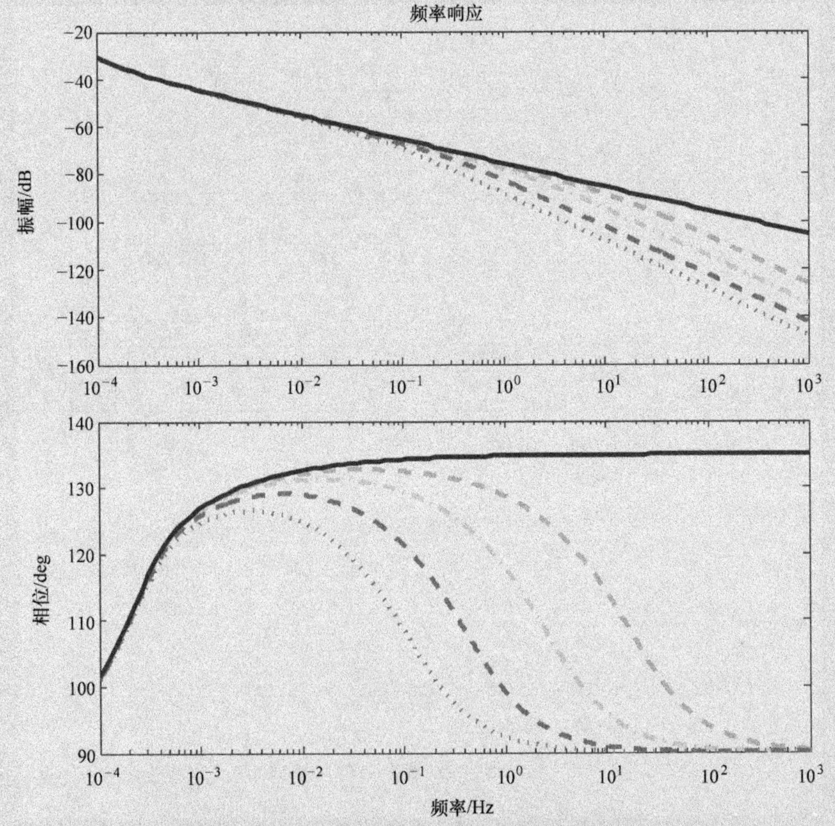

图A-5-1　球形颗粒传递函数的频域响应

[$N=20$（点）、40（虚线）、100（点线）、260（虚线）的Ritz模型及解析模型（实线）]

5.7 对圆柱形的域中固态扩散来说，电流浓度由内部到表面的归一化传递函数为

$$G(s)=\frac{I_0(\Gamma(s))}{\Gamma(s)I_1(\Gamma(s))}$$

式中，$\Gamma(s)=\sqrt{-s}$、$I_0(s)$、$I_1(s)$为第一类的0及1阶Bessel函数。表A-5-1所示为$G(s)$第2到5阶帕德近似。将解析频域响应和四组帕德近似在同一伯德图中作图并对帕德近似的收敛及运算效率进行评价。说明对10Hz带宽来说，哪一阶帕德近似最为有效。

表A-5-1 圆柱形域内扩散问题的帕德近似结果

阶数	帕德近似
2	$\dfrac{-2-\frac{2}{5}s-\frac{3}{320}s^2}{s(1+\frac{3}{40}s+\frac{1}{1920}s^2)}$
3	$\dfrac{-2-\frac{3}{7}s-\frac{5}{336}s^2-\frac{1}{10\,080}s^3}{s(1+\frac{5}{56}s+\frac{1}{672}s^2+\frac{1}{322\,560}s^3)}$
4	$\dfrac{-2-\frac{4}{9}s-\frac{7}{384}s^2-\frac{5}{24\,192}s^3-\frac{5}{9\,289\,728}s^4}{s(1+\frac{7}{72}s+\frac{5}{2304}s^2+\frac{5}{387\,072}s^3+\frac{1}{92\,897\,280}s^4)}$
5	$\dfrac{-2-\frac{5}{11}s-\frac{9}{440}s^2-\frac{7}{23\,760}s^3-\frac{7}{4\,866\,048}s^4-\frac{1}{567\,705\,600}s^5}{s(1+\frac{9}{88}s+\frac{7}{2640}s^2+\frac{7}{304\,128}s^3+\frac{1}{16\,220\,160}s^4+\frac{1}{40\,874\,803\,200}s^5)}$

第6章 电池系统建模

从系统的角度，电池组本质上是一个单输入单输出系统，即输入电流输出电压。但要得到电池单体的传递函数或状态空间方程却非常困难，因为工程师必须推导出完整的偏微分方程，并将其离散化变成常微分方程，确定系统的参数，同时还要详细说明输入电流的属性。如果相关文献资料中没有电池具体的电化学参数，例如本章所提到的铅酸电池、镍氢电池和锂离子电池，那么电池建模工作就要先借助电化学专家和电池建模工作者的工作。第二步就要采用第4章中提到的方法，即将电池无限维的控制方程简化为一个有限阶模型，拥有尽可能少的中间状态。通常对输入电流有十分明确的规定，一般会采用脉冲电流、正弦波输入电流等。

然而要确定电池模型的参数，并非一个简单的工作，因为在一个给定的电池单体模块中会有很多独立未知的参数。电池制造商并不愿意透露或根本也不知道这些参数的具体数值。理论上讲，所有的参数都可以在给定的电池单体上进行独立实验测量出来。通常，系统工程师首先要估算出大量的电池参数，然后进行调试以匹配实验测得的响应曲线。在某些情况下，可将一个参考电极插到隔膜内，由此就可以对隔离出来的两个电压进行单独测量，同时还可以提供一个额外的输出量，用来调整模型参数。然而，系统参数会随着环境温度和充放电循环次数的改变而发生变化，因此某些参数量的假设就可能变得不准确。

通过串并联，可以将电池单体扩展为电池组从而提升额定电压和输出电流。电池的串联可以通过改变串联单体的个数，从而改变电池组的额定电压。并联可以通过增加电池单体的面积来实现。实际上，电池成组后，每个单体的参数并非完全一致，系统工程师们应非常关注这种不平衡性在成组后所造成的影响。在这种情况下，对具有多个不同参数的电池单体串并联后所得到的电池组模块进行试验，会更好地反映真实情况。

本章分别介绍了铅酸、镍氢和锂离子电池的整体模型和离散模型，并在不同的输入电流下仿真得出了各自的响应曲线。分析中会采用 Ritz 法、解析法 FEM（有限元建模）、IMA 法和离散化等方法。仿真得出了在阶跃充放电电流下的电压时间响应和频率响应。另外，还分析了输出电压的内部电位和浓度分布随时间推移而发生的变化。由于是线性模型，因此在较大的充放电电流和过充过放的条件下，输出响应并不准确。但可以用这些模型进行性能仿真，并且为下两章要研究的参数估算方法和管理算法提供相应的基础。

6.1 铅酸电池模型

铅酸电池是最古老的充放电技术之一，大约有150多年的历史。由于其具有高可靠性、高功率密度和高效率的特点，以及相对低廉的价格，铅酸电池已被广泛应用于工业领域和其他的普通消费领域[45,46]。

本书第2章中提到，铅酸电池内正极的主要电化学反应式[47]

$$PbO_2+HSO_4^-+3H^++2e^-\underset{充电}{\overset{放电}{\rightleftharpoons}}PbSO_4+2H_2O \tag{6-1}$$

负极的电化学反应式为

$$Pb+HSO_4^-\underset{充电}{\overset{放电}{\rightleftharpoons}}PbSO_4+H^++2e^- \tag{6-2}$$

从反应式中可以看出，放电过程中不论是在正极还是负极，都要消耗硫酸氢根离子用来生成 $PbSO_4$。在充电过程中，$PbSO_4$又会被分解为硫酸氢根离子。

图6-1为铅酸电池单体的示意图，包括了氧化铅电极、隔膜和铅电极。其中每一个电极都是多孔的，电子导电基体浸泡在硫酸溶液内。电流在垂直于电池单体边界的方向上左右流动。典型铅酸电池的高度厚度之比都非常大，例如高度为几百毫米的铅酸电池，其厚度一般只有几毫米。在本章所介绍的模型中，假定电池两极反应都在垂直于电池单体边界的方向上，并且模型为一维模型。铅酸电池模型的更多细节请参阅本书参考文献［36，48，49］。

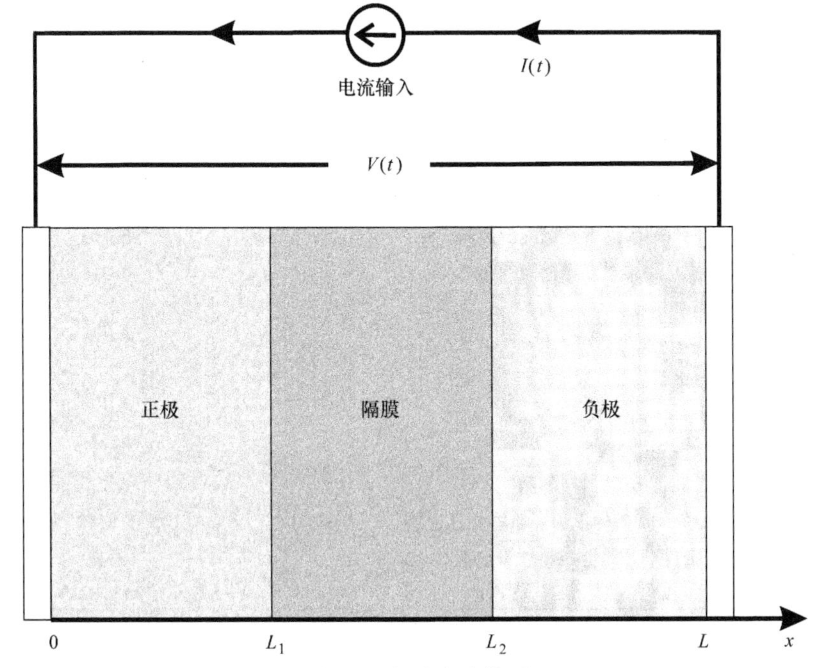

图6-1　铅酸电池模型

6.1.1　控制方程

本节将根据第3章所得到的线性铅酸电池模型来构建其控制方程。首先将 $x\in(0,L)$划分成三个区域：$x\in(0,L_1)$为正极区域，$x\in(L_1,L_2)$为隔膜区域，负极区域为 $x\in(L_2,L)$。电池正极和负极都是多孔形态而且浸泡在电解液内。隔膜也浸泡在电解液内，但其用于隔离电极间电子的流动。二元电解液内的离子在正负电极和隔膜间移动和扩散。电子通过外部回路流动。

为简化模型做出如下假设：①各个变量是均匀分布的，或横截面内的电流处处相等；②正负极和隔膜的参数可以取不同的值，但在各个区域内的值是相等的；③由于固相材料的高导电性，每一极的固相电势 ϕ_s 都是均匀分布的；④忽略气体和其他的副反应。

系统变量包括过电势 η，电流密度 j，固相电势 ϕ_s，电解质相电势 ϕ_e 和电解质浓度 c。其中与电解质相关的变量 ϕ_e 和 c 的定义区间为 $x \in [0,L]$。与固相相关的变量 η，j 和 ϕ_s 的定义区间为 $x \in [0,L_1] \cup [L_2,L]$，而且在 $x \in [L_1,L_2]$ 时上述变量的取值为0。按照假设中的条件①，系统变量就变成了仅仅与 x 和 t 相关的方程。

电解质的平衡方程为

$$\varepsilon \frac{\partial c}{\partial t} = D^{\text{eff}} \frac{\partial^2 c}{\partial x^2} + \frac{a_2}{2F} aj \tag{6-3}$$

式中，正极中 $a_2 = 3 - 2t_+$，负极中 $a_2 = 1 - 2t_+$。充电时的界面面积 $a = a_c$，放电时 $a = a_d$。详细的模型变量参数（例如 D^{eff}，t_+，a_c，a_d，和 F）在表6-1和表6-2中列出。

表6-1　系统参数

参数	值
A：电池单体横截面面积/cm^2	251.61
L_1：正极与隔膜边界坐标间的距离/cm	0.159
L_2：负极与隔膜边界坐标间的距离/cm	0.318
L：电池单体的厚度/cm	0.477
C_{ref}：H^+ 参考浓度/(mol/cm^3)	4.9×10^{-3}
满充状态下的 H^+ 浓度/（mol/cm^3）	6.0×10^{-3}
R：普适气体常数/[J/(mol·K)]	8.3143
F：法拉第常数/（C/mol）	96485
t_+：H^+ 的迁移数	0.72
$\overline{U}_{PbO_2}$：在70% SOC条件下的开路电势设定值/V	1.8779
$\tilde{U}_{PbO_2}$：在70% SOC条件下开路电压斜坡设定值/($V/mol \cdot cm^3$)	50.9
C_{dl}：双电解质层比电容/(C/cm^3)	2.0×10^{-4}

表6-2　SOC=70%条件下不同空间的系统参数

参数	正极	隔膜	负极
ε：电解质的体积分数	0.6454	0.8556	0.4433
D^{eff}：扩散系数/(cm^2/s)	1.4776×10^{-5}	2.2553×10^{-5}	8.4100×10^{-6}
a_c：充电过程中的比界面面积/(cm^2/cm^3)	3.9519×10^5	—	3.6967×10^4
a_d：放电过程中的比界面面积/(cm^2/cm^3)	3.4808×10^4	—	6.0335×10^3

（续）

参数	正极	隔膜	负极
κ^{eff}：有效离子电解质电导率/(1/（Ω·cm))	0.1906	0.0573	0.4698
$\kappa_{\mathrm{d}}^{\mathrm{eff}}$：有效扩散电解质/(Acm²/mol)	0.0021	0.0053	6.4316×10^{-4}
γ：Butler - Volmer 方程指数	0.3	—	0
i_0：交换电流密度/(A/cm²)	3.19×10^{-7}	—	4.96×10^{-6}
α_{a}：正极转移系数	1.15	—	1.55
α_{c}：负极转移系数	0.85	—	0.45
a_{dl}：双层电极的比表面积/(cm²/cm³)	4.3×10^5		4.3×10^4

电解质中的电荷守恒方程如下式所示：

$$\kappa^{\mathrm{eff}}\frac{\partial^2\phi_{\mathrm{e}}}{\partial x^2}+\kappa_{\mathrm{d}}^{\mathrm{eff}}\frac{\partial^2 c}{\partial x^2}+aj+i_{\mathrm{dl}}=0 \tag{6-4}$$

式中，单位体积的双层电流为 $i_{\mathrm{dl}}=a_{\mathrm{dl}}C_{\mathrm{dl}}[\partial(\phi_{\mathrm{s}}-\phi_{\mathrm{e}})/\partial t]$。Butler - Volmer 方程式可线性化为

$$j=\frac{R_{\mathrm{a}}}{a}\eta \tag{6-5}$$

式中

$$R_{\mathrm{a}}=ai_0\left(\frac{\bar{c}}{c_{\mathrm{ref}}}\right)^{\gamma}\frac{(\alpha_{\mathrm{a}}+\alpha_{\mathrm{c}})F}{RT}$$

过电势为

$$\eta=\begin{cases}\phi_{\mathrm{sp}}-\phi_{\mathrm{e}}-U_{\mathrm{PbO_2}} & \text{正极}\\ 0 & \text{隔膜}\\ \phi_{\mathrm{sm}}-\phi_{\mathrm{e}} & \text{负极}\end{cases} \tag{6-6}$$

在输入电流不大的条件下，Butler - Volmer 方程式（6-5）的线性逼近所引入的过电势 η 的误差可以忽略不计。开路电压 $U_{\mathrm{PbO_2}}$ 是一个与酸浓度 c 相关的非线性方程，如下：

$$U_{\mathrm{PbO_2}}=1.9228+0.0641\ln(R_{\mathrm{m}})+0.0120\ln^2(R_{\mathrm{m}})+0.0060\ln^3(R_{\mathrm{m}})+0.0012\ln^4(R_{\mathrm{m}}) \tag{6-7}$$

其示意图如图6-2所示，其中 $R_{\mathrm{m}}=1.00322c+0.0355c^2+0.0022c^3+0.0002c^4$。

式（6-7）在平均酸浓度 $\bar{c}$ 的近似线性方程为

$$U_{\mathrm{PbO_2}}=\overline{U}_{\mathrm{PbO_2}}+\tilde{U}_{\mathrm{PbO_2}}\tilde{c} \tag{6-8}$$

式中，$\overline{U}_{\mathrm{PbO_2}}=U_{\mathrm{PbO_2}}(\bar{c})$，$\tilde{U}_{\mathrm{PbO_2}}=\mathrm{d}U_{\mathrm{PbO_2}}/\mathrm{d}c\,|_{c=\bar{c}}$；$\tilde{c}$ 是 $\bar{c}$ 的小扰动。图6-2显示出了在 $\overline{U}_{\mathrm{PbO_2}}=1.8744\mathrm{V}$，$\tilde{U}_{\mathrm{PbO_2}}=52.3\mathrm{V/mol\ cm^3}$，$0.001<c<0.008\mathrm{mol/cm^3}$ 的条件

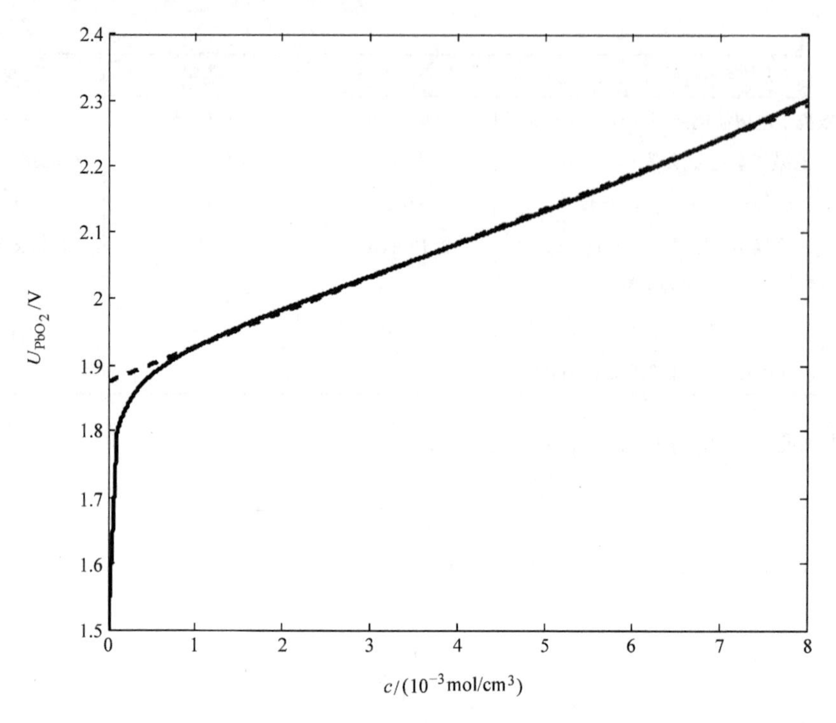

图 6-2　PbO_2 电极电势 U_{PbO_2}与酸浓度 c 间关系：经验值（实线）线性逼近值（虚线）

下，其线性逼近所得到的结果与实际的 U_{PbO_2} 非常接近。与其对应的充电范围为 17% ~100%。

在假设④的条件下，对每个电极中的反应电流和双层电流之和进行积分，可得到每个电极的输入电流。正极中：

$$\int_0^{L_1} A\left[R_a(\phi_{sp} - \phi_e - U_{PbO_2}) + a_{dl}C_{dl}\frac{\partial(\phi_{sp} - \phi_e)}{\partial t}\right]dx = I(t) \tag{6-9}$$

根据假设条件②，即 $\phi_s(x, t) = \phi_{sp}(t)$。假设 $\phi_s(x, t) = \phi_{sm}$，负极中：

$$\int_{L_2}^{L_3} A\left[R_a(\phi_{sm} - \phi_e) + a_{dl}C_{dl}\frac{\partial(\phi_{sm} - \phi_e)}{\partial t}\right]dx = -I(t) \tag{6-10}$$

根据式 $V(t) = \phi_{sp} - \phi_{sm}$ 可得到输出电压，其中接触电阻可被忽略。

三维电池模型包括了集流体和电极与隔膜界面的边界条件。集流体中（$x = 0$ 和 $x = L$）：

$$\frac{\partial \phi_e}{\partial x} = 0 \quad \frac{\partial c}{\partial x} = 0 \tag{6-11}$$

在电极与隔膜界面处（$x = L_1$ 和 $x = L_2$），有

$$\left(\kappa^{eff}\frac{\partial \phi_e}{\partial x} + \kappa_d^{eff}\frac{\partial c}{\partial x}\right)\Bigg|_+ = \left(\kappa^{eff}\frac{\partial \phi_e}{\partial x} + \kappa_d^{eff}\frac{\partial c}{\partial x}\right)\Bigg|_-$$

$$D^{\mathrm{eff}}\frac{\partial c}{\partial x}\bigg|_{+}=D^{\mathrm{eff}}\frac{\partial c}{\partial x}\bigg|_{-} \tag{6-12}$$

式（6-3）~式（6-12）构成了铅酸电池模型的完整方程。包含了6个独立方程，给定输入量为$I(t)$，初始状态$c(x, 0)$，以及表6-1和6-2中的常量参数，可求解6个未知量，分别是$\eta(x, t)$，$j(x, t)$，$\phi_{\mathrm{sp}}(t)$，$\phi_{\mathrm{sm}}(t)$，$\Phi_{\mathrm{e}}(x, t)$和$c(x, t)$。如果采用稀电解质理论，我们可以从现有的参数中推导出其他的参数量（例如D_+和D_-），就可以减少独立未知参数的个数。通常可以从电池制造商处得到电池的尺寸和面积等参数（L_1，L_2，L和A）。另外，还有一些与扩散相关的参数（ε，D^{eff}，κ^{eff}和$\kappa_{\mathrm{d}}^{\mathrm{eff}}$），这些参数在数量级上很难被估算出来。因此，除非单独的对这些参数进行测量，一般这些参数主要用来对系统响应进行优化。

6.1.2 Ritz法离散化

Ritz法采用了一系列容许的连续方程作为第4章所描述的L^2空间的基础。这里，采用傅里叶级数展开的方法，因为正弦函数可以满足大部分的边界条件，而且求解收敛速度快。

酸浓度分布可被分解为N阶傅里叶级数，即

$$c(x,t)=\sum_{m=0}^{N-1}\Psi_m(x)c_m(t) \tag{6-13}$$

式中，容许函数为$\Psi_m(x)=\cos\left(\frac{m\pi}{L}x\right)$。电解质电势可被分解为$N-1$阶傅里叶级数，即

$$\phi_{\mathrm{e}}(x,t)=\sum_{m=1}^{N-1}\Psi_m(x)\phi_m(t) \tag{6-14}$$

电极电位分解中并不包括浓度分布中的常数项，这等价于电池的平均电势为零，或者也可以等价于把负极集流体接地。将式（6-5）和式（6-6）代入到式（6-4）中可得到三维模型中三个区域的电势方程，即

$$\begin{cases}\kappa^{\mathrm{eff}}\dfrac{\partial^2\phi_{\mathrm{e}}}{\partial x^2}+\kappa_{\mathrm{d}}^{\mathrm{eff}}\dfrac{\partial^2 c}{\partial x^2}+R(\phi_{\mathrm{sp}}-\phi_{\mathrm{e}}-U_{\mathrm{PbO_2}})+a_{\mathrm{d1}}C(\phi_{\mathrm{sp}}-\phi_{\mathrm{e}})=0 & x<L_1\\[2ex] \kappa^{\mathrm{eff}}\dfrac{\partial^2\phi_{\mathrm{e}}}{\partial x^2}+\kappa_{\mathrm{d}}^{\mathrm{eff}}\dfrac{\partial^2 c}{\partial x^2}=0 & L_1<x<L_2\\[2ex] \kappa^{\mathrm{eff}}\dfrac{\partial^2\phi_{\mathrm{e}}}{\partial x^2}+\kappa_{\mathrm{d}}^{\mathrm{eff}}\dfrac{\partial^2 c}{\partial x^2}+R(\phi_{\mathrm{sm}}-\phi_{\mathrm{e}})+a_{\mathrm{d1}}C(\dot{\phi}_{\mathrm{sm}}-\dot{\phi}_{\mathrm{e}})=0 & L_2<x<L\end{cases} \tag{6-15}$$

将Ritz方程代入到式（6-15），再乘以$\Psi_n(x)$，然后在整个区域内积分，可得

$$
\begin{aligned}
&-\int_{0}^{L}\kappa^{\text{eff}}\Psi_{n'}(x)\left(\sum_{m=1}^{N-1}\Psi'_{m}(x)\phi_{m}(t)\right)\mathrm{d}x-\int_{0}^{L}\kappa_{\mathrm{d}}^{\text{eff}}\Psi'_{n}(x)\left(\sum_{m=1}^{N-1}\Psi'_{m}(x)c_{m}(t)\right)\mathrm{d}x\\
&+\int_{0}^{L_1}R_{\mathrm{a}}\Psi_{n}(x)\left(\phi_{\mathrm{sp}}-\overline{U}_{\mathrm{PbO_2}}-\widetilde{U}_{\mathrm{PbO_2}}\sum_{m=0}^{N-1}\Psi_{m}(x)c_{m}(t)-\sum_{m=1}^{N-1}\Psi_{m}(x)\phi_{m}(t)\right)\mathrm{d}x\\
&+\int_{0}^{L_1}a_{\mathrm{dl}}C_{\mathrm{dl}}\Psi_{n}(x)\left(\dot{\phi}_{\mathrm{sp}}-\sum_{m=1}^{N-1}\Psi_{m}(x)\dot{\phi}_{m}(t)\right)\mathrm{d}x\\
&+\int_{L_2}^{L}R_{\mathrm{a}}\Psi_{n}(x)\left(\phi_{\mathrm{sm}}-\sum_{m=1}^{N-1}\Psi_{m}(x)\phi_{m}(t)\right)\mathrm{d}x\\
&+\int_{L_2}^{L}a_{\mathrm{dl}}C_{\mathrm{dl}}\Psi_{n}(x)\left(\dot{\phi}_{\mathrm{sm}}-\sum_{m=1}^{N-1}\Psi_{m}(x)\dot{\phi}_{m}(t)\right)\mathrm{d}x=0
\end{aligned}
\tag{6-16}
$$

其中使用了分步积分法和边界条件。式（6-16）可转换为矩阵形式，即

$$
\boldsymbol{M}_{\mathrm{e}}\dot{\boldsymbol{\phi}}_{\mathrm{e}}+\boldsymbol{M}_{\mathrm{es}}\dot{\boldsymbol{\phi}}_{\mathrm{s}}=\boldsymbol{K}_{\mathrm{ec}}\boldsymbol{c}+\boldsymbol{K}_{\mathrm{e}}\boldsymbol{\phi}_{\mathrm{e}}+\boldsymbol{K}_{\mathrm{es}}\boldsymbol{\phi}_{\mathrm{s}}+\boldsymbol{B}_{\mathrm{e}}\boldsymbol{u}
\tag{6-17}
$$

式中

$$
\boldsymbol{u}=\begin{bmatrix} I\\ \overline{U}_{\mathrm{PbO_2}}\end{bmatrix},\ \boldsymbol{\phi}_{\mathrm{e}}=\begin{bmatrix}\phi_{\mathrm{e},1}(t)\\ \vdots\\ \phi_{\mathrm{e},N-1}(t)\end{bmatrix},\ \boldsymbol{\phi}_{\mathrm{s}}=\begin{bmatrix}\phi_{\mathrm{sp}}(t)\\ \phi_{\mathrm{sm}}(t)\end{bmatrix},\ \boldsymbol{c}=\begin{bmatrix}c_{0}(t)\\ \vdots\\ c_{N-1}(t)\end{bmatrix}
$$

表6-3 列出了式（6-17）中的矩阵表达式。

表 6-3　Ritz 模型矩阵元

矩阵	积分形式
$\boldsymbol{M}_{\mathrm{e}}(n,m)$	$\int_{0}^{L_1}a_{\mathrm{dl}}C_{\mathrm{dl}}\Psi_{n}(x)\Psi_{m}(x)\mathrm{d}x+\int_{L_2}^{L}a_{\mathrm{dl}}C_{\mathrm{dl}}\Psi_{n}(x)\Psi_{m}(x)\mathrm{d}x$
$\boldsymbol{M}_{\mathrm{es}}(n,1)$	$-\int_{0}^{L_1}a_{\mathrm{dl}}C_{\mathrm{dl}}\Psi_{n}(x)\mathrm{d}x$
$\boldsymbol{M}_{\mathrm{es}}(n,2)$	$-\int_{L_2}^{L}a_{\mathrm{dl}}C_{\mathrm{dl}}\Psi_{n}(x)\mathrm{d}x$
$\boldsymbol{K}_{\mathrm{e}}(n,m)$	$-\kappa^{\text{eff}}\int_{0}^{L}\Psi'_{n}(x)\Psi'_{m}(x)\mathrm{d}x-\int_{0}^{L_1}R_{\mathrm{a}}\Psi_{n}(x)\Psi_{m}(x)\mathrm{d}x-\int_{L_2}^{L}R_{\mathrm{a}}\Psi_{n}(x)\Psi_{m}(x)\mathrm{d}x$
$\boldsymbol{K}_{\mathrm{es}}(n,m+1)$	$-\int_{0}^{L}\kappa_{\mathrm{d}}^{\text{eff}}\Psi'_{n}(x)\Psi'_{m}(x)\mathrm{d}x-\int_{0}^{L_1}R_{\mathrm{a}}\tilde{U}_{\mathrm{PbO_2}}\Psi_{n}(x)\Psi_{m}(x)\mathrm{d}x$
$\boldsymbol{K}_{\mathrm{es}}(n,1)$	$\int_{0}^{L_1}R_{\mathrm{a}}\Psi_{n}(x)\mathrm{d}x$
$\boldsymbol{K}_{\mathrm{es}}(n,2)$	$\int_{L_2}^{L}R_{\mathrm{a}}\Psi_{n}(x)\mathrm{d}x$
$\boldsymbol{B}_{\mathrm{e}}(n,1)$	0
$\boldsymbol{B}_{\mathrm{e}}(n,2)$	$-\int_{0}^{L_1}R_{\mathrm{a}}\Psi_{n}(x)\mathrm{d}x$

（续）

矩阵	积分形式
$\boldsymbol{M}_{\mathrm{s}}$	$\begin{bmatrix} -a_{\mathrm{dl}}C_{\mathrm{dl}}L_1 & 0 \\ 0 & -a_{\mathrm{dl}}C_{\mathrm{dl}}(L-L_2) \end{bmatrix}$
$\boldsymbol{M}_{\mathrm{se}}(1,n)$	$\int_0^{L_1} a_{\mathrm{dl}}C_{\mathrm{dl}}\Psi_n(x)\mathrm{d}x$
$\boldsymbol{M}_{\mathrm{se}}(2,n)$	$\int_{L_2}^{L} a_{\mathrm{dl}}C_{\mathrm{dl}}\Psi_n(x)\mathrm{d}x$
$\boldsymbol{K}_{\mathrm{sc}}(1,n+1)$	$-\int_0^{L_1} R_{\mathrm{a}}\tilde{U}_{\mathrm{PbO_2}}\Psi_n(x)\mathrm{d}x$
$\boldsymbol{K}_{\mathrm{sc}}(2,n)$	0
$\boldsymbol{K}_{\mathrm{se}}(1,n)$	$-\int_0^{L_1} R_{\mathrm{a}}\Psi_n(x)\mathrm{d}x$
$\boldsymbol{K}_{\mathrm{se}}(2,n)$	$-\int_{L_2}^{L} R_{\mathrm{a}}\Psi_n(x)\mathrm{d}x$
$\boldsymbol{K}_{\mathrm{s}}$	$\begin{bmatrix} R_{\mathrm{a}}L_1 & 0 \\ 0 & R_{\mathrm{a}}(L-L_2) \end{bmatrix}$
$\boldsymbol{B}_{\mathrm{s}}$	$\begin{bmatrix} -\frac{1}{A} & -R_{\mathrm{a}}L_1 \\ \frac{1}{A} & 0 \end{bmatrix}$
$\boldsymbol{M}_{\mathrm{c}}(n+1,m+1)$	$\int_0^{L} \varepsilon\Psi_n(x)\Psi_m(x)\mathrm{d}x$
$\boldsymbol{K}_{\mathrm{c}}(n+1,m+1)$	$-\int_0^{L} D^{\mathrm{eff}}\Psi'_n(x)\Psi'_m(x)\mathrm{d}x - \tilde{U}_{\mathrm{PbO_2}}\int_0^{L_1}\frac{a_2R_{\mathrm{a}}}{2F}\Psi_n(x)\Psi_m(x)\mathrm{d}x$
$\boldsymbol{K}_{\mathrm{ce}}(n+1,m)$	$-\int_0^{L_1}\frac{a_2R_{\mathrm{a}}}{2F}\Psi_n(x)\Psi_m(x)\mathrm{d}x - \int_{L_2}^{L}\frac{a_2R_{\mathrm{a}}}{2F}\Psi_n(x)\Psi_m(x)\mathrm{d}x$
$\boldsymbol{K}_{\mathrm{cs}}(n+1,1)$	$\int_0^{L_1}\frac{a_2R_{\mathrm{a}}}{2F}\Psi_n(x)\mathrm{d}x$
$\boldsymbol{K}_{\mathrm{cs}}(n+1,2)$	$\int_{L_2}^{L}\frac{a_2R_{\mathrm{a}}}{2F}\Psi_n(x)\mathrm{d}x$
$\boldsymbol{B}_{\mathrm{c}}(n,1)$	0
$\boldsymbol{B}_{\mathrm{c}}(n+1,2)$	$-\int_0^{L_1}\frac{a_2R_{\mathrm{a}}}{2F}\Psi_n(x)\mathrm{d}x$
$\int\Psi'_n(x)\Psi'_m(x)\mathrm{d}x$	$\begin{cases} x & n=m=0 \\ \frac{L}{4n\pi}\sin\frac{2n\pi x}{L}+\frac{x}{2} & n=m\neq 0 \\ \frac{L}{2(n+m)\pi}\sin\frac{(n+m)\pi x}{L}+\frac{L}{2(n-m)\pi}\sin\frac{(n-m)\pi s}{L} & n\neq m \end{cases}$
$\int\Psi'_n(x)\Psi'_m(x)\mathrm{d}x$	$\begin{cases} 0 & n\text{或}m=0 \\ \frac{1}{2}\left(\frac{n\pi}{L}\right)^2\left(x-\frac{L}{2n\pi}\sin\frac{2n\pi x}{L}\right) & n=m\neq 0 \\ \frac{nm}{2}\left(\frac{\pi}{L}\right)^2\left[\frac{L}{(n-m)\pi}\sin\frac{(n-m)\pi x}{L}-\frac{L}{(n+m)\pi}\sin\frac{(n+m)\pi x}{L}\right] & n\neq m \end{cases}$

同理，对式（6-9）和式（6-10）进行傅里叶分解，同样预先乘以 $\psi_n(x)$，积分得到

$$\boldsymbol{M}_{\mathrm{s}}\dot{\boldsymbol{\phi}}_{\mathrm{s}}+\boldsymbol{M}_{\mathrm{se}}\boldsymbol{\phi}_{\mathrm{e}}=\boldsymbol{K}_{\mathrm{sc}}\boldsymbol{c}+\boldsymbol{K}_{\mathrm{se}}\boldsymbol{\phi}_{\mathrm{e}}+\boldsymbol{K}_{\mathrm{s}}\boldsymbol{\phi}_{\mathrm{s}}+\boldsymbol{B}_{\mathrm{s}}\boldsymbol{u} \tag{6-18}$$

最终，将式（6-3）变为 Ritz 方程的近似形式

$$\boldsymbol{M}_{\mathrm{c}}\dot{\boldsymbol{c}}=\boldsymbol{K}_{\mathrm{c}}\boldsymbol{c}+\boldsymbol{K}_{\mathrm{ce}}\boldsymbol{\phi}_{\mathrm{e}}+\boldsymbol{K}_{\mathrm{cs}}\boldsymbol{\phi}_{\mathrm{s}}+\boldsymbol{B}_{\mathrm{c}}\boldsymbol{u} \tag{6-19}$$

将式（6-17）、式（6-18）和式（6-19）组合写成状态空间方程模式

$$\boldsymbol{M}_1\dot{\boldsymbol{x}}=\boldsymbol{M}_2\boldsymbol{x}+\boldsymbol{M}_3\boldsymbol{u} \tag{6-20}$$

式中

$$\boldsymbol{M}_1=\begin{bmatrix}\boldsymbol{M}_{\mathrm{c}} & 0 & 0\\ 0 & \boldsymbol{M}_{\mathrm{c}} & \boldsymbol{M}_{\mathrm{es}}\\ 0 & \boldsymbol{M}_{\mathrm{se}} & \boldsymbol{M}_{\mathrm{s}}\end{bmatrix},\ \boldsymbol{M}_2=\begin{bmatrix}\boldsymbol{K}_{\mathrm{c}} & \boldsymbol{K}_{\mathrm{ce}} & \boldsymbol{K}_{\mathrm{cs}}\\ \boldsymbol{K}_{\mathrm{ec}} & \boldsymbol{K}_{\mathrm{e}} & \boldsymbol{K}_{\mathrm{es}}\\ \boldsymbol{K}_{\mathrm{sc}} & \boldsymbol{K}_{\mathrm{se}} & \boldsymbol{K}_{\mathrm{s}}\end{bmatrix},\ \boldsymbol{x}=\begin{bmatrix}\boldsymbol{c}\\ \phi_{\mathrm{e}}\\ \phi_{\mathrm{s}}\end{bmatrix},\ \boldsymbol{M}_3=\begin{bmatrix}\boldsymbol{B}_{\mathrm{c}}\\ \boldsymbol{B}_{\mathrm{e}}\\ \boldsymbol{B}_{\mathrm{s}}\end{bmatrix}$$

按照状态空间方程的标准形式，铅酸电池模型的状态空间方程可写为

$$\dot{\boldsymbol{x}}=\boldsymbol{A}_{\mathrm{ss}}\boldsymbol{x}+\boldsymbol{B}_{\mathrm{ss}}\boldsymbol{u} \tag{6-21}$$

式中，$\boldsymbol{A}_{\mathrm{ss}}=\boldsymbol{M}_1^{-1}\boldsymbol{M}_2$ 且 $\boldsymbol{B}_{\mathrm{ss}}=\boldsymbol{M}_1^{-1}\boldsymbol{M}_3$。

对于输出电压 $y=V(t)=\phi_{\mathrm{sp}}-\phi_{\mathrm{sm}}+\overline{U}_{\mathrm{PbO_2}}$，我们可以得到

$$y=\boldsymbol{C}_{\mathrm{ss}}\boldsymbol{x}+\boldsymbol{D}_{\mathrm{ss}}\boldsymbol{u} \tag{6-22}$$

式中，$\boldsymbol{C}_{\mathrm{ss}}=[0,\ \cdots,\ 0,\ 1,\ -1]$，$\boldsymbol{D}_{\mathrm{ss}}=[0,\ 1]$。

6.1.3 数值收敛

Ritz 法的优势之一在于其快速收敛性，这就意味着 Ritz 估算法可以随着逼近阶次 N 的增加，快速得到最佳解。

图 6-3 显示出 15 阶 Ritz 逼近条件下，在阶跃输入下，L_2 处的误差。$N=10$ 时，L_2 误差降低到 $N=15$ 时的 0.0015%。

6.1.4 仿真结果

本节针对 70Ah 的 AGM 阀控式铅酸电池，将 8 个电池单体并联为 1 组，然后 6 组串联，采用表 6-1 和表 6-2 中的参数，进行了仿真。对 8 阶里茨电池模型在初始 SOC 为 70% 的条件下进行恒流充放电仿真。图 6-4 为在 0.1 倍额定电流下的充放电反应。对于线性模型，瞬态特性是一致的，但输入的方向相反。图 6-4 显示出电池充放电时的瞬态特性，可以看出时间常数相差很大。这是因为界面面积 a 会根据电流输入的符号变化会呈现出不同的数值。为了准确地分析这种效果需要创建一个时变模型，即根据输入的符号不同，状态变量的矩阵系数也会发生

变化。随着充放电电流的增大，线性模型同样会发生比较小规模的响应。事实上，在高充放电率的情况下，Butler – Volmer 的非线性会改变响应曲线。在本书参考文献［50］中，当充放电率大于0.2C时，线性模型与非线性模型间就会出现误差。

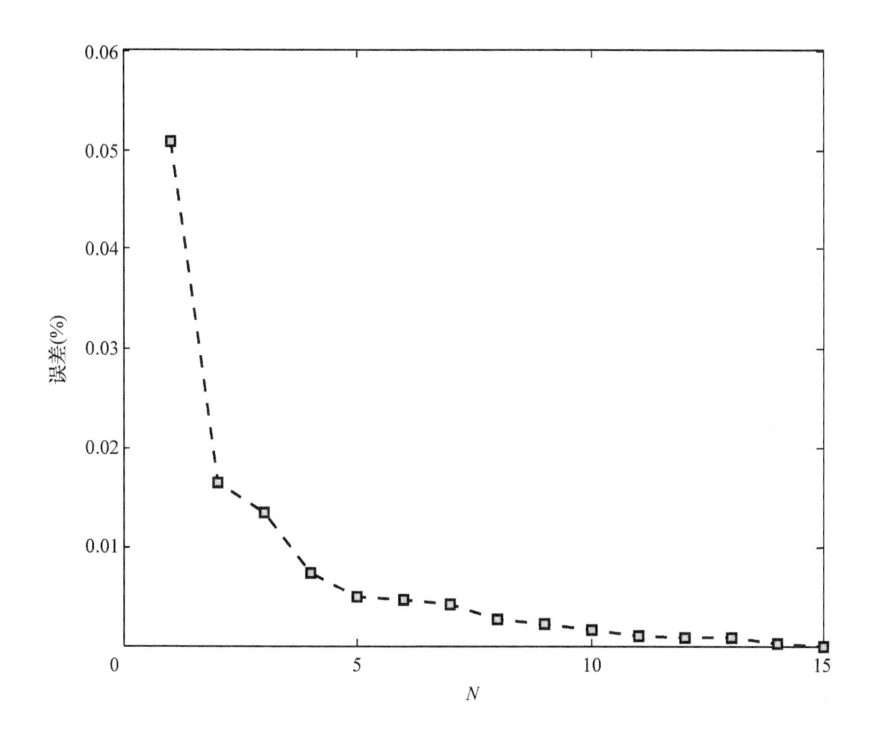

图6-3　Ritz 逼近的收敛性：L_2 误差与模型阶次

图6-5 和图6-6 分别为酸浓度分布系数 c，电解质中的电势 ϕ_e和以0.1C 充放电900s 后固相角中电势 ϕ_s 的示意图。图6-7 为浓度对充放电时间的响应。在 $t=0$ 的时候，电池单体内各处的酸浓度都相等为4.78mol/L。在放电阶段，正极和阳极都会消耗酸。隔膜处的酸不会被消耗，而是从隔膜向电极扩散，从而在浓度分布曲线的中间位置产生一个波峰。由于正极中的 a_2和 a 比较大，因此正极中酸的消耗速度要比负极中的快；因此，整体的曲线分布会向正极倾斜。如果在 $t=900$s 时，将放电电流变为零，那么酸的平均浓度最终会变成平面分布。在 $x=0$ 和 $x=L$ 处斜率为零的条件下，要严格遵守浓度响应中的零边界条件。

充电过程中，正负极的酸浓度都会增加，依然是正极酸浓度的增加速率较快。浓度较高地方的酸会向无法生成酸的隔膜处扩散。因此，浓度分布曲线会在中间部分

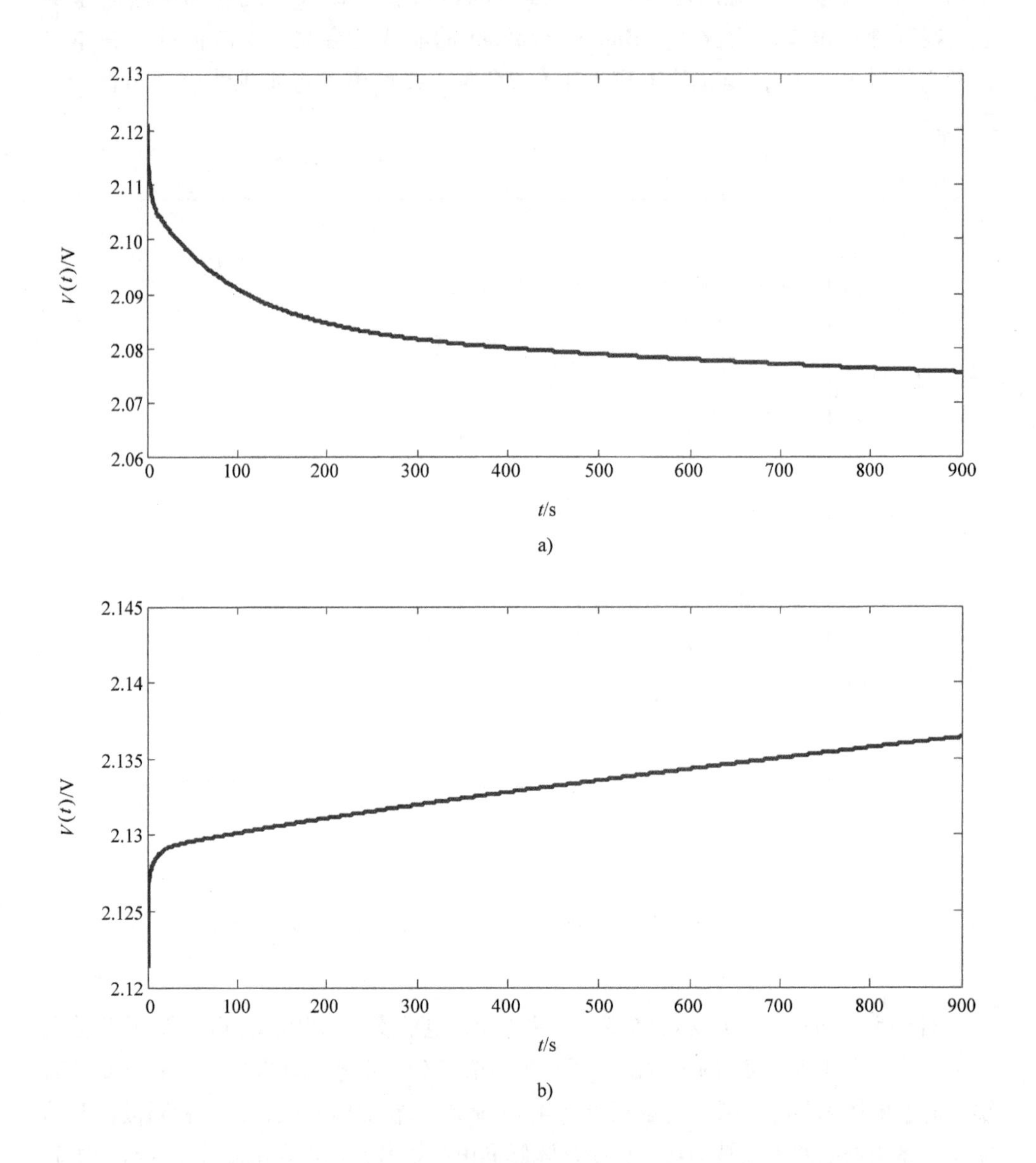

图 6-4　铅酸电池的电压响应（初始 SOC：70%）

a）0.1C 放电　b）0.1C 充电

产生跌落，并会向负极倾斜。仿真过程中电解质和固相电势不会发生剧烈的变化。所有电势计算中的参考电压都为电极电势的平均值，由于式（6-14）展开式中并不包括常数或偏置项，因此这个参考电压被限定为零。在电压响应曲线可以看出，ϕ_s（0，t）与 ϕ_s（L，t）之间的差值为 2.1V。由于在固体电解质界面处产生的电势，因此 ϕ_s（0，t）通常要比 ϕ_s（L，t）大，ϕ_e（x，t）沿着离子传输的方向分布，表明了电解质扩散的类电阻效应。在 $x=0$ 和 $x=L$ 处，要严格遵守电解质扩散效应的零通量边界条件。

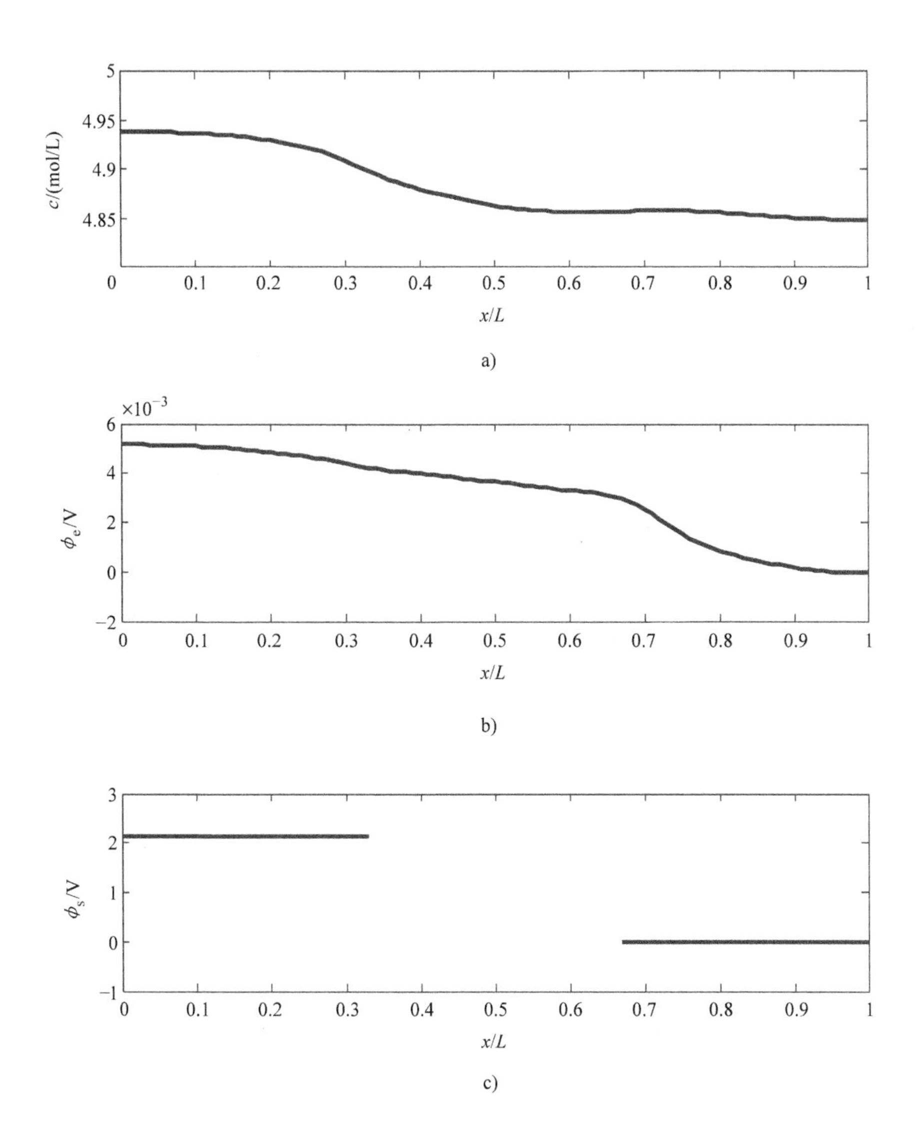

图 6-5　铅酸电池单体以 0.1 倍额定电流充电 900s 后各参数的空间分布

a）浓度，c（x，900）　b）电解质电势，ϕ_e（x，900）　c）电极电势，ϕ_s（x，900）

图 6-8 为 Ritz 模型的周期切换响应。电流输入代表了机车运行过程中对功率的需求[50]。电流输入包含了 1.6A（0.023C）与酒店负载（制冷、电气）相关的恒

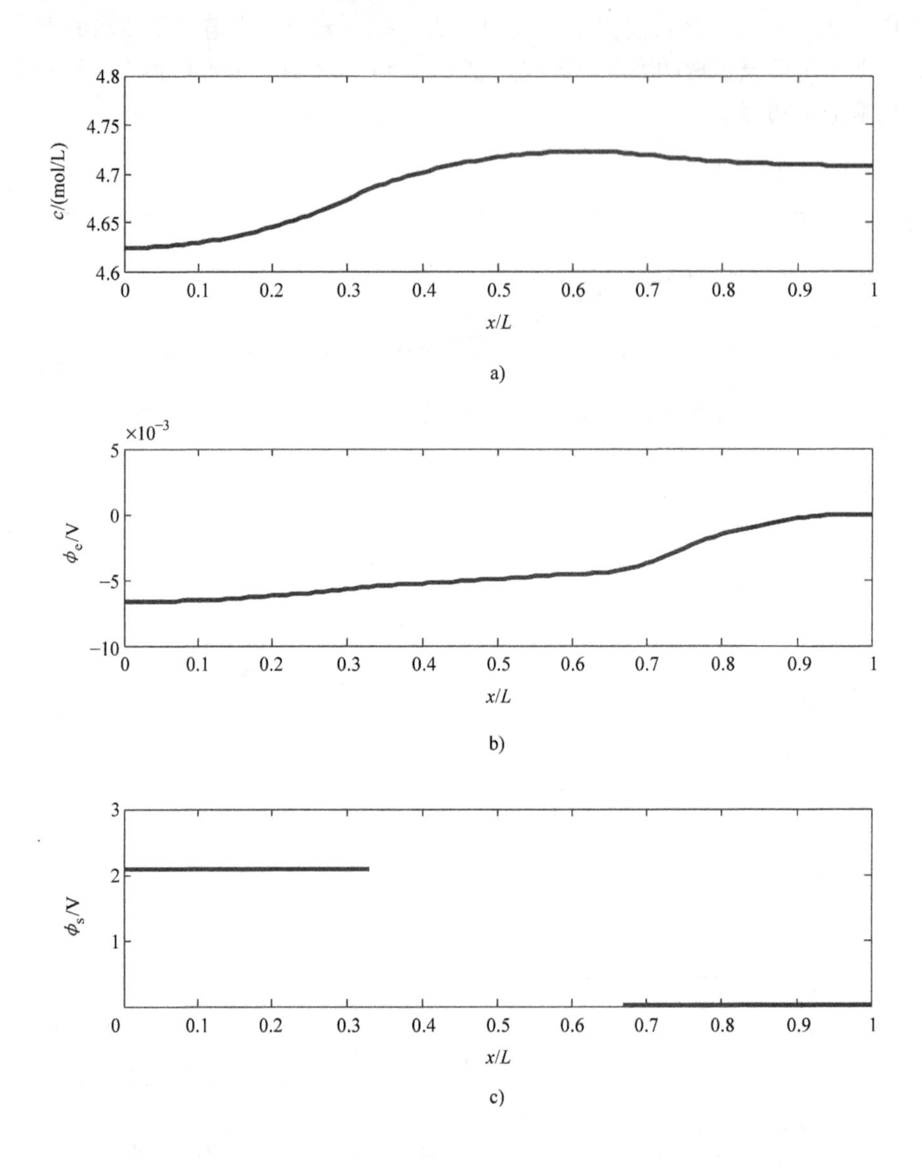

图 6-6　铅酸电池单体以 0.1 倍额定电流放电 900s 后各参数的空间分布

a）浓度，c（x，900）　b）电解质电势，ϕ_e（x，900）　c）电极电势，ϕ_s（x，900）

流放电电流，以及在每个循环中分别给牵引力供电的 16A（0.229C）和再生制动的 12A（0.171C）电流。7min 周期的循环一直在重复，直到电池组在最后一次转换时被重新充电。由于酒店负载的存在和每个循环中牵引力的功率需求要比可再生制动的功率要多，因此电池组的放电过程十分缓慢。因此从仿真结果中可以看出，电池的端电压（和 SOC）下降得都十分缓慢。电压瞬变主要是因为双层效应产生的。在仿真中，使用一个特定的常数等效放电数值，因为在周期切换中主要是放电过程。在此前提下，为了得到满意的仿真结果，Ritz 模型中就省略了复杂的时变特性。

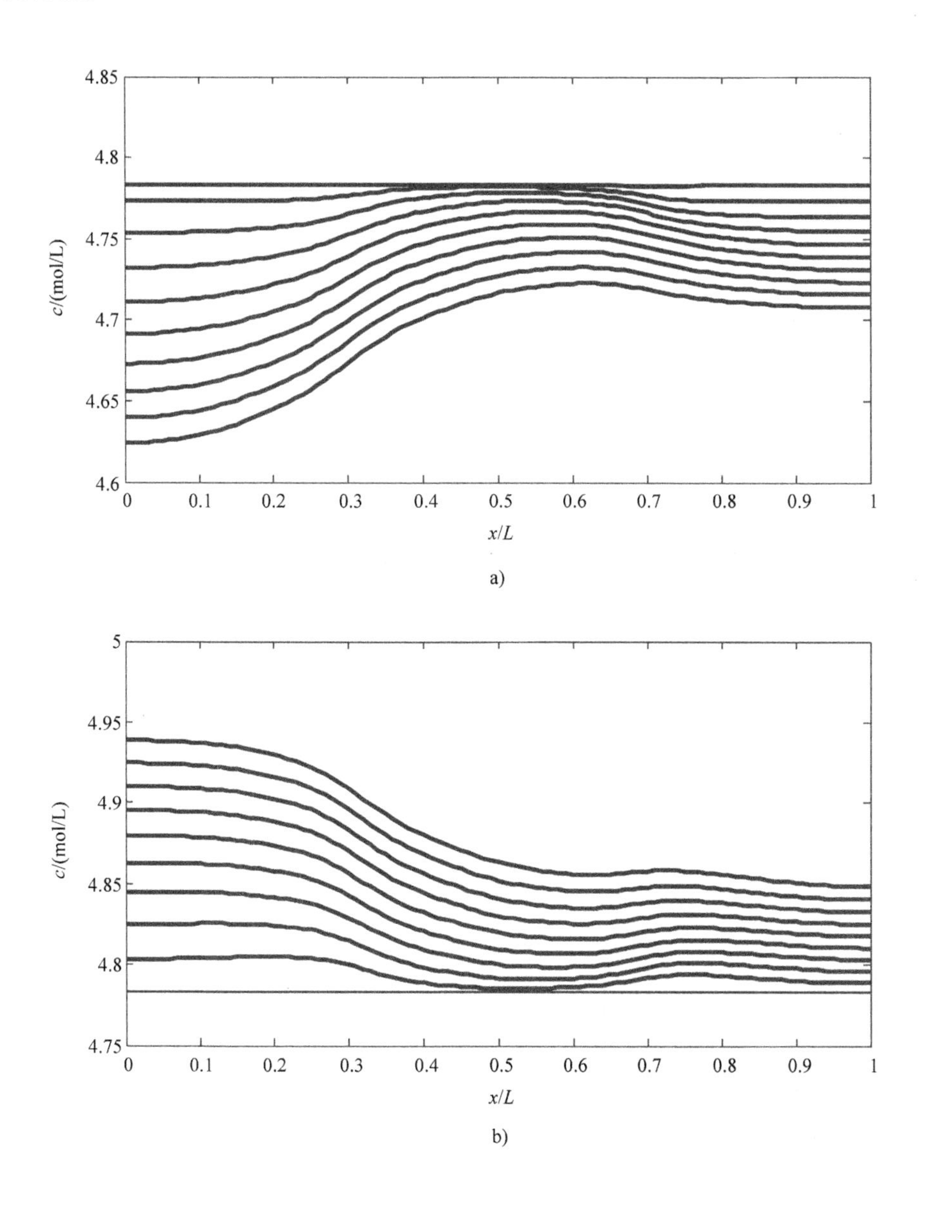

图 6-7 铅酸电池单体的酸浓度分布（100s 间隔直到 $t=900\mathrm{s}$）

a）0.1C 放电 b）0.1C 充电

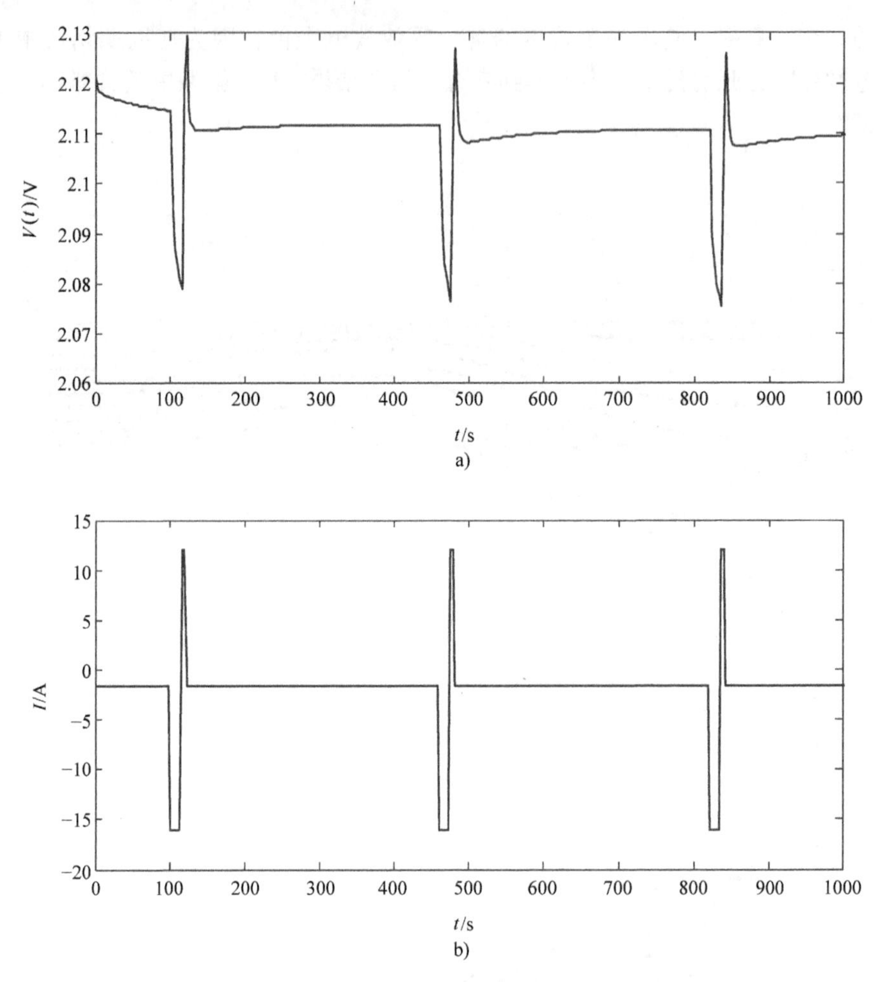

图 6-8　铅酸电池单体周期切换过程的仿真

a）输出电压　b）输入电流

6.2　锂离子电池模型

图 6-9 为锂离子电池模型的原理图。模型从负极集流体（$x=0$）到正极集流体（$x=L$）的一维部分由三部分组成：复合电极的负极（宽度 δ_-）、隔膜（宽度 δ_{sep}）和复合电极的正极（宽度 δ_+）。放电过程中，带正电的锂离子扩散至组成负极中固相的活性物质离子 Li_xC_6 的表面。然后进行电化学反应，生成液态或胶质的电解质溶液。锂离子穿过电解质溶液扩散至阳极，通过化学反应扩散到构成固相正电极的金属氧化物活性物质粒子区域的内部。其中多孔隔膜作为电子绝缘体，迫使电子依照外部电路或负载相反的路径运动。本书参考文献［51］为锂离子电

池建模的研究综述，参考文献［25，52，53］详细介绍了锂离子电池建模的背景和细节。

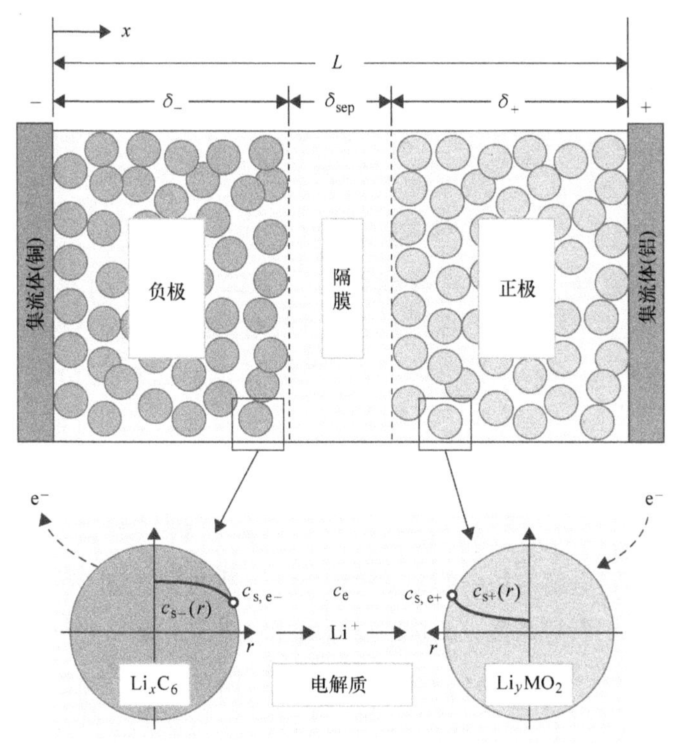

图 6-9　锂离子电池模型

四个偏微分方程可以确定锂离子电池的动态特性：电极和电解质充电过程中的电子守恒，它们由 Bulter - Volmer 方程式联系在一起。本章所提供的模型通常被认为是一种伪二维模型，因为其中一维是 x 而另外一维是球形粒子的径向尺寸 r。该粒子被认为分布在整个电极内，建模时电极上的每个 x 处都被嵌入该粒子。因此，每个 x 位置处，还有一个对用于径向坐标 r 的粒子嵌入在这一点上。其被称为伪二维模型，是因为邻近粒子并非是直接耦合的，不像大部分的二维偏微分方程［例如矩形区域的热传导，其中温度 T（x，y）在 x 和 y 方向都与相邻的温度耦合］。嵌入的粒子在 r 方向上与电极耦合，电极在 x 方向上耦合，但是内部没有为离子提供从一个粒子流通到相邻粒子的路径。

6.2.1　电子守恒

复合电极的建模采用多孔电极理论，也就意味着固相离子被认为是均匀分布在整个电极内。Fick 扩散定律描述了球形活性物质粒子内锂离子的守恒，即

$$\frac{\partial c_s}{\partial t}=\frac{D_s}{r^2}\frac{\partial}{\partial r}\left(r^2\frac{\partial c_s}{\partial r}\right)\quad r\in(0,R_s) \tag{6-23}$$

式中，$r \in (0, R_s)$ 为径向坐标；$c_s(r, t)$ 为粒子内部的锂离子浓度，是一个关于径向位置和时间的函数；D_s是固相扩散系数。

使用下标“s”和“e”以及“s，e”分别代表固相，电解质相和固体电解质界面。边界条件为

$$\left.\frac{\partial c_s}{\partial r}\right|_{r=0}=0 \tag{6-24}$$

$$D_s\left.\frac{\partial c_s}{\partial r}\right|_{r=R_s}=-\frac{j}{F} \tag{6-25}$$

式中，$j(x, t)$ 是粒子表面的电化学反应速率（$j>0$ 代表释放离子）；F（96487C/mol）是法拉第常数。在给定二维空间附属的固相浓度的条件下，在每个电极上连续应用式（6-23）~式（6-25），也就是 $c_s(x, r, t)$。电化学模型仅依赖于离子表面的浓度，$c_{s,e}(x, t)=c_s(x, R_s, t)$。

电解质相中锂离子守恒公式为

$$\varepsilon_e\frac{\partial c_e}{\partial t}=D_e^{\text{eff}}\frac{\partial^2 c_e}{\partial x^2}+\frac{a_s(1-t_+^o)}{F}j \quad x\in(0,L) \tag{6-26}$$

式中，$c_e(x, t)$ 是电解质相中的锂离子浓度；ε_e是电解质相体积分数；t_+^o 是考虑到溶剂速率的 Li^+ 的转移系数；a_s是比界面面积。对于占据在电极体积分数上的球形粒子活跃材料 ε_s，界面面积 $a_s=3\varepsilon_s/R_s$。根据 Bruggeman 关系 $D_e^{\text{eff}}=D_e\varepsilon_e^p$ 得到的参考系数来计算有效扩散系数，这证明了锂离子穿过多孔介质的路径是曲折的。我们假设在负极、隔膜和正极中的 ε_e，t_+^o 和 D_e^{eff} 都是数值不相等的常数。式（6-26）在集流体处使用边界条件是零通量。

$$\left.\frac{\partial c_e}{\partial x}\right|_{x=0}=\left.\frac{\partial c_e}{\partial x}\right|_{x=L}=0 \tag{6-27}$$

6.2.2 电荷守恒

可以用欧姆定律描述电极固相中的电荷守恒：

$$\sigma^{\text{eff}}\frac{\partial^2\phi_s}{\partial x^2}-a_s j=0 \quad x\in(0,L) \tag{6-28}$$

式中，$\phi_s(x, t)$ 和 σ^{eff}分别是固体基质的电势和有效传导率。其中 σ^{eff}可以通过活性材料参考导电率 σ 进行评估，即 $\sigma^{\text{eff}}=\sigma\varepsilon_s$。在负极（即 $x\in(0, \delta_-)$，$\sigma^{\text{eff}}=\sigma_-^{\text{eff}}$）、隔膜和正极（$x\in(\delta_-+\delta_{sep}, L)$，$\sigma^{\text{eff}}=\sigma_+^{\text{eff}}$）中假定电导率为常数。集流体上的边界条件与外加电流成正比：

$$-\sigma_-^{\text{eff}}\left.\frac{\partial\phi_s}{\partial x}\right|_{x=0}=\sigma_+^{\text{eff}}\left.\frac{\partial\phi_s}{\partial x}\right|_{x=L}=\frac{I}{A} \tag{6-29}$$

式中，A 为极板面积；$I(t)$是符合符号规约的阳极放电电流。隔膜中要满足边界条件需要零电流条件，即

$$\left.\frac{\partial\phi_s}{\partial x}\right|_{x=\delta_-}=\left.\frac{\partial\phi_s}{\partial x}\right|_{x=\delta_-+\delta_{sep}}=0 \tag{6-30}$$

电解质相电荷守恒定律遵循

$$\kappa^{eff}\frac{\partial^2\phi_e}{\partial x^2}+\kappa_d^{eff}\frac{\partial^2 c_e}{\partial x^2}+a_s j=0 \quad x\in(0,L) \tag{6-31}$$

式中，ϕ_e（x，t）是电解质相电势；κ^{eff}是有效离子电导率，根据 Bruggman 关系可以得到 $k^{eff}=k\varepsilon_e^p$。

在两个集流体处，式（6-31）的边界条件为零通量，即

$$\left.\frac{\partial\phi_e}{\partial x}\right|_{x=0}=\left.\frac{\partial\phi_e}{\partial x}\right|_{x=L}=0 \tag{6-32}$$

在电极隔膜界面处，通量连续性可描述为

$$\left.\left(\kappa^{eff}\frac{\partial\phi_e}{\partial x}+\kappa_d^{eff}\frac{\partial c_e}{\partial x}\right)\right|_{x_-}=\left.\left(\kappa^{eff}\frac{\partial\phi_e}{\partial x}+\kappa_d^{eff}\frac{\partial}{\partial x}c_e\right)\right|_{x_+} \tag{6-33}$$

式中，$x=\delta_-$和$\delta_-+\delta_{sep}$分别对应于两个隔膜的界面。

6.2.3 反应动力学

上述的偏微分方程式（6-23）、式（6-26）、式（6-28）和式（6-31），描述了通过 Butler－Volmer 电化学动力学表达式耦合在一起的 4 个场变量 $c_{s,e}$（x，t），c_e（x，t），ϕ_s（x，t）和 ϕ_e（x，t）。

$$j=i_0\left[\exp\left(\frac{\alpha_a F}{RT}\eta\right)-\exp\left(-\frac{\alpha_c F}{RT}\eta\right)\right] \quad x\in(0,L) \tag{6-34}$$

式中，i_0（x，t）是交换电流密度；η（x，t）是过电势；α_a和 α_c分别是阳极和阴极传递系数。根据式（6-35）可以看出，交换电流密度与固体表面积和电解液浓度都相关。

$$i_0=k(c_e)^{\alpha_a}(c_{s,max}-c_{s,e})^{\alpha_a}(c_{s,e})^{\alpha_c} \quad x\in(0,L) \tag{6-35}$$

式中，k 是动力学速率常数；$c_{s,max}$是最大的固相锂浓度。在式（6-34）中，j 由过电压驱动，定义为固相和电解质相的电势之差减去固相中的热动平衡电势 U。

$$\eta=\phi_s-\phi_e-U \quad x\in(0,L) \tag{6-36}$$

平衡电势 U（$c_{s,e}$）可看成是一个与粒子表面的固相浓度相关的函数，并且在两个电极上的值不同。

6.2.4 电池电压

式（6-29）中采用的边界条件，电池电流 $I(t)$ 是模型输入。根据下述公式计算电池的终端电压

$$V(t)=\phi_s(L,t)-\phi_s(0,t)-\frac{R_f}{A}I(t) \tag{6-37}$$

式中，R_f是经验接触电阻。

6.2.5 线性化

为了得到一个线性模型，Butler – Volmer 方程式（6-34）必须在一个平衡点上进行线性化。线性化过程的第一步是计算出浓度和电势的平衡分布。在均衡状态下，电流 $j=I=0$，因此 Butler – Volmer 方程中的 $\eta=0$ 并且按常数分布（空间和时间上独立分布），满足于控制方程。特别地，c_s（r，t）$=\bar{c}_s=$常数（不随 r 和 t 的变化而改变），因为 $\bar{c}_s=0$，满足了固相中的锂离子守恒式（6-23）和式（6-24）、式（6-25）的边界条件。因此，锂离子浓度在整个粒子内是一致的，而且表面浓度也等于平均浓度，因此 $c_{s,e}(x,t)=c_s(r,t)=\bar{c}_s$。类似地，电解质中锂离子守恒式（6-26）和边界条件式（6-27）满足 c_e（r，t）$=\bar{c}_e=$常数（不随 x 和 t 的变化而改变）。假设$\bar{c}_e=0$ 是很安全的，因为锂离子或者存储在正极或者存储在负极中，而很少剩余在电解液中。固相中的平均电荷浓度也是常数，$\phi_s(x,t)=\bar{\phi}_s$。电解质电势为常数 $\phi_e(x,t)=\bar{\phi}_e$ 满足了电解质相平衡的电荷浓度。

根据式（6-36）对过电势的定义，我们可以得到一个平衡关系，即

$$\bar{\phi}_s^- = \bar{U}^- + \bar{\phi}_e \tag{6-38}$$

$$\bar{\phi}_s^+ = \bar{U}^+ + \bar{\phi}_e \tag{6-39}$$

式中，$\bar{U}=U(\bar{c}_s)$。如果我们将负极端认为是接地，那么 $\bar{\phi}_s^-=0$，$\bar{\phi}_e=-\bar{U}^-$，而且

$$\bar{V} = \bar{\phi}_s^+ = \bar{U}^+ - \bar{U}^- \tag{6-40}$$

等于其开路电压。

总结起来，锂离子电池单体中的平衡变量是由给定的平均浓度值 $\bar{c}_s$ 所决定的。根据第 7 章可知，得到 $\bar{c}_s$ 的值就等同于得到电池的 SOC。在给定 SOC 或 $\bar{c}_s$ 的条件下，就可以计算出 V 的平均值、ϕ_s 和 ϕ_e 的值。

线性化的第二步是采用扰动方程，在每个变量上加一个小的扰动，带波浪线的变量代表该变量的扰动量［例如 $c_s(x,t)=\bar{c}_s+\tilde{c}_s(x,t)$，其中 $\tilde{c}_s(x,t)$ 代表扰动变量］。对于平均值为 0 的变量［$\eta(x,t),c_e(x,t),j(x,t)$ 和 ϕ_s^-］，扰动变量等于初始值［例如 $\eta(x,t)=\tilde{\eta}(x,t)$］，为了简化，可去掉波浪线。

用扰动方程替代控制方程，用泰勒级数展开非线性项，消除平衡项，只保留扰动变量的一阶项，由此就可以生成一个线性方程。对于锂离子电池模型，所有的方程都可以线性化，除了 Butler – Volmer 公式（6-34）以及过电势等式（6-36）。对于线性方程，可以用扰动变量来替代所有的变量来完成线性化。非线性方程式（6-34）可线性化表示为

$$\eta = R_{ct}\, j \tag{6-41}$$

在 $c_e=0$ 和 $c_{s,e}=\bar{c}_s$ 的条件下，可以计算出充电转移电阻 $R_{ct}=RT/[\bar{i}_0F(\alpha_a+\alpha_c)]$ 以及 $\bar{i}_0$。式（6-36）可线性化表示为

$$\eta = \tilde{\phi}_s - \tilde{\phi}_e - \tilde{U} \tag{6-42}$$

式中

$$\widetilde{U}=\frac{\partial U}{\partial c}\tilde{c}_{s,e} \tag{6-43}$$

式中

$$\frac{\partial U}{\partial c}=\left.\frac{\partial U}{\partial c_{s,e}}\right|_{c_{s,e}=\bar{c}_s} \tag{6-44}$$

假定为常数。

6.2.6 阻抗求解

对于此处提出的锂离子电池的伪二维模型，嵌入离子使问题复杂化以致不能使用解析方法。本节中，将忽略电解质扩散以得到其他变量的解析表达，包括电流密度分布 $j(x,t)$ 。将该分布作为电解质扩散的 FEM 模型的输入可近似考虑此重要效应。本节中陈述的方法由本书参考文献［25］中的方法引出。

线性化的粒子扩散方程为

$$\frac{\partial\tilde{c}_s}{\partial t}=\frac{D_s}{r^2}\frac{\partial}{\partial r}\left(r^2\frac{\partial\tilde{c}_s}{\partial r}\right) \tag{6-45}$$

边界条件为

$$\left.\frac{\partial\tilde{c}_s}{\partial r}\right|_{r=0}=0 \tag{6-46}$$

$$D_s\left.\frac{\partial\tilde{c}_s}{\partial r}\right|_{r=R_s}=-\frac{j}{F} \tag{6-47}$$

对式（6-45）进行拉氏变换得到如下传递函数：

$$\frac{\widetilde{C}_{s,e}(x,s)}{J(x,s)}=\frac{1}{F}\left(\frac{R_s}{D_s}\right)\left[\frac{\tanh(\beta)}{\tanh(\beta)-\beta}\right]=\mathcal{G}_p(s) \tag{6-48}$$

式中，$\widetilde{C}_{s,e}(x,s)$ 和 $J(x,s)$ 分别为 $\tilde{c}_{s,e}(x,t)$ 和 $j(x,t)$ 的拉氏变换；$\beta=R_s\sqrt{s/D_s}$ 。该方程正是在第 4 章中推导并在第 5 章仿真过的球体粒子传递函数。

对于线性化的 Butler－Volmer 方程［即式（6-41）］求拉氏变换得到

$$\mathcal{N}(x,s)=R_{ct}J(x,s) \tag{6-49}$$

式中，$\mathcal{N}(x,s)=\mathcal{L}\{\eta(x,t)\}$。

如果忽略电解质的扩散，则剩余的变量包括 $c_{s,e}$ 、ϕ_e 及 ϕ_s。在该假设下，正负电极互相解耦。由于隔膜中不存在粒子和电极，因此并不出现在解析式中。为求出单个电极上 c_{se}、ϕ_e 和 ϕ_s 的解析解，此处定义了无量纲空间变量 $z=x/\delta$，其中 δ 为电极厚度，集流体界面及隔膜界面处分别有 $z=0$，$z=1$。

式（6-28）固相电荷守恒方程在 $x\to z$ 时的拉氏变换为

$$\frac{\sigma^{\mathrm{eff}}}{\delta^2}\frac{\partial^2\widetilde{\Phi}_{\mathrm{s}}(z,s)}{\partial z^2}-J(z,s)=0 \tag{6-50}$$

边界条件为

$$-\frac{\sigma^{\mathrm{eff}}}{\delta}\frac{\partial\widetilde{\Phi}_{\mathrm{s}}}{\partial z}\bigg|_{z=0}=\frac{\mathcal{I}}{A} \tag{6-51}$$

式中，$\mathcal{I}(s) = \mathcal{L}\{I(t)\}$，且有

$$\frac{\partial\widetilde{\Phi}_{\mathrm{s}}}{\partial z}\bigg|_{z=1}=0 \tag{6-52}$$

忽略电解质扩散，式（6-31）电解质电荷守恒方程的拉氏变换式变为

$$\frac{\kappa^{\mathrm{eff}}}{\delta^2}\frac{\partial^2\widetilde{\Phi}_{\mathrm{e}}}{\partial z^2}+J=0 \tag{6-53}$$

集流体的边界条件为

$$\frac{\partial\widetilde{\Phi}_{\mathrm{e}}}{\partial z}\bigg|_{z=0}=0 \tag{6-54}$$

隔膜处的边界条件可以通过电荷守恒方程在域上的积分获得，或者令电极处的守恒方程为一整体。利用边界条件，式（6-50）固相电荷守恒方程的积分为

$$\int_0^1 J\mathrm{d}z = \int_0^1 \frac{\sigma^{\mathrm{eff}}}{\delta^2}\frac{\partial^2\widetilde{\Phi}_{\mathrm{s}}}{\partial z^2}\mathrm{d}z = \frac{\sigma^{\mathrm{eff}}}{\delta^2}\frac{\partial\widetilde{\Phi}_{\mathrm{s}}}{\partial z}\bigg|_0^1 = -\frac{\mathcal{I}}{A\delta} \tag{6-55}$$

由式（6-53）的液相电荷守恒方程得到

$$\int_0^1 J\mathrm{d}z = -\int_0^1 \frac{\kappa^{\mathrm{eff}}}{\delta^2}\frac{\partial^2\widetilde{\Phi}_{\mathrm{e}}}{\partial z^2}\mathrm{d}z = -\frac{\kappa^{\mathrm{eff}}}{\delta^2}\frac{\partial\widetilde{\Phi}_{\mathrm{e}}}{\partial z}(1,s) \tag{6-56}$$

考虑 $z=0$ 处的零连续边界条件，式（6-55）和式（6-56）提供了隔膜处电解质相电势缺少的边界条件：

$$\frac{\kappa^{\mathrm{eff}}}{\delta}\frac{\partial\widetilde{\Phi}_{\mathrm{e}}}{\partial z}(1,s) = \frac{\mathcal{I}}{A} \tag{6-57}$$

获得解析表达所需的最后一个方程为式（6-42）的拉氏变换：

$$\mathcal{N} = \widetilde{\Phi}_{\mathrm{s}} - \widetilde{\Phi}_{\mathrm{e}} - \frac{\partial U}{\partial c}\widetilde{C}_{\mathrm{s,e}} \tag{6-58}$$

上式仅依赖于固相和电解质相的电势差，即 $\widetilde{\Phi}_{\mathrm{s-e}} = \Phi_{\mathrm{s}} - \widetilde{\Phi}_{\mathrm{c}}$。综合式（6-50）和式（6-53），可得

$$\frac{\partial^2\widetilde{\Phi}_{\mathrm{s-e}}}{\partial z^2}=\delta^2\left(\frac{1}{\kappa^{\mathrm{eff}}}+\frac{1}{\sigma^{\mathrm{eff}}}\right)J \tag{6-59}$$

综合固相和液相电势的边界可得

$$-\frac{\sigma^{\mathrm{eff}}}{\delta}\frac{\partial \widetilde{\Phi}_{\mathrm{s-e}}}{\partial z}(0,s)=\frac{\kappa^{\mathrm{eff}}}{\delta}\frac{\partial \widetilde{\Phi}_{\mathrm{s-e}}}{\partial z}(1,s)=\frac{\mathcal{I}}{A} \tag{6-60}$$

式(6-58)可利用式(6-48)的传递函数和式(6-49)线性化的 Bulter - Volmer 方程进行简化得到

$$\widetilde{\Phi}_{\mathrm{s-e}}=\left[R_{\mathrm{ct}}+\frac{\partial U}{\partial c}\mathcal{G}_{\mathrm{p}}\right]\tilde{J} \tag{6-61}$$

综合式（6-59）和式（6-61）可得到一个常微分方程：

$$\frac{\partial^2 \widetilde{\Phi}_{\mathrm{s-e}}}{\partial z^2}-\delta^2\left(\frac{1}{\kappa^{\mathrm{eff}}}+\frac{1}{\sigma^{\mathrm{eff}}}\right)\left[R_{\mathrm{ct}}+\frac{\partial U}{\partial c}\mathcal{G}_{\mathrm{p}}(s)\right]^{-1}\widetilde{\Phi}_{\mathrm{s-e}}=0 \tag{6-62}$$

单未知变量 $\widetilde{\Phi}_{\mathrm{s-e}}(x,s)$ 满足式（6-60）的边界条件约束。此处采取传递函数方法使式（6-62）的常微分方程中拉氏算子 s 为一参数，只需求解线性常参数方程

$$\frac{\partial^2 \widetilde{\Phi}_{\mathrm{s-e}}}{\partial z^2}-v^2\widetilde{\Phi}_{\mathrm{s-e}}=0 \tag{6-63}$$

式中

$$v(s)=\delta\left(\frac{1}{\kappa^{\mathrm{eff}}}+\frac{1}{\sigma^{\mathrm{eff}}}\right)^{1/2}\left[R_{\mathrm{ct}}+\frac{\partial U}{\partial c}\mathcal{G}_{\mathrm{p}}(s)\right]^{-1/2} \tag{6-64}$$

与 $\widetilde{\Phi}_{\mathrm{s-e}}$（线性）和 z（常数参量）相独立。

式（6-63）的解为下式的指数

$$\widetilde{\Phi}_{\mathrm{s-e}}(z,s)=C_1(s)\sinh[v(s)z]+C_2(s)\cosh[v(s)z] \tag{6-65}$$

将式（6-65）带入式（6-60）的边界条件可得到系数

$$\frac{C_1(s)}{\mathcal{I}(s)}=-\frac{\delta}{v(s)A\sigma^{\mathrm{eff}}} \tag{6-66}$$

$$\frac{C_2(s)}{\mathcal{I}(s)}=\frac{\delta[\kappa^{\mathrm{eff}}\cosh(v(s))+\sigma^{\mathrm{eff}}]}{A\kappa^{\mathrm{eff}}\sigma^{\mathrm{eff}}v(s)\sinh(v(s))} \tag{6-67}$$

将式（6-66）系数带入式（6-65）可得

$$\frac{\widetilde{\Phi}_{\mathrm{s-e}}(z,s)}{\mathcal{I}(s)}=\frac{\delta}{Av\sinh v}\left\{\frac{1}{\sigma^{\mathrm{eff}}}\cosh[v(z-1)]+\frac{1}{\kappa^{\mathrm{eff}}}\cosh[vz]\right\} \tag{6-68}$$

利用式（6-61），可得传递函数为

$$\begin{aligned}\frac{J(z,s)}{\mathcal{I}(s)}&=\frac{J(z,s)}{\widetilde{\Phi}_{\mathrm{s-e}}(z,s)}\frac{\widetilde{\Phi}_{\mathrm{s-e}}(z,s)}{\mathcal{I}(s)}=\frac{v^2\sigma^{\mathrm{eff}}\kappa^{\mathrm{eff}}}{\delta^2(\sigma^{\mathrm{eff}}+\kappa^{\mathrm{eff}})}\frac{\widetilde{\Phi}_{\mathrm{s-e}}(z,s)}{\mathcal{I}(s)}\\&=\frac{v}{\delta A(\kappa^{\mathrm{eff}}+\sigma^{\mathrm{eff}})\sinh v}\{\kappa^{\mathrm{eff}}\cosh[v(z-1)]+\sigma^{\mathrm{eff}}\cosh[v(z)]\}\end{aligned} \tag{6-69}$$

由式（6-49）可得

$$\frac{\mathcal{N}(z,s)}{\mathcal{I}(s)} = R_{\text{ct}}\frac{J(z,s)}{\mathcal{I}(s)} \tag{6-70}$$

由式（6-48）可得

$$\frac{\widetilde{C}_{\text{s,e}}(z,s)}{\mathcal{I}(s)} = \frac{\widetilde{C}_{\text{s,e}}(s)}{J(s)}\frac{J(z,s)}{\mathcal{I}(s)} \tag{6-71}$$

以上两式都用到式（6-69）。

6.2.7　FEM 电解质扩散

本节中将利用 FEM 模型重新引用电解质扩散，FEM 模型允许上节中获得解析解时使用的简化假设。式（6-69）中的电流密度解将作为 FEM 电解质扩散模型的输入。电解质扩散修正项通过 FEM 模型进行计算，将电解质扩散效应引入电解质电势以及电压。

阻抗模型中并未使用电解质锂元素守恒的控制方程式（6-26），式（6-31）电解质方程中的浓度耦合项被忽略。利用第 4 章描述的 FEM 模型，可将式（6-26）及式（6-31）离散化为

$$\boldsymbol{M}\boldsymbol{c}_{\text{e}} = -\boldsymbol{K}\boldsymbol{c}_{\text{e}} + \boldsymbol{F}\boldsymbol{j} \tag{6-72}$$

$$\boldsymbol{K}_{\phi}\boldsymbol{\phi}_{\text{e}} + \boldsymbol{K}_{\text{c}}\boldsymbol{c}_{\text{e}}(t) = \boldsymbol{F}_{\phi}\boldsymbol{j} \tag{6-73}$$

式中，$\boldsymbol{c}_{\text{e}}(t)$和$\boldsymbol{\phi}_{\text{e}}$（$x$，$t$）为节点电解质浓度$\tilde{c}_{\text{e}}$（$x_i$，$t$）及电势$\widetilde{\phi}_{\text{e}}$（$x_i$，$t$），且

$$\boldsymbol{j}^{\text{T}}(t) = [j_-(x_1,t),\cdots j_-(x_{n_-},t),0,\cdots 0,j_+(x_{n_{\text{cell}}-n_++1},t),\cdots j_+(x_{n_{\text{cell}}},t)] \tag{6-74}$$

为通过式（6-69）传递函数计算得到的负极 n_- 节点以及正极 n_+ 节点的电流密度。隔膜节点处的电流密度为零。

通过式（6-72）的拉氏变换式及 $\boldsymbol{C}_{\text{e}}(s) = \mathcal{L}(\boldsymbol{c}_{\text{e}}(t))$可计算电解质浓度扩散。

$$\frac{\boldsymbol{C}_{\text{e}}(s)}{\mathcal{I}(\text{s})} = (\boldsymbol{K} + s\boldsymbol{M})^{-1}\boldsymbol{F}\boldsymbol{J} \tag{6-75}$$

式中，$\boldsymbol{J}_i = J(z_i,\ s)/\mathcal{I}(s)$。

求解式（6-73）离散化电解质电势方程需要对矩阵 $\boldsymbol{K}_{\phi}$ 求逆。然而由于在 $x=0$ 和 L 处的零通量边界条件，该矩阵是奇异的。为了避免该问题，定义相对于 ϕ_{e}（0，t）的电压，由此计算 $\Delta\phi_{\text{e}}$（x，t）$=\phi_{\text{e}}$（x，t）$-\phi_{\text{e}}$（0，t）。仅需要相对电势计算电压。对于二阶常微分方程，不能同时令 $\Delta\phi_{\text{e}}$（0，t）=0 和 $\Delta\phi'_{\text{e}}$（0，t）=0，将矩阵 $\boldsymbol{K}_{\phi}$ 各行的第一例减去（1，1）元素，有

$$\boldsymbol{K}_{\Delta\phi} = \boldsymbol{K}_{\phi} - (\boldsymbol{K}_{\phi})_{1,1}\begin{bmatrix} 1 & 0 & \cdots & 0 \\ 1 & 0 & & \\ \vdots & & \ddots & \\ 1 & 0 & \cdots & 0 \end{bmatrix} \tag{6-76}$$

以得到近似解为

$$\frac{\Delta\boldsymbol{\Phi}_{\mathrm{e}}(s)}{\mathcal{I}(s)}=(\boldsymbol{K}_{\Delta\phi})^{-1}\left(-\boldsymbol{K}\frac{\Delta\boldsymbol{C}_{\mathrm{e}}(s)}{\mathcal{I}(s)}+\boldsymbol{F}\frac{\Delta\boldsymbol{J}}{\mathcal{I}(s)}\right) \tag{6-77}$$

式中，$\Delta\boldsymbol{C}_{\mathrm{e}}=\boldsymbol{C}_{\mathrm{e}}-(\boldsymbol{C}_{\mathrm{e}})_{1,1}$，$\Delta\boldsymbol{J}=\boldsymbol{J}-(\boldsymbol{J})_{1,1}$。

6.2.8 整体系统的传递函数

式（6-37）的电压方程可扩展为

$$\begin{aligned}\widetilde{V}(t)&=\widetilde{\phi}_{\mathrm{e}}(L,t)-\widetilde{\phi}_{\mathrm{e}}(0,t)+\eta(L,t)-\eta(0,t)\\&\quad+\frac{\partial U^{+}}{\partial c}\widetilde{c}_{\mathrm{s,e}}(L,t)-\frac{\partial U^{-}}{\partial c}\widetilde{c}_{\mathrm{s,e}}(0,t)-\frac{R_{\mathrm{f}}}{A}I(t)\end{aligned} \tag{6-78}$$

应用拉氏变换，最终，整体系统阻抗可表示为

$$\frac{\widetilde{V}(s)}{\mathcal{I}(s)}=\frac{\Delta\Phi_{\mathrm{e}}(L,s)}{\mathcal{I}(s)}+\frac{\Delta\mathcal{N}(L,s)}{\mathcal{I}(s)}+\frac{\partial U^{+}}{\partial c}\frac{\widetilde{C}_{\mathrm{s,e}}(L,s)}{\mathcal{I}(s)}-\frac{\partial U^{-}}{\partial c}\frac{\widetilde{C}_{\mathrm{s,e}}(0,s)}{\mathcal{I}(s)}-\frac{R_{\mathrm{f}}}{A} \tag{6-79}$$

式中，$\Delta\Phi_{\mathrm{e}}(L,s)$ 为 $\Delta\boldsymbol{\Phi}_{\mathrm{e}}(s)$ 和 $\Delta\mathcal{N}(x,s)=\mathcal{N}(x,s)-\mathcal{N}(0,s)$ 的第 n_{cell} 个元素。

6.2.9 时域模型和仿真结果

前一节描述的方法给出了锂电池单体的传递函数模型。为了进行时域下的仿真和分析，需要将超越传递函数离散化为多项式传递函数或状态空间的形式。本节将使用第 4 章中描述的系统辨识方法从频域数据中生成时域模型。模型参数在表 6-4 中给出，与本书参考文献［25］中的锂离子电池单体一致，初始 SOC 为 50%。

表 6-4 锂离子电池单体模型参数

参数	负极	隔膜	正极
设计详情			
厚度，δ/cm	50×10^{-4}	25.4×10^{-4}	36.4×10^{-4}
粒子半径，R_{s}/cm	1×10^{-4}		1×10^{-4}
活性物质分量，ε_{s}	0.580		0.500
聚合相分量，ε_{p}	0.048	0.5	0.110
导体填充物分量，ε_{f}	0.040		0.06
孔隙度，ε_{e}	0.332	0.5	0.330
电极板面积，A/cm^2		10452	
集流体接触电阻，$R_{\mathrm{f}}/\Omega\ \mathrm{cm}^2$		20	
锂离子浓度			
最大固相浓度 $c_{\mathrm{s,max}}/(\mathrm{mol/cm^3})$	16.1×10^{-3}		23.9×10^{-3}
0% SOC 时的化学计量，$x_{0\%}$	0.126		0.936
0% SOC 时的化学计量，$x_{100\%}$	0.676		0.442
平均电解质浓度，$\bar{c}_{\mathrm{e}}/(\mathrm{mol/cm^3})$		1.2×10^{-3}	

（续）

参数	负极	隔膜	正极
动力和转移属性			
交换电流密度，i_0/(A/cm^2)	3.6×10^{-3}		2.6×10^{-3}
充电－转移系数，α_a，α_c	0.5，0.5		0.5，0.5
固相 Li 扩散系数，D_s/(cm^2/s)	2.0×10^{-12}		3.7×10^{-12}
固相电导率，σ/(S/cm)	1.0		0.1
Bruggean 孔隙度指数，p	1.5	1.5	1.5
电解质相 Li^+ 扩散系数，D_e/(cm^2/s)		2.6×10^{-6}	
电解质相离子电导率，κ/(S/cm)		$\kappa=15.8c_e\exp\left[0.85\left(1000c_e\right)^{1.4}\right]$	
电解质活动系数，$f_\pm$		1.0	
Li^+ 转移数量，t_+^o		0.363	

图 6-10 为超越传递函数的阻抗频率响应，及 $N=8$ 下辨识系统的时域模型。幅值和相位曲线间的带宽为 10Hz。图 6-11 为用离散化的时域模型来模拟脉冲充/放电下电压的响应曲线。相对于 50% SOC 下开路电压 $\widetilde{V}=3.6$V，电压上升或下降。

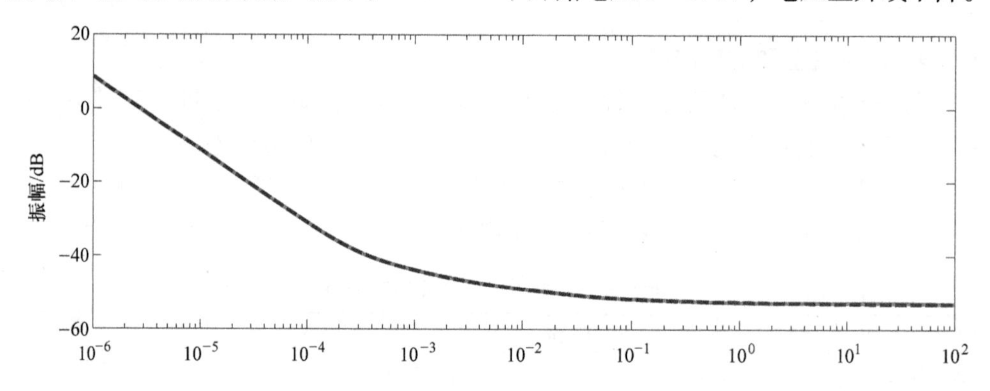

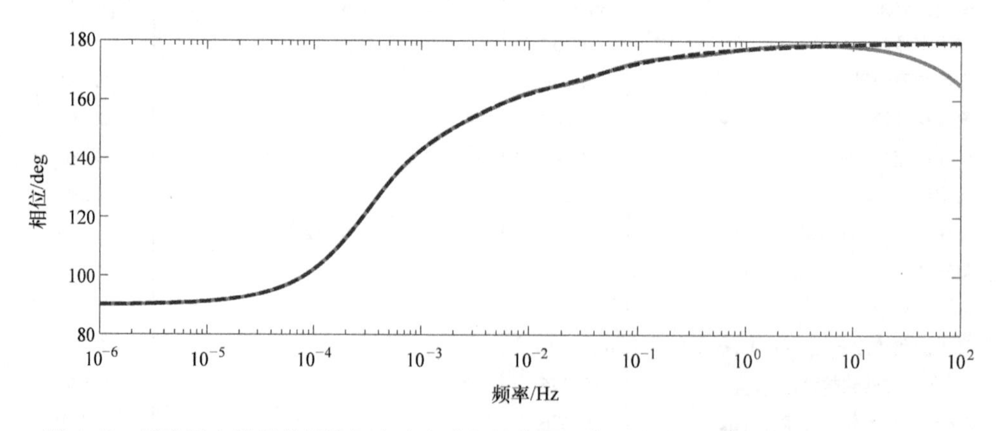

图 6-10 锂离子电池单体阻抗频率响应［超越传递函数（虚线），辨识传递函数（实线）］

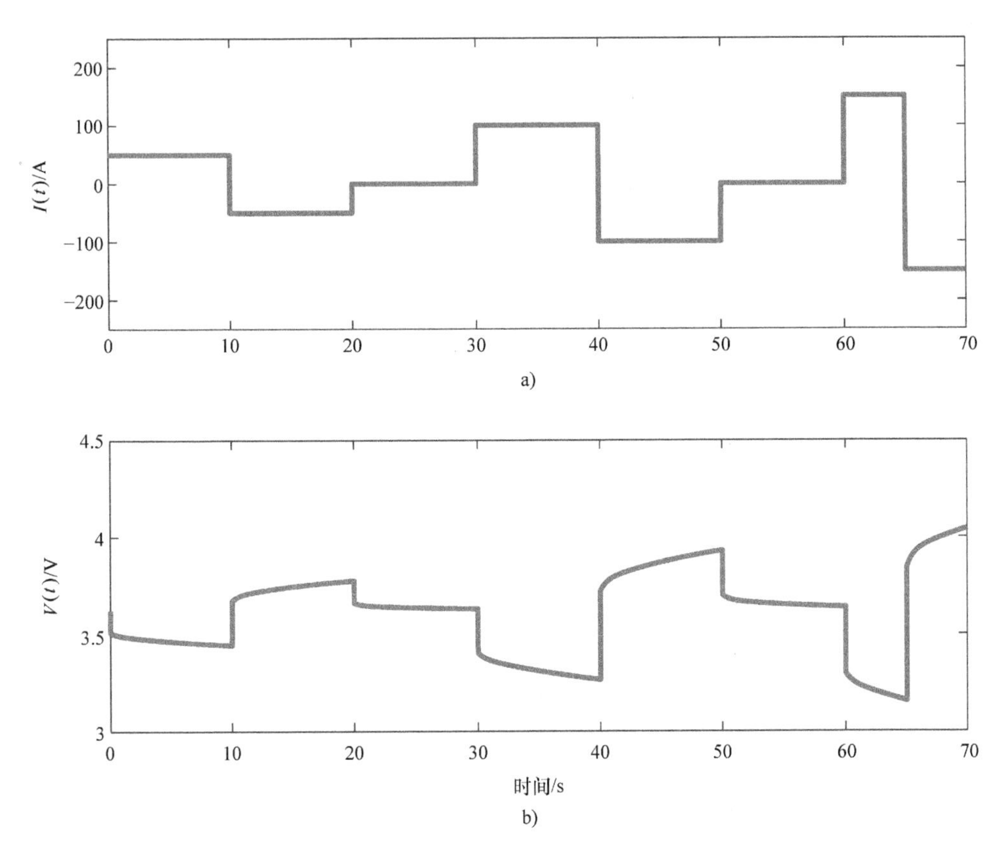

图 6-11 锂离子电池单体脉冲输入响应

a）输入电流 b）输出电压

已经推导了超越传递函数中所有的变量。可以计算并离散化这些变量的频率响应。在很多情况下，需要绘制不同时间 t_i 下对 x 的变量点分布的时间响应。这需要在不同的 x 值下，传递函数可以在时间下进行模拟。在 $j(x,t)$ ，$c_{s,e}(x,t)$ 和 $c_e(x,t)$ 传递函数的 x 轴上平均分布了 25 个点，其时间响应分别绘制在图 6-12、图 6-13 和图 6-14 中，电池的初始 SOC 为 50%，放电电流为 $5C$（30A）。为了 25 个 10 阶近似，每个图形的仿真模型阶数为 250 状态。由于各传递函数的动态特性相似，模型的降阶可使状态的数量快速下降。

如图 6-12 所示，隔膜附近初始反应电流 $j(x,t)$ 的激增随锂从正/负极表面的脱嵌/嵌入而衰减。平衡电势在隔膜附近快速地升/降，抑制了进一步的反应，各时间 $j(x,t)$ 更加统一。图 6-13 所示的表面浓度 $c_{s,e}(x,t)$ 随反应时间的推移以分散的方式下降/上升，$j(x,t)$ 。随着放电的继续，由于电极大量集中自由积分项，$c_{s,e}(x,t)$ 不断上升/下降而不能达到稳态。图 6-14 显示电解质浓度 $c_e(x,t)$ 会趋于稳态，这是由于负/正极区域中 $j(x,t)$ 分布的源/陷偏移项。

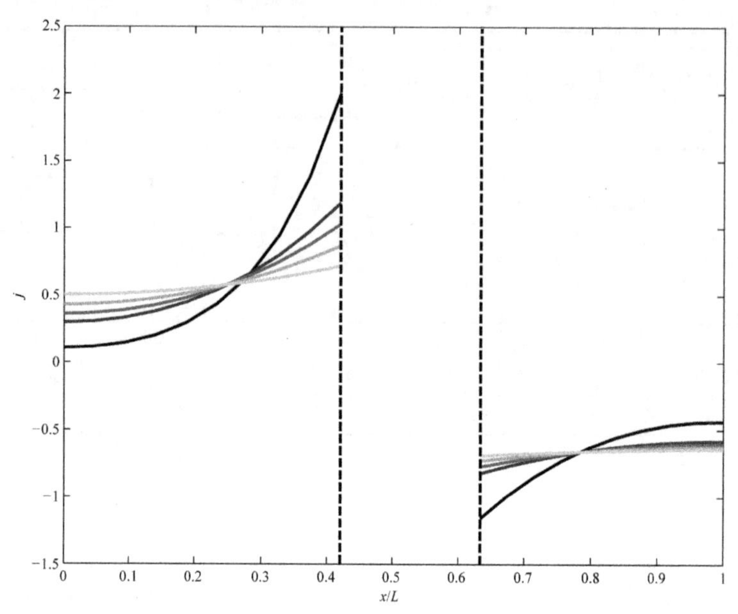

图 6-12　锂离子电流密度分布 $j(x,y)$ 的时间响应（初始 SOC 为 50%，不同时刻的 5C 放电）

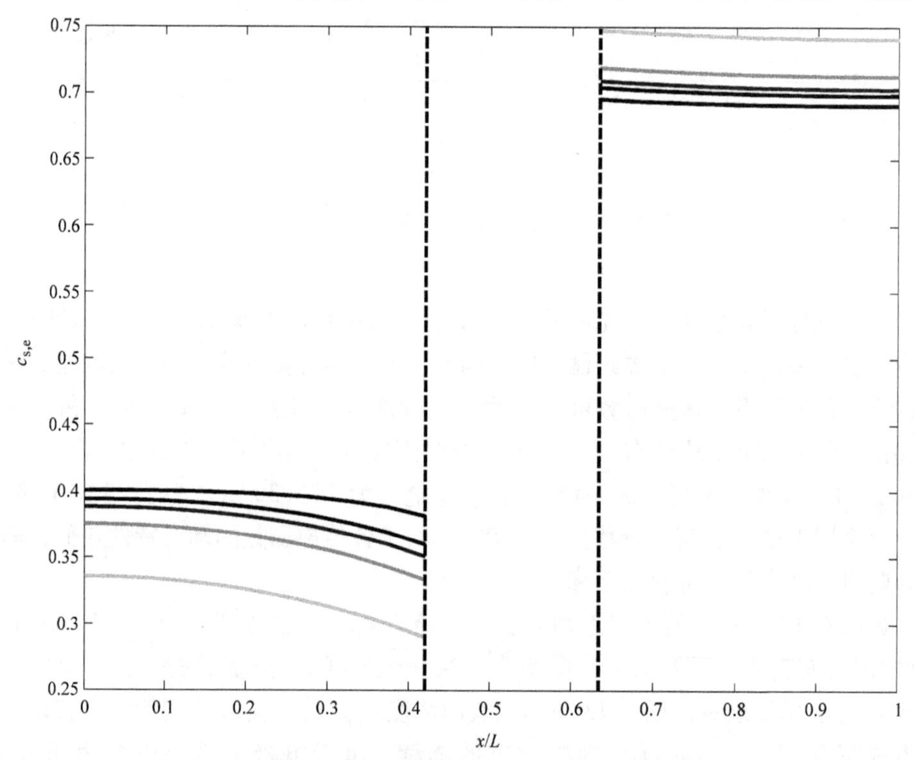

图 6-13　锂离子固相表面浓度分布 $c_{s,e}$（x，t）的时间响应
（初始 SOC 为 50%，不同时刻的 5C 放电）

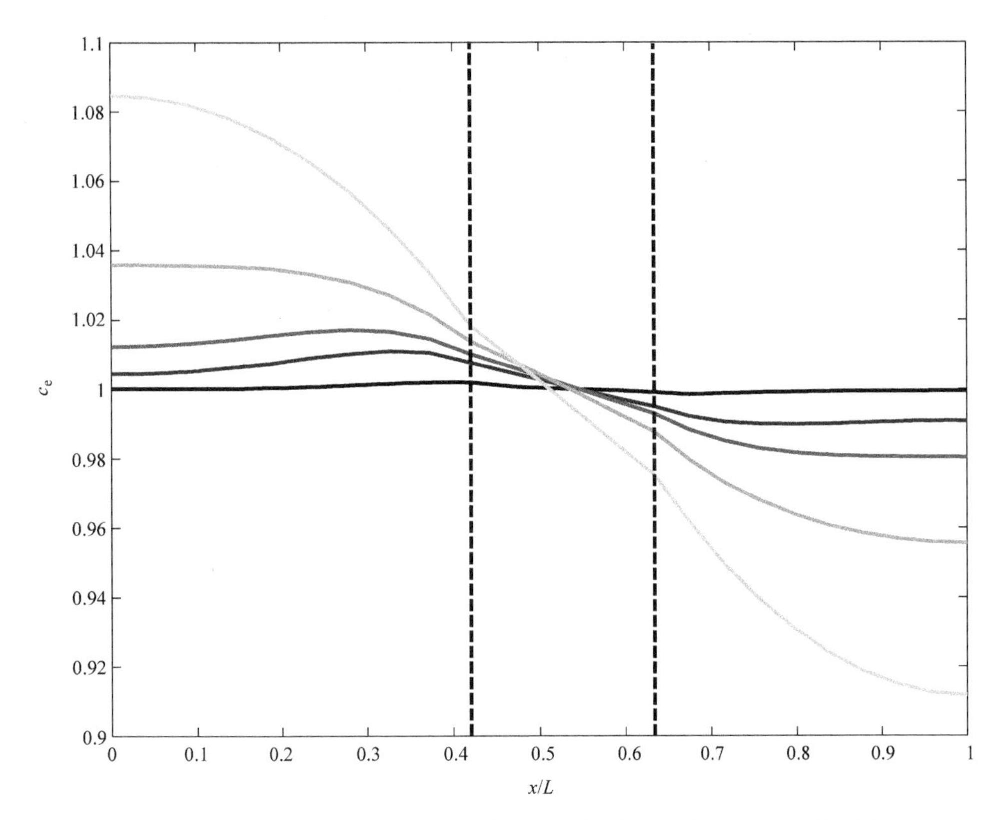

图 6-14 锂离子电解质浓度分布 $c_e(x,t)$ 的时间响应（初始 SOC 为 50%，不同时刻的 5C 放电）

6.3 镍氢电池模型

镍氢电池与锂离子电池有诸多相似之处。其电解质均为单一离子载荷，对于锂离子电池为 Li^+，对于镍氢电池为 OH^-。如图 6-15 所示，电池被划分为三个多孔区域：负极、隔膜、正极。电极活性材料粒子分散在电极中。但不同于锂离子电池，固相载荷离子（H^+）不同于液相载荷离子（OH^-）。位于镍氢电池正极的粒子被拉长，因此研究者们通常将这些粒子近似为圆柱体，而在锂离子电池（以及镍氢电池的负极）中，认为粒子为球体。读者可参阅本书参考文献［48，54－57］进一步了解镍氢电池的建模。

在之前章节中，使用 Ritz 法并混合适用于离散化控制偏微分方程的解析方法、FEM 和频率响应建立了铅酸和锂离子电池模型。利用上述技术可以包含模型中的全部动态过程，当模型的阶数上升时可快速地收敛，且具有高的数值效率。但是，这些方法建立线性化的基础上可能难以应用，因此在某些场合下需要一种更简单的保留某些关键非线性特性的方法。在本节镍氢电池的建模中，将采取一种被称

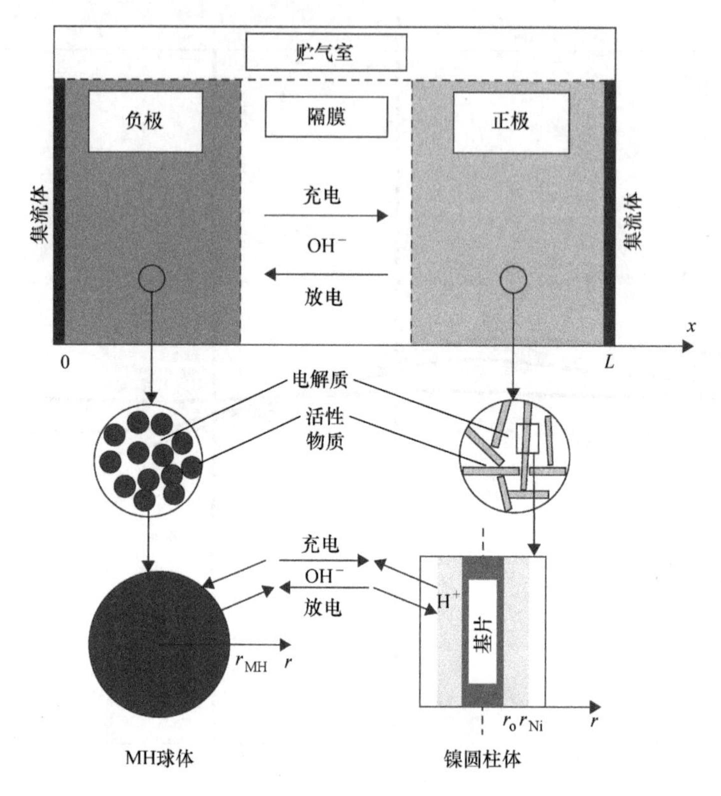

图 6-15　镍氢电池模型

为单粒子（SP）模型[23,58,59]的简化方法。在 SP 模型中，电池被粗略地离散化为三个节点（负极，隔膜和正极），并假设这三个区域均匀分布，如图 6-16 所示。另外，假设电解质扩散瞬时发生，则电解质浓度 $c_e(x,t)$ 在电池内部均匀分布且有 $\partial c_e/\partial x=0$。粒子守恒要求 OH^- 离子嵌入一电极并从另一电极脱嵌时，平均浓度［SP 模型中的 $c_e(x,t)$］不随时间变化，因此有 $\partial c_e/\partial t=0$。这些假设只有在小电流充/放电且电解质具有高离子电导率时才成立。模型中的其他假设包括：

1）每个电极均为包含固态基质和液相电解质的两相系统，忽略副反应。

2）镍极模型为内部无基片的圆柱形针，忽略孔隙度变化。

3）金属氢化物电极模型由恒定孔隙度的球状粒组成。

4）不考虑热效应。

6.3.1　固相扩散

粒子以质子或者氢原子的形式分别出现在镍电极和储氢金属电极上。在本模型中，离子被用统一符号 H 代替。SP 模型有两个粒子：一个在正极，一个在负极。负极和金属氢化物电极的球形物质粒子的控制方程与锂离子电池模型相同。镍电极和正极中圆柱形活性物质粒子中 H 守恒，用 Fick 扩散定律描述为

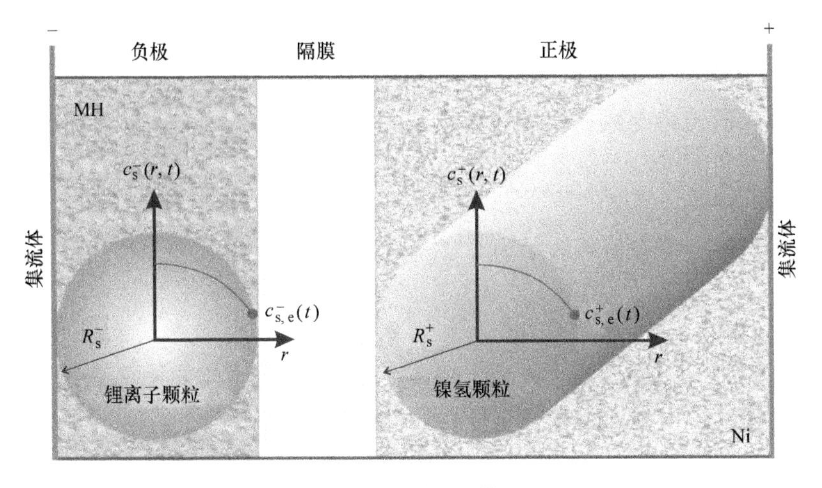

图6-16　镍氢SP模型

$$\frac{\partial c_s^+}{\partial t}=\frac{D_s^+}{r}\frac{\partial}{\partial r}\left(r\frac{\partial c_s^+}{\partial r}\right)\quad r\in(0,R_s^+) \tag{6-80}$$

式中，$r\in(0,R_s^+)$ 为径向坐标；$c_s^+(r,t)$ 为粒子中 H^+ 离子浓度，为径向位置和时间的函数；D_s^+ 为固相扩散系数。此处使用脚标“s”，“e”，“s，e”分别表示固相、电解质相以及固体电解质界面。边界条件为

$$\left.\frac{\partial c_s^+}{\partial r}\right|_{r=0}=0 \tag{6-81}$$

$$D_s^+\left.\frac{\partial c_s^+}{\partial r}\right|_{r=R_s^+}=\frac{j^+}{F} \tag{6-82}$$

式中，$j^+(x,t)$ 为粒子表面的电化学反应速率；F（96487 C/mol）为法拉第常数。粒子表面浓度为 $c_{s,e}^+(x,t)=c_s(R_s,t)$。镍电极实际由包含内部基片的合成圆柱形针组成。为简便起见，近似为一个实心的圆柱体。圆柱体半径通过计算以提供等同于复合针的活性物质。

在第4章中，推导了解析的球形和圆柱形颗粒的传递函数，并用多种方法对其离散化以生成多项式传递函数，如下：

$$\frac{C_{s,e}^-(s)}{J^-(s)}=G_{s,e}^-(s) \tag{6-83}$$

$$\frac{C_{s,e}^+(s)}{J^+(s)}=G_{s,e}^+(s) \tag{6-84}$$

式中，±符号表示正极（圆柱形粒子）和负极（球形粒子）。利用式（4-108）的IMA解，有

$$G_{s,e}^-(s)=\frac{[R_s^-]^2s+9D_s^-}{3R_s^-D_s^-Fs} \tag{6-85}$$

$$G_{s,e}^{+}(s) = \frac{[R_s^+]^2 s + 6D_s^+}{3R_s^+ D_s^+ Fs} \tag{6-86}$$

当然，一阶传递函数在实际中不能取得良好的效果，大多数情况下需要更高阶的近似。

6.3.2 电荷守恒

负极固相的电荷守恒可表示为

$$j^-(t) = \frac{I(t)}{a_s^- AL^-} \tag{6-87}$$

式中，L^- 为负极电极的厚度；A 为电极板面积；a_s^- 为特定界面面积；$I(t)$ 为应用电流，并且遵循放电电流为正的符号规则。对于正极有

$$j^+(t) = -\frac{I(t)}{a_s^+ AL^+} \tag{6-88}$$

6.3.3 反应动力学

设电解质浓度恒定，负极的 Butler – Volmer 动力学方程可简化为

$$j^-(t) = i_0^-\left\{\frac{c_{s,e}^-(t)}{c_{s,ref}}\exp\left[\frac{\alpha^- F}{RT}\eta^-(t)\right] - \exp\left[-\frac{\alpha^- F}{RT}\eta^-(t)\right]\right\} \tag{6-89}$$

式中，i_0 为交换电流密度；$\eta^-(t)$ 为过电势；α^+ 为传输系数；$c_{s,ref}$为参考 H 浓度。若假设 $c_{s,e}^-(t) \approx c_{s,ref}$，则式（6-89）可变换为

$$\eta^-(t) = \frac{RT}{\alpha - F}\sinh^{-1}\left(\frac{j^-(t)}{2i_0^-}\right) \tag{6-90}$$

相应地，式（6-89）全方程也可转换为更精确地描述浓度变化的形式。负极上的过电势为

$$\eta^-(t) = \phi_s^-(t) - \phi_e^-(t) + 0.9263 + \frac{RT}{F}\ln(c_{s,ref}) \tag{6-91}$$

式中，$\phi_s^-(t)$ 为固相电势；$\phi_e^-(t)$ 为电解质相的电势；p 为金属氢化物电极的氢原子反应阶数，后两项为开路电势。假设电极具有高电导率，则 $\phi_e(x,t)$ 在电池内部几近常数。假定电池内电解质电势为零（或地电势），则可从式（6-91）中去除 ϕ_e^-。在正极有

$$j^+(t) = i_0^+\left\{\frac{c_{s,e}(t)}{c_{s,ref}}\exp\left[\frac{\alpha^+ F}{RT}\eta^+(t)\right] - \left(\frac{c_{s,max} - c_{s,e}^+(t)}{c_{s,max} - c_{s,ref}}\right)\exp\left[-\frac{\alpha^+ F}{RT}\eta^+(t)\right]\right\} \tag{6-92}$$

同理，可以将式（6-92）全方程变换为 $\eta^+(t)$ 的表达式，或假定 $c_{s,e}^+ \approx c_{s,ref}$ 得到简化解

$$\eta^+(t) = \frac{RT}{\alpha^+ F}\sinh^{-1}\left(\frac{j^+(t)}{2i_0^+}\right) \tag{6-93}$$

过电势为

$$\eta^{+}(t)=\phi_{s}^{+}(t)-0.427-\frac{kRT}{F}\left(1-\frac{2c_{s,e}^{+}(t)}{c_{s,max}}\right) \tag{6-94}$$

式中，镍电极的夹层常数 $k=0.789$，电解质电势假定为零。

6.3.4 电池电压

在恒流应用的边界条件下，电池电流为模型输入，电池终端的输出电压可计算为

$$V(t)=\phi_{s}^{+}(t)-\phi_{s}^{-}(t)-\frac{R_{f}}{A}I(t) \tag{6-95}$$

式中，R_f 为经验接触电阻。利用上节中给的方程式，模型可简化为

$$\frac{C_{s,e}^{+}(s)}{I(s)}=\frac{C_{s,e}^{+}(s)}{a_{s}^{+}AL^{+}} \tag{6-96}$$

$$V(t)=\frac{RT}{\alpha^{+}F}\sinh^{-1}\left(\frac{j^{+}(t)}{2i_{0}^{+}}\right)+1.3533+\frac{kRT}{F}\left(1-\frac{2c_{s,e}^{+}(t)}{c_{s,max}}\right)$$
$$-\frac{RT}{\alpha^{-}F}\sinh^{-1}\left(\frac{j^{-}(t)}{2i_{0}^{-}}\right)+\frac{RT}{F}\ln(c_{s,ref})^{p}-\frac{R_{f}}{A}I(t) \tag{6-97}$$

需要指出的是，负极 H^{+} 浓度（$c_{s,e}^{-}(t)$ 未用于电压的计算，故无需式（6-83）的传递函数。

6.3.5 仿真结果

为了检验镍氢模型的非线性响应，利用式（6-85）和式（6-86）的简单粒子模型方程，并对式（6-89）和式（6-92）的 Butler - Volmer 方程的全非线性进行转换，计算满充满放曲线。模型参数见表 6-5[56]。

表 6-5 镍氢电池模型参数

参数	负极（MH）	正极（Ni）
设计详情		
厚度，δ/cm	0.04	0.07
粒子半径，R_s/cm	22.5×10^{-4}	2.3×10^{-4}
电极板面积，A/cm^2	30	30
集流体接触电阻，$R_f/\Omega\ cm^2$	3	3
氢浓度		
最大固相浓度 $c_{s,max}/(mol/cm^3)$	0.1025	0.0383
动力学及传输属性		
交换电流密度，$i_0/(A/cm^2)$	3.2×10^{-4}	1.04×10^{-4}
特定界面面积，$a_s(cm^2/cm^2)$	693	4033
电荷转转移系数，α	0.5	0.5
固相 H^+ 扩散系数，$D_s/(cm^2/s)$	2.0×10^{-8}	4.6×10^{-1}

图 6-17 显示了放电镍氢电池从 100% SOC 的放电仿真结果（$c_s^+=0$ 且 $c_s^-=c_{s,max}$）。放电电流为 0.5A，1.0A 及 1.5A，相应的放电速率分别为 0.5C、1C 及 1.5C。由于金属氢化物电极中氢浓度的降低及镍活性物质中质子浓度的升高，电池电势随

时间逐渐降低。放电结束时，镍电极充满，有 $c_s^+ = c_{s,max}$，但 MH 电极浓度并未降为零。原因在于镍电极的容量小于 MH 电极的容量。换言之，镍氢电池是正极容量限制的，按正极容量限制设计可避免电池满充及过充时负极析氢。

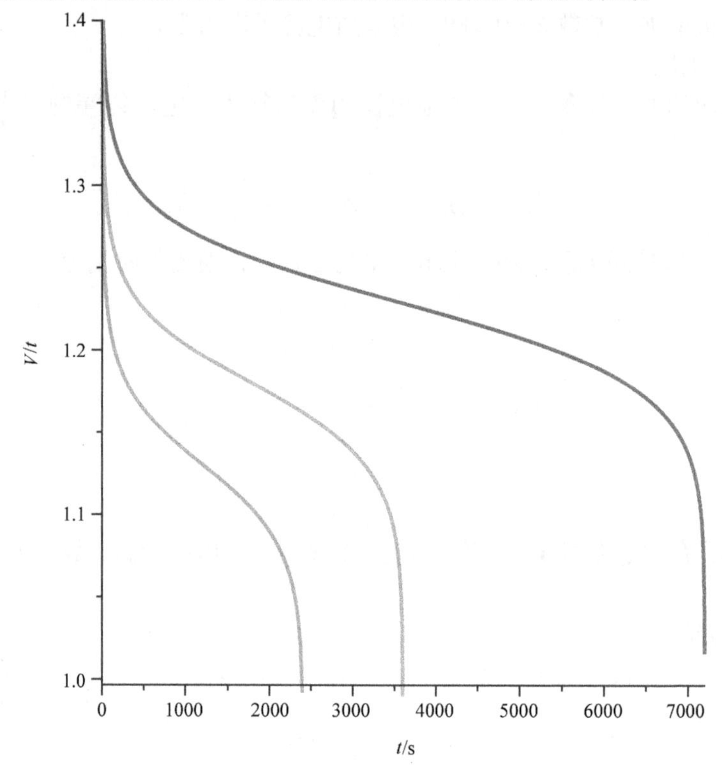

图 6-17　0.5*C*，1*C* 及 1.5*C* 下镍氢电池模型放电曲线

仿真放电曲线呈现如下特性：初始时电池电势的快速下降，随之大部分时段电势缓慢下降，按式（6-94）与放电倍率呈一定斜率，随着镍电极活性物质的耗尽（正极限制），结束时电池电势大幅度下降。放电倍率显著影响电池的性能：倍率越高，电池电势的降落越大。仿真结果表明电池的容量为 1Ah，0.5*C* 倍率下放电 2h 结束，而 1.5*C* 倍率下放电只需 0.5h。放电曲线的非线性形态完全由于 Butler - Volmer 方程的非线性特性。

图 6-18 显示了镍氢电池从 0% SOC（$c_s^+ = c_{s,max}$和 $c_s^- = 0$）到充满的仿真曲线，仿真与放电时采用的倍率相同，但符号相反。充电时，电池电势在初始呈现快速上升，接着逐渐增长。充电倍率越大，电池电势增长越快。由于当达到电池最大安全电压时，充电被终止，实际 SOC 并未达到 100% 。这同样是由于两个电极的容量差异，镍电极在金属氢化物电极充满之前充满。充电曲线与放电曲线相似。起初，电池快速上升，随后以一定斜坡上升，结束时急剧上升。

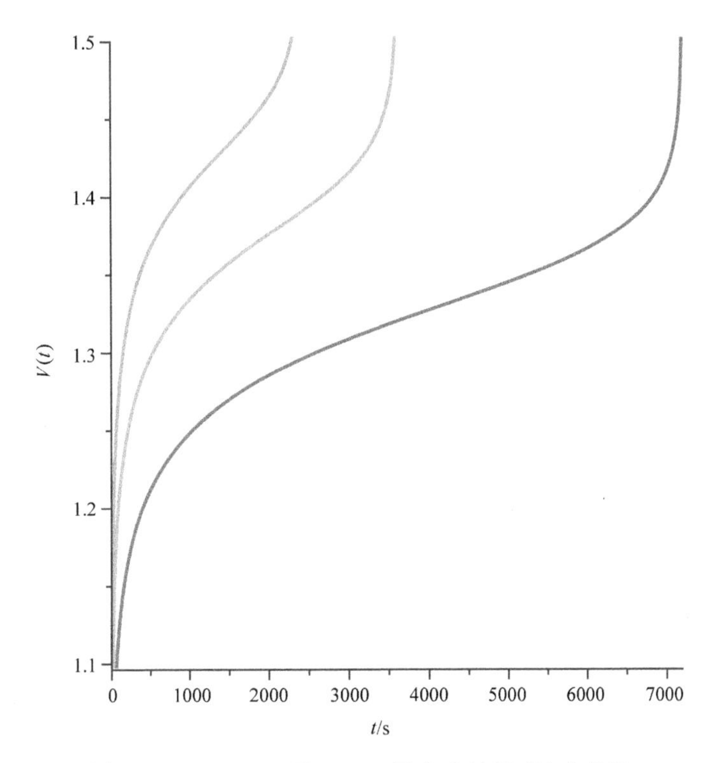

图6-18 0.5*C*，1*C* 及1.5*C* 下镍氢电池模型充电曲线

6.3.6 线性化模型

线性化模型更易于仿真，可用于基于模型的估计和控制。其通常具有足够的精度，尤其在电流倍率和SOC变化范围较小时。本节中将非线性模型简化到包含镍电极的动态，然后在标称SOC下线性化。本节还将对比线性化和非线性的仿真结果。

粒子动态是分散的，因此其必须被离散化；但由于其已经是线性的，无需再进行线性化。离散化粒子传递函数参照式（4-78）给出的分散圆柱体粒子传递函数的二阶帕德近似：

$$\frac{C_{s,e}^{+}(s)}{I(s)}=\frac{6(3[R_s^{+}]^4s^2+128[R_s^{+}]^2D_s^{+}s+640[D_s^{+}]^2)}{a_s^{+}AL^{+}R_s^{+}Fs([R_s^{+}]^4s^2+144[R_s^{+}]^2D_s^{+}s+1920[D_s^{+}]^2)} \tag{6-98}$$

式（6-92）线性化的反变换为

$$\eta^{+}(t)=\eta_0^{+}+\frac{R_{ct}^{+}}{A}I(t)-\frac{\partial\eta^{+}}{\partial c_{s,e}^{+}}\Delta c_{s,e}^{+}(t) \tag{6-99}$$

式中

$$\eta_0^{+}=\frac{RT}{\alpha^{+}F}\ln\left[\sqrt{\frac{c_{s,ref}^{+}(c_{s,max}^{+}-c_{s,e0}^{+})}{c_{s,e0}^{+}(c_{s,max}^{+}-c_{s,ref}^{+})}}\right] \tag{6-100}$$

$$R_{ct}^{+} = \frac{RT}{2i_0^{+}\alpha^{+} Fa_s^{+}L^{+}}\sqrt{\frac{(c_{s,max}^{+} - c_{s,ref}^{+})c_{s,ref}^{+}}{(c_{s,max}^{+} - c_{s,e0}^{+})c_{s,e0}^{+}}} \tag{6-101}$$

$$\frac{\partial\eta^{+}}{\partial c_{s,e}^{+}} = \frac{RTc_{s,max}^{+}}{2\alpha^{+} Fc_{s,e0}^{+}(c_{s,max}^{+} - c_{s,e0}^{+})} \tag{6-102}$$

$\Delta c_{s,e}^{+}(t) = c_{s,e}^{+}(t) - c_{s,e0}^{+}$是浓度对线性点的偏移量。

在充放电过程中 SOC 或放电深度（DOD = 1 - SOC）也是关注量。镍氢电池正极的 DOD 为

$$\mathrm{DOD}(t) = \frac{c_{s,ave}^{+}(t)}{a_s^{+}AL^{+} c_{s,max}^{+}} \tag{6-103}$$

式中

$$\frac{C_{s,ave}^{+}(s)}{I(s)} = \frac{1}{V+s}\int_0^{R^{+}} C_{s,e}^{+}(r,s)\,\mathrm{d}V^{+} = \frac{2}{R_s^{+}Fs} \tag{6-104}$$

为电极活性物质的容积。对式（6-104）进行积分可得到 DOD 的传递函数

$$\frac{\mathrm{DOD}(s)}{I(s)} = \frac{2}{a_s^{+}AL^{+} R_s^{+}Fc_{s,max}^{+}s} \tag{6-105}$$

图 6-19 为正极对脉冲充/放电输入电流的响应。电池的最大放电电流为 5A

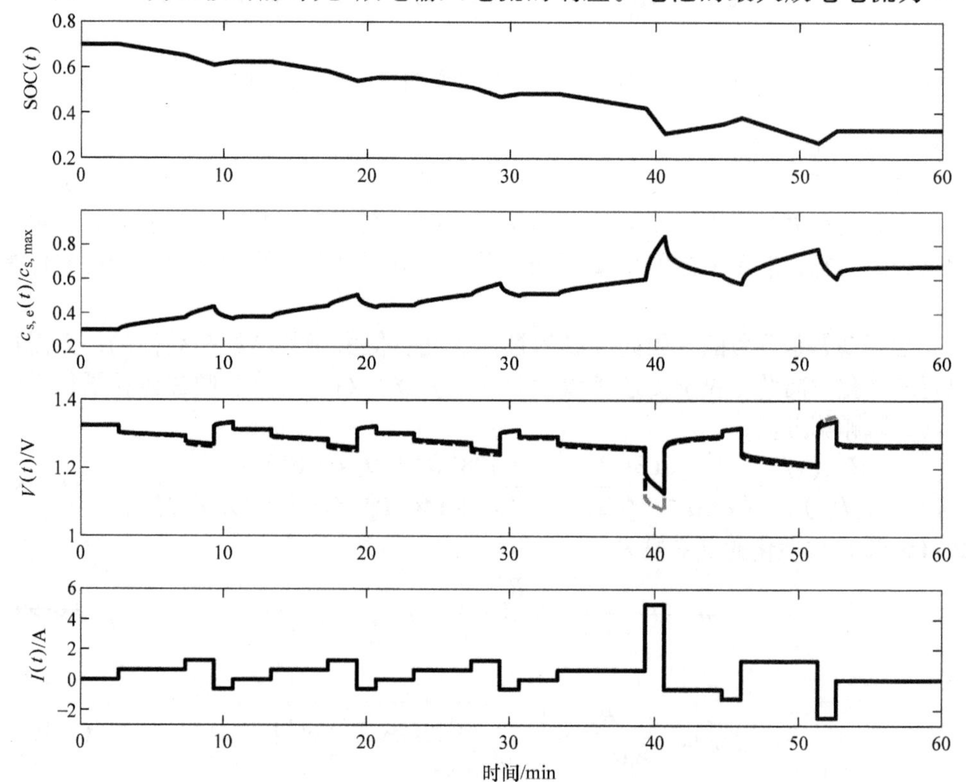

图 6-19　镍氢电池的脉冲充/放电响应：非线性（实线），线性（虚线）

(5C 倍率)，最大充电电流为 2A（2C 倍率）。循环中放电要多于充电，因此 SOC 随时间缓慢降低。SOC 变化的速率与电流倍率直接成正比。电池放电中由于电子向电极移动，正极 H^+ 的浓度增长。可观察到，通过粒子的扩散传输，H^+ 的浓度成指数响应。电池放电时，电压下降。短时段下，对于 SOC 运行点附近及相对较小电流，线性化模型近似于非线性模型的响应。随着时间的推移，SOC 明显偏移线性点，尤其在 40s 左右的大电流（5C）下就更不准确了。这些结果表明不考虑非线性引起的数值及解析的复杂性，线性化模型可精确近似非线性响应。

习　题

6.1　假定零电解质扩散且单个电极上只有单个电极颗粒，建立并模拟锂离子电池的线性模型。颗粒表面 Li^+ 浓度的超越传递函数为

$$\frac{C_{s,e}(s)}{J(s)} = \frac{1}{a_s F}\left(\frac{R_s}{D_s}\right)\left[\frac{\tanh(\beta)}{\tanh(\beta) - \beta}\right] \tag{A-6-1}$$

式中，$\beta = R_s\sqrt{s/D_s}$，输出电压为

$$V(t) = \eta(t) + U(c_{s,e}(t)) \tag{A-6-2}$$

式中，线性化的 Bulter – Volmer 方程为

$$\frac{\eta(s)}{I(s)} = \frac{R_{ct}}{a_s}\frac{J(s)}{I(s)} \tag{A-6-3}$$

$$J(s) = -\frac{I(s)}{A\delta} \tag{A-6-4}$$

（a）用式（A-6-1）超越传递函数的二阶帕德近似，导出 $V(s)/I(s)$ 的三阶传递函数的封闭形式。

（b）计算并绘制频率响应，并与图 6-10 进行对比。

（c）仿真并绘制图 6-11 中脉冲输入的时间响应，并对比结果。

（d）简化模型与本章建立的复杂模型的一致性如何？复杂模型可预测到什么，而简化模型不能。

主要参数如下：

正极 $a_s = 1.5\times10^4$/cm，$R_s = 1\times10^{-4}$cm，$D_s = 3.7\times10^{-12}\text{cm}^2$/s，$U(c_{s,e}(t)) = 3.6 - 71c_{s,e}(t)$ V，$R_{ct} = 9.71\Omega\cdot\text{cm}^2$，$\delta = 37\times10^{-4}$cm 和 $A = 10452\ \text{cm}^2$。

注：这些参数值用于本题（b）~（d）。

6.2　同样忽略电解质扩散，在习题 6-1 模型的基础上建立二次的负极模型。

（a）用式（A-6-1）超越传递函数的二阶帕德近似，导出 $V(s)/I(s)$ 的四阶传递函数的封闭形式。

（b）计算并绘制频率响应，并与图 6-10 进行对比。

（c）仿真并绘制图 6-11 中脉冲输入的时间响应，并对比结果。

负极主要参数如下：$a_s=1.74\times10^4/\text{cm}$，$R_s=1\times10^{-4}\text{cm}$，$D_s=2\times10^{-12}\text{cm}^2/\text{s}$，$U(c_{s,e}(t))=0.103-3.9c_{s,e}(t)$ V，$R_{ct}=7.01\Omega\cdot\text{cm}^2$，$\delta=50\times10^{-4}\text{cm}$。注：这些参数值用于（b）、（c）。

6.3　假设 Li^+ 浓度关于电池中心对称，在习题 6-1 模型的基础上。给定如下边界条件

$$\left.\frac{\partial c_e}{\partial x}\right|_L=-\alpha c_e(L,t) \tag{A-6-5}$$

式中，$\alpha=2/\delta_{sep}$。其他边界条件为 $\frac{\partial c_e}{\partial x}(0,t)=0$。假定电流密度恒定，场方程为

$$\frac{\partial c_e}{\partial t}=a_1\frac{\partial^2 c_e}{\partial x^2}+a_2 j(t) \tag{A-6-6}$$

通过电极的电荷守恒，电解质浓度与电池电压相关联。假定该关联将输出电压方程改变为

$$V(t)=\eta(t)+U(c_{s,e}(t))+a_3 c_{e,avg}(t) \tag{A-6-7}$$

式中

$$c_{e,avg}(t)=\frac{1}{L}\int_0^L c_e(x,t)\mathrm{d}x \tag{A-6-8}$$

（a）用式（A-6-1）超越传递函数的二阶帕德近似，导出 $V(s)/I(s)$ 的五阶传递函数的封闭形式。

（b）计算并绘制频率响应，并与图 6-10 进行对比。

（c）仿真并绘制图 6-11 中脉冲输入的时间响应，并对比结果。

其他参数如下：

$a_1=1.84\times10^{-6}\text{cm}^2/\text{s}$，$\delta_{sep}=25.4\times10^{-4}\text{cm}$，$a_2=1.32\times10^{-5}\text{mol/C}$，$a_3=0.033\text{V cm}^3/\text{mol}$。注：这些参数值用于本题（b）和（c）。

6.4　利用非线性 Butler－Volmer 方程，在习题 6-1 模型的基础上扩展

$$j=i_0\left[\exp\left(\frac{\alpha_a F}{RT}\eta\right)-\exp\left(-\frac{\alpha_c F}{RT}\eta\right)\right] \tag{A-6-9}$$

式中

$$i_0 = k(c_e)^{\alpha_a}(c_{s,max} - c_{s,e})^{\alpha_a}(c_{s,e})^{\alpha_c} \tag{A-6-10}$$

系统参数为：$\alpha_a = \alpha_c = 0.5$，$k = 6.3714\text{A/cm}^2$，$c_{s,max} = 23.9 \times 10^{-3}\text{mol/cm}^3$，$i_0 = 3.6 \times 10^{-3}\text{A/cm}^2$。假设电解质浓度恒定 $c_e = 1.2 \times 10^{-3}\text{mol/cm}^3$。

（a）建立系统的非线性仿真模型，并用框图表示。

（b）计算并绘制图 6-11 中脉冲输入下的频率响应，与对比结果。

（c）计算并绘制五倍于图 6-11 中脉冲输入的频率响应，并对比本题（b）和（c）的结果。

（d）仿真并绘制 1C，2C，5C 恒定电流下，从 100% SOC 到 0% SOC 的放电时间响应。

6.5　对图 6-1 中的铅酸电池，假设电解质电势为零，孔隙度 ε 恒定，平均式（6-3）中电解质扩散以得到平均酸浓度 $c_{avg}(t)$ 的微分方程。假定 $c(x,t) = c_{avg}(t)$，利用式（6-9）、式（6-10）得到三阶的线性状态空间模型。模型的输入为

$$u = \left[\frac{I(t)}{U_{PbO_2}}\right] \text{且状态向量为} x = \begin{bmatrix} c_{avg} \\ \phi_{sp} \\ \phi_{sm} \end{bmatrix} \tag{A-6-11}$$

输出电压 $V(t) = \phi_{sp} - \phi_{sm}$。

（a）推导三阶铅酸电池模型状态矩阵的近似形式。

（b）仿真并绘制图 6-4 中 0.1C 倍率下的充放电时间响应。

（c）应用充电参数，仿真并绘制图 6-8 中开关循环响应。

（d）简化模型与本章建立的复杂模型的一致性如何？复杂模型可预测到什么，而简化模型不能。

参数 R_a、a_{dl}、C_{dl}在正极和负极有不同的取值，见表 6-1。注：上述参数只用于本题（b）~（d）。

第7章 估 计

估计和预测在为用户提供反馈中发挥了重要作用，同时也是先进电池管理系统的重要基础。本章主要介绍电池的 SOC 和 SOH 估计方法。

在本书参考文献［10］和［60］中，SOC 被定义为可充电电池目前内部最大可能充电电量的百分比。在电池中，SOC 不能直接测量，必须通过其他的测量手段或者估计的方法推导得出。通过测量电池组中每节电池的电压、电流和温度，可以对电池的 SOC 进行实时估计，并提供给 BMS 系统和用户。

虽然精确的 SOC 估计可以通过便携式电子设备获得，但 HEV 的应用推动了 SOC 估计设备向着更高逼真、更高精度的方向发展。便携式电子 SOC 估计设备可以向用户提供信息，警告即将发生的功率损耗。对于用户来说，得知在任何特定时刻的精确 SOC 并不重要。电池的功率需求通常来说并不大，所以电池 SOC 也随着时间缓慢降低。然而，在 HEV 应用过程中，由于汽车的频繁快速加速和紧急再生制动，SOC 的变化迅速，所以对于高性能的 HEV 电池管理系统来说，精确的 SOC 估计就变得非常重要。电池的充放电约束限制都依赖于 SOC。

如果想进一步了解 SOC 估计的知识，有兴趣的读者可以查阅相关的论文，如本书的参考文献［61］和［62］。在本书参考文献［60，63，64］中，Plett 最先提出利用 Kalman 滤波器来建立等效的电池模型方法。在参考文献［59，65，66］中，Santhangopalan 和 White 提出用扩展 Kalman 和无痕物理模型滤波器对锂离子电池进行 SOC 预测。在参考文献［67］和［68］中，Smith 和 Di Domenico 分别对利用 Kalman 滤波器进行 SOC 估计的不同模型进行了探讨。在参考文献［69］中，Wang 等提出了一种基于 SOC 估计的等效电路。

随着使用时间的增加，电池容量逐渐减少，电池内阻逐渐增大。电池的老化机理主要取决于电池的化学特性、制造商和设计。通常，在电池寿命的不同阶段会有不同的老化机理，所以很难判断电池的老化是由于环境的影响（如高温或者低温环境），还是电池的自然寿命影响。电池的 SOH 定义为电池容量与电池初始容量的比值。在电池容量增加的磨合期，电池 SOH 定义为 100%。正如参考文献［70，71］中所述，随着蓄电池的老化，SOH 稳步下降，直到电池不能被使用，证明电池寿命结束，即 EOL 状态，电池的 SOH 通常为 80% 左右。电池的能量存储能力依赖于电池的 SOC 和 SOH。SOH 的准确预测和 SOC 的精确估计一样，都能为用户提供电池在不需充电状态下，剩余运行时间的可靠信息。先进的电池管理系统可利用电池 SOH 信息来改变电池的控制策略，进而最大限度地发挥电池的性能，延长电池的使用寿命。

Spotnitz 在参考文献［72］中主要论述了锂离子电池容量衰减的主要特点（即电池阻抗增加和容量减少），并对有效的电池容量衰减数据和特点进行了总结。在参考文献［73］中，Wenzl 等人论述了用于电池寿命预测的各种方法，并对 SOH 预测的有效技术方案进行了概述。Coleman 等人在参考文献［74］中应用双脉冲测试方法来对阀控式密封铅酸蓄电池（VRLA）的 SOC 和 SOH 进行了估计，并引用了其他几种试验方法，包括一个完整的放电试验，电池内阻试验和阻抗测试方法，其中后两个试验方法和双脉冲试验本质上是测量电池的高频阻抗。在参考文献［75］中，Plett 主要应用总体最小二乘法对电流进行积分，并利用 SOC 估计信号来完成 SOH 的最佳拟合。在参考文献［71］中，Safari 等人应用机械疲劳寿命预测方法来对锂离子电池进行寿命预测，即一个周期或间隔运行所带来的累积损耗，有可能增大电池的原始周期损耗，那么电池的 SOH 估计就要包含周期运行带来的损耗，同时还要和电池寿命结束时电池运行的周期循环次数进行比较得出。目前，对于电池的容量估计和 SOH 预测方法还有很多专利，例如参考文献［76］中 Plett 申请的专利和本书引用的相关参考文献。

前几章所论述的模型的开发、离散化和仿真研究给电池的 SOC 和 SOH 估计提供了很好的研究基础。本章论述的重点是基于模型化的估计，但也会对基于非线性模型化的 SOC 和 SOH 估计进行探讨。如果想要找出所需要的更精确的电池模型，就需要对电池的动力学物理知识和内在的化学反应过程有更深的了解。该电池模型可以用来激励和评价非模型估计方法，或者被纳入一个基于模型估计框架的结构中进行综合考虑。

7.1 SOC（电池荷电状态）估计

为了得到 SOC 的精确定义，首先定义电池的额定容量 C 为电池在室温条件下，以 $C/30$ 倍率充电到满充状态时的最大安时数。容量的单位也可以用库伦表示。剩余容量 $C_r(t)$ 定义为电池在室温条件下，以 $C/30$ 倍率充电到当前时刻 t 时的安时数。那么，可以定义

$$\mathrm{SOC}=\frac{C_r(t)}{C}=1-\frac{1}{C}\int_0^t I(\tau)\mathrm{d}\tau \tag{7-1}$$

假定，在 $t=0$ 时，初始 SOC 为 100%，I（t）是 t 时刻的电流，放电时，$I>0$。

为了对电池容量进行电学模拟，首先需要明确电容容量的概念。一个完全满充的电容的最大电荷 $Q_{\max}=C_eV_{\max}$，C_e是电容的容量，单位为法拉；$V_{\max}$是电容的最大电压。最大存储的电荷 $Q_{\max}$即为电容的容量。电容的 SOC 即为

$$\mathrm{SOC}=\frac{Q(t)}{Q_{\max}}=\frac{C_eV(t)}{C_eV_{\max}}=\frac{-1}{C_eV_{\max}}\int_0^t I(\tau)\mathrm{d}\tau \tag{7-2}$$

假定，SOC（0）=0%，充电时，$I<0$。

电容的电压随着电荷的增加呈线性增大，所以电容中存储的电量可表示为

$$E=\int_0^Q V\mathrm{d}q=\int_0^Q \frac{q}{C_e}\mathrm{d}q=\frac{1}{2}\frac{Q^2}{C_e}=\frac{1}{2}\frac{Q_{\max}^2\mathrm{SOC}^2}{C_e} \tag{7-3}$$

因此，电容存储的电量和SOC的二次方成正比。

电池电压也依赖于电池的SOC，所以和电容一样，电池的SOC也不能对电池所储存的能量进行测量。电池电压随着SOC的降低而降低，开始是以一个较小的斜率变化，然后随着DOD（DOD=1-SOC）的增大，变化速度逐渐加快。一些化学电池（比如磷酸铁锂电池）的电池电压相对于其DOD曲线来说比较平坦，但当DOD比较大时，电压曲线就会急剧下降，而另一些电池（比如铅碳电池）的电压则与其DOD曲线呈一种相对线性的变化，这种特性与电容器类似。总而言之，所有的电池电压都随着DOD的增大而逐渐减小。

与电容一样，电池的容量也依赖于电池的工作电压范围。通常来讲，当一个电池在室温下、稳定状态时保持在其预定电压V_h（如锂离子电池是4.2V），就表明该电池处于满充状态。在V_h状态下，可以对电池进行较合适的长时间的涓流充电使其达到满充状态。在室温下，电池从满充状态放电到截止电压V_l（如锂离子电池为3.0V）并处于稳定状态时，电池所能放出最大容量时的状态，称为电池的满放状态。截止电压V_l也可用电池损坏时的限制电压。相对于DOD曲线，在DOD较大时，电池电压变化迅速，所以降低截止电压V_l可能并不会导致电池所存储的能量显著增加。

高放电倍率、低温环境和电池的老化都会造成电池容量的显著降低。一个SOC为80%的电池在以5C倍率放电时，可能仅能放出额定容量的20%，而在以C/30的倍率放电时，则能进行满放。这是因为以5C倍率放电时，在到达额定容量之前，电池电压就已经很快到截止电压V_l。然而，如果高倍率放电停止，电池电压就会回升，也就会进一步放出更多的电量。旧电池和那些低温环境下使用的电池的额定容量大大不如那些在室温下使用的新电池的额定容量。也就是说，SOC同为80%的旧电池或低温环境下使用的电池，在同样的放电模式下，放出的电量仅是室温环境下使用的电池或新电池放出电量的20%。

从系统的角度来看，SOC和传统汽车中的汽油表所起的作用一样。传统汽车消耗$\frac{1}{4}$油箱汽油所行驶的距离依赖于所用燃料消耗的速率。在理想状态下，速度同油耗速率成正比。但是，实际上，估计一辆汽车能行驶的里程很复杂，要依赖于很多不可知的因素。汽车的重量和路况都不可通过经验预先知晓。内燃机的效率和气动阻力也都依赖于汽车行驶的速度，在堵车或者停止时，内燃机的效率为零。但是，和电池SOC不同，汽油表可以测算出油箱中剩余的汽油能量还能行驶多少里程。

HEV控制系统的很多控制命令都依赖于电池的SOC情况。在实际路况中，电池管理系统必须实时决定是使用机械制动还是反馈制动来控制汽车的减速，是使用电池组发电还是内燃机驱动来进行汽车的加速。这些控制命令通常都基于电池

SOC 的情况。但是，与汽油表不同，车上并没有传感器能直接测量电池的 SOC，所以就必须对电池的 SOC 进行估计。SOC 估计的精确度对于 HEV 的高效、安全行驶显得极为重要。

在许多应用场合，SOC 估算设备必须尽可能地不受外界干扰。本节中，假定只有电池的电压、电流和温度可以进行测量。很少测量单体电池的电压和温度，而且一些电池组可能也不能测量电池组的电压和温度。单体电池通过串并联组成电池组，电池组通过串并联组成电池模块。电池组的 SOC 通过计算单体电池 SOC 的平均值得到，电池模块的 SOC 通过计算电池组 SOC 平均值得到。假设，BMS 使用充电和放电电流只是为了满足应用的要求，那么 SOC 估计方案就不能控制电池电流，并且在有助于 SOC 估计的电池电流中不能引用脉冲和正弦波电流形式。这就必须要使用复杂昂贵的设备来满足这种需要，同时也限制了电池在其他方面的适用性。最后，假设传感器可以在限定的带宽下进行采样，通常带宽为 10Hz 左右。因此，本书所讨论的 SOC 估计不需要借助高频动力学来进行建模。

SOC 为 100% 的电池如果采用 $C/30$ 的放电倍率可以连续放电 30h，但这也不一定就意味着该电池如果采用 $2C$ 放电倍率放电可连续放电 0.5h。电池内部的扩散运动造成了其内部潜在电位和离子浓度的不均匀分布。如果电流下降太快，也就是电离子在电池内部快速运动，就会造成电池电压急剧下降，导致电池电量有一个突然损失。就好像在燃油动力汽车中，使用小油管对油箱中的燃料进行限流来达到汽车限速的目的。但是，燃油动力汽车的限速过程其实不是靠限制燃油的供应而是靠限制燃油的燃烧来达到。超过速率限值以上的燃油增加流速并不会增加汽车的功率输出，而仅仅只会造成发动机的溢油。燃油的速率限值一般依赖于汽车的排量，压缩率和燃油喷射速率等因素的影响。所以说，电池的速率限值特性意味着电池的设计和在传动系统中的组装比简单的燃油系统更为严格和复杂。

本节中，我们主要研究电池 SOC 估计的三种应用方法：电压查表法、电流积分法和状态估计法（Luenberger 观测法）。对于给定的电池进行 SOC 估计通常需要结合这三种方法或者采用其他的经验方案进行研究。

7.1.1 SOC 模型

为了开发更高级的估计器，必须结合电池内部的物理变化过程对电池的 SOC 进行估计。我们希望仅仅通过测量电池的电流状态就能估计出电池的 SOC，而不需要知道电池之前的使用情况。利用式（7-1）计算电池 SOC，需要知道电池在过去时刻的 $I(t)$ 值和在 $t=0$ 时刻精确的电池 SOC 值。与电池状态 SOC 相关的公式对于基于模型的电池 SOC 估计和电池管理相当重要。

从物理上来说，电池的 SOC 估计就是测量电池中活性物质的剩余数量。从化学上来说，电池工作过程就是阳极和阴极的化学材料互相转换的过程。电池放电时，活性物质转换为非活性物质。当所有的活性物质转换完毕，再也没有电流产生时，证明电池放电完毕。

假设电池中的材料主要依赖于电池的化学特性。例如锂离子电池在放电时，锂离子从负极向正极移动，负极的锂离子逐渐减少，而正极的锂离子逐渐增加。最后，负极不再释放锂离子，而正极也不再吸收锂离子，电流停止流动，正负极的锂离子达到平衡状态时，负极失去的锂离子和正极得到的锂离子数量相同。然而，一般电池的阳极都比阴极体积略大一些（比如10%），这样做是为了抑制电池电极在欠充电或过充电过程中带来的极为严重的机械老化。对于锂离子电池来说，锂离子的平均浓度和电池 SOC 成正比。

利用第6章中的锂离子电池模型，我们可以生成以 SOC 和锂离子电池的电池容量 C 为参数的显式公式。在球形颗粒物料中锂离子的容量可由下列公式得到

$$\dot{c}_s = \frac{D_s}{r^2}[r^2 c'_s]' \tag{7-4}$$

两边的边界条件为

$$c'_s(0,t) = 0 \text{ 和 } c'_s(R_s,t) = -\frac{jR_s}{3\varepsilon_s F} \tag{7-5}$$

锂离子的体积平均浓度为

$$\dot{c}_{s_{avg}} = \frac{1}{V_s}\int c_s \mathrm{d}V_s \tag{7-6}$$

式中，$V_s = \frac{4\pi R_s^2}{3}$；$\mathrm{d}V_s = 4\pi r^2 \mathrm{d}r$。

所以，利用边界条件式（7-5）对式（7-4）进行积分可以得到

$$c_{s_{avg}} = \frac{3D_s}{R_s}[R_s^2 c'_s(R_s,t)] = -\frac{1}{\varepsilon_s F} j_{avg} \tag{7-7}$$

通过平均电荷守恒方程可以得到平均电流密度为

$$j_{avg} = \begin{cases} \int_0^{\delta_m} [\sigma^{eff}\phi'_s]'\mathrm{d}x = \frac{1}{\delta_m A} I & \text{负极} \\ -\int_{\delta_m+\delta_{sep}}^{L} [\sigma^{eff}\phi'_s]'\mathrm{d}x = -\frac{1}{\delta_p A} I & \text{正极} \end{cases} \tag{7-8}$$

利用隔膜的零通量边界条件和 $-\sigma_m^{eff}A\phi'_s(0,t) = \sigma_p^{eff}A\phi'_s(L,t) = I$，把式（7-8）带入式（7-7）可以得到负极和正极的平均动态浓度分别为

$$\dot{c}_{s_{avg}}^- = -\frac{1}{\delta_m A\varepsilon_m F} I \quad \text{负极} \tag{7-9}$$

$$\dot{c}_{s_{avg}}^+ = \frac{1}{\delta_p A\varepsilon_p F} I \quad \text{正极} \tag{7-10}$$

式（7-9）和式（7-10）分别表明了在电池放电时，负极的离子平均浓度在减少而正极的离子平均浓度在增加。

SOC可以对单独的电极进行定义也可以对整个电池进行定义。通过引入化学计量方法来对浓度进行无量纲化处理，得到

$$\theta = \frac{c_{s_{avg}}}{c_{s_{max}}} \tag{7-11}$$

参照化学计量学的方法，通过实验对100%（即$\theta_{100\%}$）和0%（即$\theta_{0\%}$）进行规定。那么对于电池的正极、负极或者正负极的平均值和整个电池模块的SOC就可以定义为

$$\mathrm{SOC} = \frac{\dfrac{c_{s_{avg}}}{c_{s_{max}}} - \theta_{0\%}}{\theta_{100\%} - \theta_{0\%}} \tag{7-12}$$

式（7-12）定义的SOC满足式（7-1）的条件是

$$C = \delta A \varepsilon F C_{s_{max}}[\theta_{100\%} - \theta_{0\%}] \tag{7-13}$$

根据上述的几个假设，电池SOC与电池的输出电压有关。如果忽略电池内部电解质电阻，那么电池负极的过电压可以表示为

$$\eta_{avg}^{-} = \phi_{avg}^{-} - U_{avg}^{-} = \frac{R_{ct}^{-}R_{s}^{-}}{3\varepsilon_{m}}I \tag{7-14}$$

式中

$$U_{avg}^{-} = \frac{1}{\delta_m}\int_0^{\delta_m} U_m(c_s, \mathrm{e}(x,t))\,\mathrm{d}x \approx U_m(c_{avg}^{-}) \tag{7-15}$$

式（7-15）中，假设电池的离子表面浓度与整个电极的平均浓度相同，并且均匀分布在整个电极。这是对电池以很小的电流进行充电或放电时仅有的合理假设。同样，对于电池正极，输出电压为

$$V(t) \approx V_{avg}(t) = U_p(c_{s_{avg}}^{+}) - U_m(c_{s_{avg}}^{+}) - \frac{R_T}{A}I \tag{7-16}$$

式中

$$R_T = R_f + \frac{R_{ct}^{+}R_{s}^{+}}{3\varepsilon_p\delta_p} + \frac{R_{ct}^{-}R_{s}^{-}}{3\varepsilon_m\delta_m} \tag{7-17}$$

这种SOC的分析方法也适用于镍氢电池，但是对于铅酸电池来说，如果在放电时假定酸液和活性物质都参与了反应，那么SOC的分析方法就会变得复杂化。假设，酸性物质在正负极板与铅和二氧化铅发生了化学反应，那么，如果酸液浓度降低零，化学反应就会停止，同时铅酸电池电压就会发生急剧下降。这种化学反应也会将铅和二氧化铅从活性物质转化为非活性物质，一旦没有活性物质，化学反应就会停止，电池的电压就会下降。一个设计适当的铅酸电池中的酸性物质和活性物质应该保持适当的比例，以确保能均衡使用。对于铅酸电池来说，其SOC不但依赖于酸液浓度还依赖于两个电极上的活性物质。在实际应用中，一个电极

和一种化学反应就能决定一个给定电池的 SOC。

7.1.2　瞬态 SOC

SOC 的估计主要基于前面章节中介绍的低阶模型。平均值和其他一些建立模型所需要的假设条件可以对电池中的平均剩余电量做出合理的估计。然而，估算出电池的剩余电量只是完成 SOC 估算的一半任务。电池电压在电池电量的使用过程中也起着很重要的实际作用。当用小电流进行放电时，在一个合理的电压下电池可以释放出其存储的全部电量，电池电压下降缓慢。当用高倍率进行放电时，电池电压会陡然下降，随之电池的可用电量也会大幅减少。如果在用大电流放电时突然停止，电池电压也会慢慢回升到其合理的电压值，电池电量也就能被继续使用。高倍率放电仅仅能让电池产生一个瞬态 SOC（即 iSOC），而不会让电池的 SOC 变为零。

iSOC 可以测量电池电压快速下降时的电位。对于锂离子电池来说，电压的变化和极板表面锂离子的浓度有关。如果电极的某个位置由于离子的扩散运动造成该处锂离子浓度的下降，那么该处必然就会造成短路。通常，固相电导率都比较大，所以无论短路发生在何处（例如隔膜或载流导体附近）都可能会导致电池电压的急剧下降。

基于平均公式式（7-9）、式（7-10）、式（7-16）和预测锂离子表面平均浓度 c_{s}，$\mathrm{e}_{\mathrm{avg}}$的公式可以对锂离子电池 iSOC 估计建立简单的大致模型。第 4 章中介绍的关于物质粒子的解析传递函数如下：

$$\frac{c_{\mathrm{s,e}}(s)}{J_{\mathrm{avg}}(s)}=\frac{R_{\mathrm{s}}\tanh(\Gamma(s))}{3D_{\mathrm{s}}\varepsilon_{\mathrm{s}}F\tanh(\Gamma(s))-\Gamma(s)} \tag{7-18}$$

式中，$\Gamma(s)=R_{\mathrm{s}}\sqrt{s/D_{\mathrm{s}}}$，并且假设 $J(x,s)=J_{\mathrm{avg}}(s)$。

从式（7-18）中减去式（7-7）得到一个带有有限直流增益的传递函数，如下：

$$\lim_{s\to 0}\left(\frac{c_{\mathrm{s,e}}(s)}{J_{\mathrm{avg}}(s)}-\frac{1}{s\varepsilon_{\mathrm{s}}F}\right)=-\frac{R_{\mathrm{s}}^2}{15\varepsilon_{\mathrm{s}}D_{\mathrm{s}}F} \tag{7-19}$$

作为第一个近似值，忽略掉粒子动力学的其他部分，从式（7-19）中，仅仅能得到稳定状态时的数值。所以，平均粒子表面浓度可以表示为

$$c_{\mathrm{s,e_{avg}}}=c_{\mathrm{s_{avg}}}-\frac{R_{\mathrm{s}}^2}{15\varepsilon_{\mathrm{s}}D_{\mathrm{s}}F}j_{\mathrm{avg}} \tag{7-20}$$

这个量在本书参考文献［68］中也被称为临界表面电量，在参考文献［67］中被称为平均表面化学计量比。

因此，利用式（7-20）可以大致得出计算 iSOC 的公式如下：

$$\mathrm{iSOC}=\frac{\dfrac{c_{\mathrm{s,e_{avg}}}}{c_{\mathrm{s_{max}}}}-\theta_{0\%}}{\theta_{100\%}-\theta_{0\%}} \tag{7-21}$$

根据式（7-8）可知，j_{avg}主要和I有关，所以式（7-21）表明，iSOC 与 SOC 的区别主要在于电流速率的不同。iSOC 表示的是由于电流流速造成的瞬态表面浓度而不是电极的平均状态。

参考文献［59，65］把电机动力学方程（即 Butler – Volmer 方程）与开路电压非线性特性结合起来进行考虑，这就是第 6 章中提到的应用于镍氢电池的 SP 模型。

7.1.3　电流积分法

电流积分法主要从式（7-1）中对 SOC 的定义和模型等式方程［即式（7-9）~式（7-12）］中得出。如果知道电池开始时刻的 SOC，那么通过对电流进行积分就可计算出当前时刻的 SOC。计算公式如下：

$$\mathrm{SOC}_{cc} = \mathrm{SOC}_{cc}(0) - \frac{1}{C}\int_0^t I(\tau)\,\mathrm{d}\tau \tag{7-22}$$

这种方法受到两方面的约束限制。第一，必须知道开始时刻的 SOC，即 $\mathrm{SOC}_{cc}(0)$。这可以从满充并且静置一段时间的电池中测量得到。第二，电流传感器的噪声可能会造成 SOC 的偏移。在式（7-22）中并没有专门的反馈模式对这种偏移进行修正，除非计算出当前的 SOC，然后对 SOC_{cc}（0）进行重置。但是，在 HEV 应用中，电池要进行连续不断地充放电，重置时间所需时间比较长，所以估算出来的 SOC_{cc}可能相对于真实值就有比较大的偏差。

图 7-1 所示就是第 6 章中提到的基于镍氢电池模型应用电流积分法估算出的 SOC_{cc}与真实 SOC 之间的比较。图中对电池进行放电，所以在 6min 的仿真试验中，电池 SOC 不断减少。开始时刻的 SOC 一般都不是很精确，所以 SOC_{cc}开始时刻的值是 69%，而不是其实际值 70%。从图中可以看出，SOC 估计准确地反应了 SOC 的变化趋势，但在整个估计过程中始终保持着 1% 的固定偏差。这是因为在 SOC_{cc}的估计过程中没有反馈控制，不能对开始时刻的误差、偏移和传感器偏差进行修正。检测过程中，电流信号中的小振幅零均值噪声信号可以被 SOC 估计过程中的积分器有效过滤掉，似乎对 SOC 估计的影响不大。然而，如果传感器存在补偿或增益偏差，SOC_{cc}就会偏离真实的估计值。所以，有些时候电池必须进行满充，使 $\mathrm{SOC}_{cc}=100\%$。对 SOC 重置的频率主要依赖于想要得到的 SOC 精度和电流传感器的噪声或偏移的幅度。

7.1.4　电压查表法

电压查表法是根据式（7-16）提出来的，主要与电池输出电压 $V(t)$ 和锂离子平均浓度有关。从式（7-12）可知，SOC 与锂离子平均浓度成正比。如果仅仅测量出电池的输出电压，然后通过查表找寻比较与 SOC 相对应的开路电压，就能得到对于 SOC 的估计值 SOC_{v1}。但是，实际的电压信号反映的更多是 iSOC 而不是 SOC，所以输出电压更多地依赖于锂离子的表面浓度而不是其平均浓度。实际电压

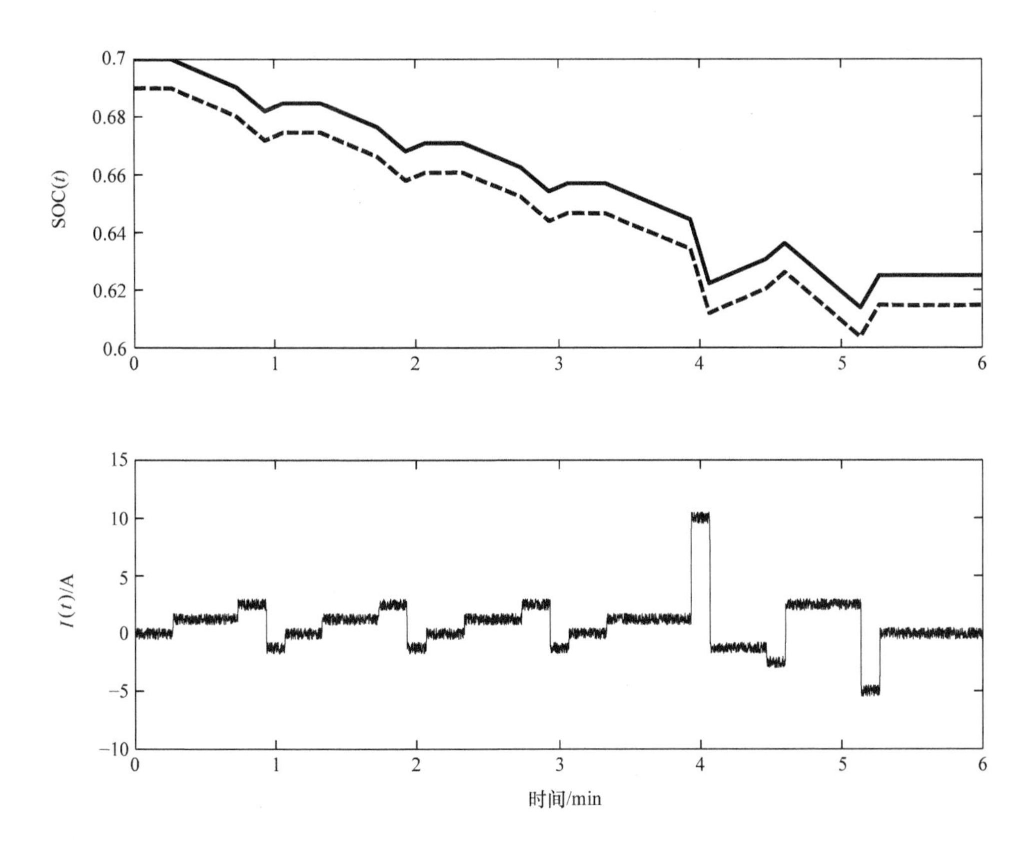

图 7-1　利用电流积分法通过输入充放电电流脉冲对镍氢电池进行 SOC 估计的模拟仿真图（其中实线表示真值，虚线表示估计值）

信号同时还包含有接触电阻、Butler - Volmer 电阻和扩散动力信号。所以通过实际电压值应该能估计出欧姆电阻值，同时还要从测量值中减去 IR 电压值才能得到真实电压估计值。SOC_{vl}通常通过滤波来消除非建模动态带来的短时电压波动影响，但这可能会导致在 SOC 和 SOC_{vl}之间产生很大的延迟效应。Pop 等人在参考文献[77] 中详细论述了电压查表法在估计 SOC 的实际应用中的局限性。

图 7-2 是利用电压查表法进行 SOC 估计的特性图。实际应用中，在电压信号中增加了小幅零均值噪声信号来更好地模拟传感器精度。在每一个时间节点，计算对应于测量电压的 SOC，滤波器的时间常数设定为 200s。滤波器虽然很好地消除了电流脉冲所带来的尖峰但也造成了 SOC_{vl}的延迟。如图中所示，最大的 SOC 偏差依然发生在电流产生尖峰的时刻。同时，SOC_{vl}低估了 SOC 的变化趋势，但不是进行了超调。在 SOC 估计过程中，可以通过调整时间常数来使超调量或者失调量达到最小，但是并不能完全消除偏差。

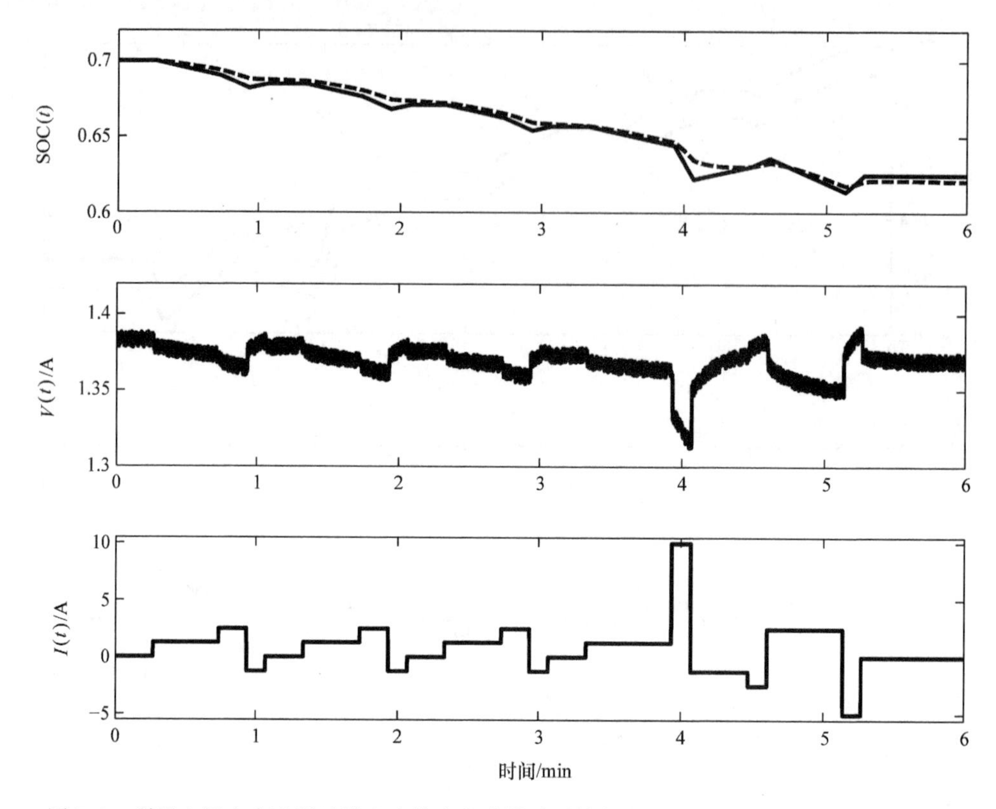

图 7-2 利用电压查表法通过输入充放电电流脉冲对镍氢电池进行 SOC 估计的模拟仿真图
（其中实线表示真值，虚线表示估计值）

7.1.5 状态估计法

如前一节所述，状态估计方法对估计 SOC 的被测量电压的概念进行了规范化处理。利用初级输出 SOC_{lo}来设计基于模型的状态预测器或 Luenberger 观测器。应用基于观测器方法的第一个优点是可以用线性二次高斯算法来消除传感器中的大量噪声；第二，这种方法不仅可以对 SOC_{se}进行估计，如果基本模型足够精密，还可以估算整个电池的离子浓度和电势分布情况。但是，模型精密度越高，高次估算器就会更加复杂，设备也会更加昂贵。本节所论述的状态估算器是基于一个低阶平均模型和一个预测极板表面浓度的高阶模型建立起来的，其中低阶模型和 7.1.1 节中介绍的模型类似。

1. 可观测性

为了能够成功设计出观测器，必须从能测量最简单的单电池电压开始建立可观测的最底层的模型。换句话说，给定输入电流，观测器必须能唯一地从传感器的输出值中测算出电池的状态。电池模型的可观测性受到两因素的约束：第一，发生在电池的正负极的化学反应过程通常十分类似，并以两个电极状态不能单独测量的方式混合在一起。第二，如果依赖于离子浓度的电池电压基本不变，那么该系统就具有不可观测性。

考虑到在7.1.1节中提到的锂离子电池平均模型的可观测性，该模型的线性模型可以用状态变量表示如下：

$$\dot{x} = Ax + bI \tag{7-23}$$

$$V = c^{T}x + dI \tag{7-24}$$

式中，状态量 $x = [c_{s_{avg}}^{-}, c_{s_{avg}}^{+}]^{T}$，

$$A = \begin{bmatrix} 0 & 0 \\ 0 & 0 \end{bmatrix},\ b = \begin{bmatrix} -\dfrac{1}{\delta_m A \varepsilon_m F} \\ \dfrac{1}{\delta_p A \varepsilon_p F} \end{bmatrix},\ c = \begin{bmatrix} -\dfrac{\partial U_m}{\partial c} \\ \dfrac{\partial U_p}{\partial c} \end{bmatrix} \tag{7-25}$$

和 $d = -R_T/A$。对应于一个特定的SOC，偏导数 c 在线性点可以估算出来。

状态变量系统的可观性由下列可观矩阵控制：

$$O = \begin{bmatrix} C \\ CA \\ \vdots \\ CA^{N-1} \end{bmatrix} \tag{7-26}$$

式中，A 是一个 $N \times N$ 的矩阵[39]。如果，rank（O）$= N$，那么该系统就是可观的。在式（7-23）和（7-24）中，状态变量系统的可观矩阵为

$$O = \begin{bmatrix} -\dfrac{\partial U_m}{\partial c} & \dfrac{\partial U_p}{\partial c} \\ 0 & 0 \end{bmatrix} \tag{7-27}$$

rank（O）$=1 < N = 2$，那么该系统就是不可观的。

有两种方法可以回避电池模型两极的可观测性问题：第一，把两个积分器集成为一个单一的积分器，再对从一个电极流向另一个电极的离子进行积分，同时假设两个电极互相平衡，离子在一个电池端不会发生化学反应；第二，在正负极之间的隔膜中设置一个参考电极，并且允许对两个电极上的电压进行测量，这种方法可以极大地改善系统的可观测性。

即使把两个积分器集成为一个单一的积分器，浓度 - 电压曲线在线性点也可能不会是很平缓，那么该系统仍将是不可观的。平缓曲线中 $\partial U/\partial c = 0$，此时电压与浓度无关。如果整体电压曲线是平缓的，但其中一个电极存在一个非零斜坡，那么参考电极也可以解决这个问题。

2. 观测器的设计

状态估测器利用电池的输入电流和输出电压信号来计算电池内部不能直接测量的内部信号，比如SOC等。电池的状态量主要包含在充放电过程中用户关注的电池内部信号和其他变量。模型的复杂性主要由状态量的数目来确定。状态量越

多，模型就会越复杂，那么与之相对应的高阶估测器的设计和实现也就越复杂。估测器要能够实行实时计算功能，也就意味着电池状态估计要由微处理器运行代码进行实时更新，该微处理器要安装在由电池供电的电路板上。此时，估测器的重点在于进行连续时间估计时要对连续时间信号进行积分。但是，估测器的安装启用需要将估测器的连续时间信号转换成离散信号在微处理器上运行，这是因为这些信号都是以一个固定的频率进行的采样，而且状态估计信号的传输也需要一定的时间。比较幸运的是，如果采样时间足够快，这些信号的转换也是一个相对比较明确的过程。估测器中的现代微处理器完全可以以几千赫兹的采样频率进行数十位状态量的采集处理。但是，对于有大量单体电池的电池包来说，相对于微处理器的问题，状态估计的问题更为重要。因此，利用最低阶的估测器进行状态估计可以满足电池状态估计的准确性。

图 7-3 所示的是电池状态估计 Luenberger 观测器的结构框图。电池的动态特性可以由其状态变量输入电流 $I(t)$ 和输出电压 $V(t)$ 进行表示，如下：

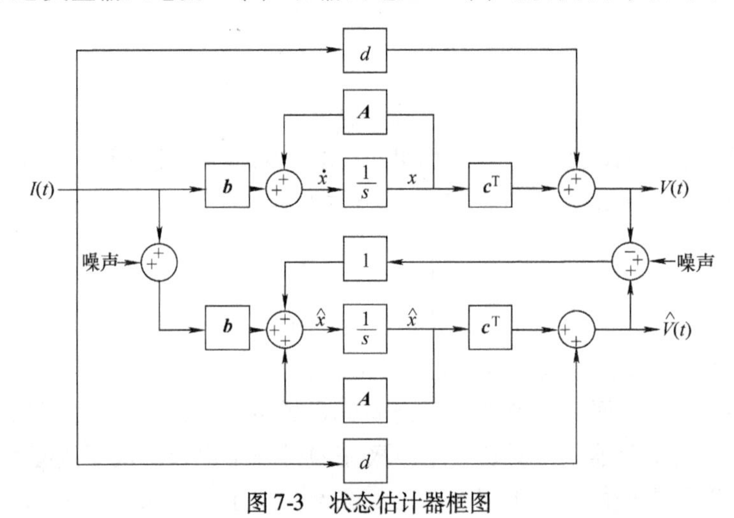

图 7-3　状态估计器框图

$$\dot{\boldsymbol{x}} = \boldsymbol{A}x + \boldsymbol{b}I(t) \tag{7-28}$$

$$V(t) = \boldsymbol{c}^{\mathrm{T}}\boldsymbol{x} + dI(t) \tag{7-29}$$

状态矩阵（$\boldsymbol{A}$，$\boldsymbol{b}$，$\boldsymbol{c}$，d）和状态变量 $\boldsymbol{x} \in R^N$ 都可以通过简化的平均 SOC 动态特性和第 6 章中提到的比较复杂的模型得到。所有预测 SOC 的电池模型的积分状态都和 SOC 成正比。SOC 输出必须给出明确的定义，比如 $\mathrm{SOC}(t) = \boldsymbol{c}_{\mathrm{SOC}}^{\mathrm{T}}\boldsymbol{x} + d_{\mathrm{SOC}}I(t)$。如果电池的状态参量能被准确估计，那么电池的 SOC 也就可以通过上边的公式计算出来。

状态估计器的方程如下所示：

$$\dot{\hat{\boldsymbol{x}}} = \boldsymbol{A}\hat{\boldsymbol{x}} + \boldsymbol{b}I(t) + \boldsymbol{l}\boldsymbol{c}^{\mathrm{T}}\boldsymbol{e} \tag{7-30}$$

$$\hat{V}(t)=\boldsymbol{c}^{\mathrm{T}}\hat{\boldsymbol{x}}+dI(t) \tag{7-31}$$

式中，估计状态参量 $\hat{\boldsymbol{x}}\in R^{N}$，主要利用到估计电压 $\hat{V}(t)$，观测器增益矩阵 $\boldsymbol{I}$ 和估计器误差 $\boldsymbol{e}(t)=\boldsymbol{x}(t)-\hat{\boldsymbol{x}}(t)$。如果能够测量出电压和电流，那么状态估计器也就可以通过电路板设备把电池状态实时地显示出来。式（7-30）通常可以利用带有固定采样时间的微处理器通过数值积分得到。如果采样频率足够快，那么应用于微处理器（例如 Euler 积分器）上的离散时间积分近似等于连续时间积分。

在实际应用中，作为输入到估计器中的被测电流和电压都存在一定的噪声。该系统也并不能被完美地模型化处理，所以在线性状态变量模型和实际的电池动态特性之间总是存在着一定的差异。但是，噪声和模型的不匹配问题可以通过估计器的状态方程中的反馈项 $\boldsymbol{lc}^{\mathrm{T}}\boldsymbol{e}$ 来进行稍微修正。如果实际输出和估计输出因为某种原因（譬如不同的原始条件、噪声和模型失调）出现差异，那么就会在估计器中增加一个修正项来减少这种误差。

如果估计器能够减少这种预期的误差，那么就必须选择观测器增益矩阵来保证稳定的动态误差。动态误差可以通过状态估计器方程［即式（7-30）］减去状态方程［即式（7-28）］得到，即

$$\dot{\boldsymbol{e}}=(\boldsymbol{A}-\boldsymbol{lc}^{\mathrm{T}})\boldsymbol{e} \tag{7-32}$$

只要矩阵 $\boldsymbol{A}-\boldsymbol{lc}^{\mathrm{T}}$ 在复平面的左半部有特征值，动态误差就是稳定的。设计 $\boldsymbol{I}$ 的一个办法就是利用所需阻尼和响应时间在特定的地方生成矩阵的特征值，比如可以利用 Matlab 中的命令 place. m 来实现。在现代控制领域中应用的观测器其他设计方法还包括随机设计技术（LQG）、不确定技术（H^{∞}）和非线性系统（卡尔曼滤波）等。

状态估计器是基于带有修正项的电池动态特性的一种重现和复制，修正项的作用就是对估计电压 $\hat{V}(t)$ 和被测电压之间的误差进行反馈。如果估计器和电池有相同的动态特性、初始条件和输入，那么估计的电池状态（和电压）就能和实际的电池状态完美吻合。但是，实际上，初始条件是未知的，所以估计器就利用误差信息来使实际状态和估计状态趋于一致。如果电池模型和实验系统相同，不存在传感器噪声，并且选择把增益矩阵 $\boldsymbol{I}$ 置于复平面左半部 $\boldsymbol{A}-\boldsymbol{l}^{\mathrm{T}}\boldsymbol{c}$ 的极点处，就能保证实际状态和估计状态的一致性。

为了验证状态估计器在电池系统中的性能，设计了两个观测器并且以镍氢电池为例来进行实验。第一个观测器利用 7. 1. 1 节中提到的一阶平均动态模型建立，第二个观测器基于 6. 3. 6 节中描述的线性单极三阶模型来建立。把第二个模型作为仪器设备来考虑，分别对仪器和估计器设置不同的初始条件，电压和电流噪声，对这两个模型进行模拟仿真。仪器设备以 0. 7SOC 进行线性化处理，测出随机且零均值的电压和电流分别为 10mV 和 0. 5A。

图7-4所示是基于一阶SOC动态特性模型的SOC估计结果。估计器初始的SOC为60%，实际上电池的初始SOC为70%，这两者并不相符。估计器的极点配置为-0.10。被估电压在30s的时间内转变成测量值。开始时，SOC估计也向实际的SOC靠拢，然后随着充放电脉冲开始快速连续地围绕真实的SOC上下波动。SOC模型和电池动态特性之间的不匹配，以及传感器的噪声会产生一个非收敛性的SOC估计。如果估计器的极点配置降低（比如-0.01），那么充放电脉冲就会变得更加缓和，SOC估计也更加接近于实际的SOC值。这种慢SOC估计器虽然不会在SOC曲线上产生峰谷值，但在大的充放电脉冲过程中会产生很大的误差。

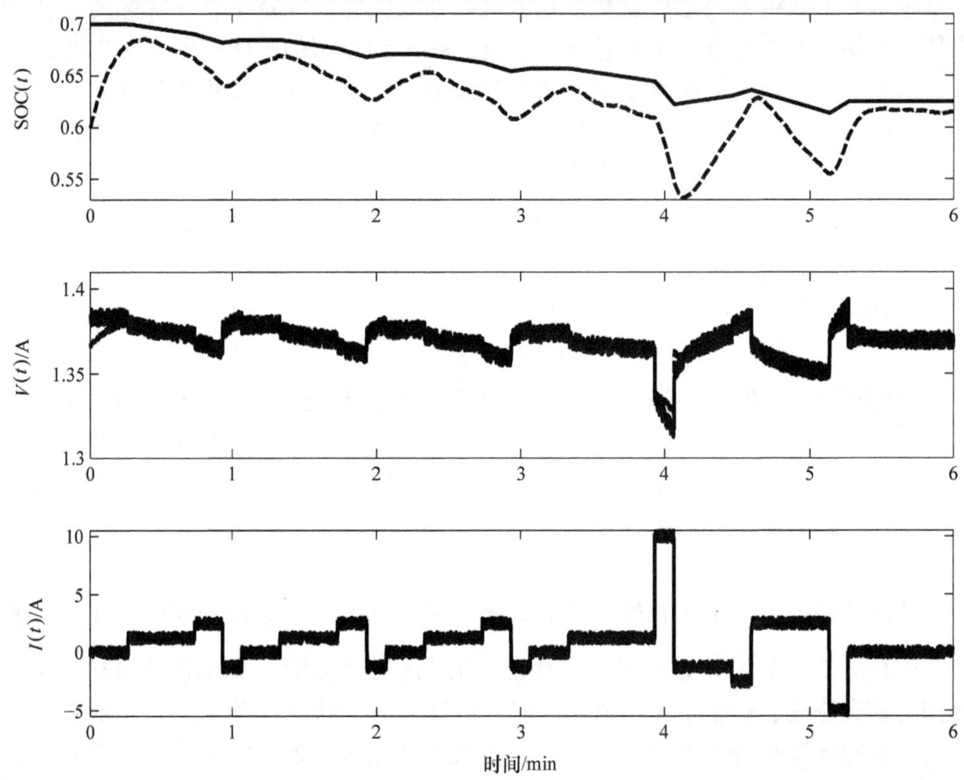

图7-4　基于一阶平均模型的镍氢电池SOC估计器波形（其中实线表示真值，虚线表示估计值）

图7-5表明底层模型准确性的提高可以增加基于模型的估计精度。在这个例子中，两个相同的模型一个被用作仪器设备，一个被用作估计器。SOC的初始值为0.69，$c_{s,e}/c_{s,\max}$的初始值为0.40，分别与其真实值相差了1%和33%。观测器有三个特征值，其中两个被放置在同样的地方作为仪器设备的极点（-0.013和-0.112），另一个被设置为-0.010，放置在原点与仪器设备的极点相对应。仿真结果表明，被估电压在30s内接近于真实值。表面离子浓度以较慢的速率（45s）进行收敛，尽管存在电压和电流噪声，但与电池模型真实值也能精确吻合。SOC收敛速度比较慢，大概需要5min的时间。然而，一旦SOC收敛完成，即使在电流

脉冲造成基于一阶 SOC 动态特性模型的观测器出现问题的情况下，SOC 估计也能十分接近真实的 SOC 值。把观测器的极点移到左半平面可以减少收敛时间，但是会增加噪声灵敏度，使估计变量变得更加模糊。估计器的设计包含极点的放置来优化平衡带宽和精确度之间的关系。基于全阶模型观测器的另一个优点在于可以估计电池内部变量。如果把粒子的表面浓度 $c_{s,e}(t)$ 作为模型的输出，那么就可以在实验过程中跟踪这些变量，以求能够知晓电池内部反应并避免由于电池内部化学反应造成的事故。值得注意的是，尽管能够知道电池内部反应过程，也很难对其进行测量。

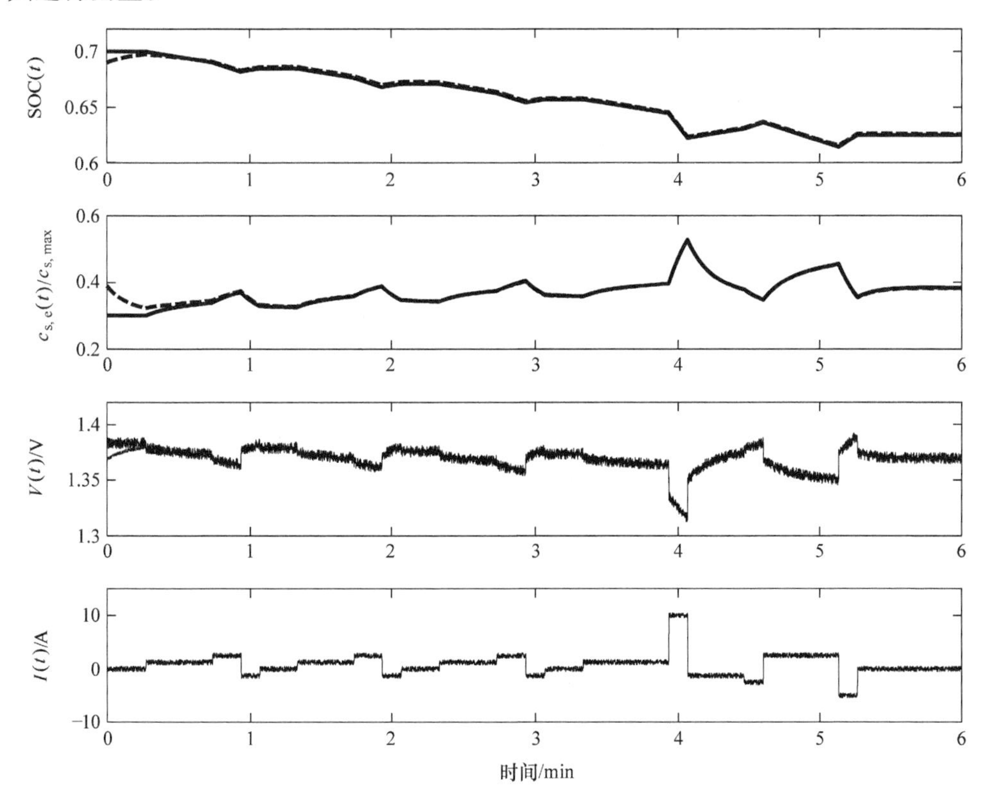

图 7-5　基于全阶模型的镍氢电池 SOC 估计器波形（其中实线表示真值，虚线表示估计值）

7.2　最小二乘法模型校正

建立电池模型的一个难点就在于建立模型过程中会有很多参数，而且这些参数很难正确地确定。基于模型的估计器仅能作为良好的基础模型来使用。电池模型有很多输入参数，包括磁力学、电学和材料学方面等。通常很难获得这些模型参数，因为电池制造商不愿意提供电池设计和组装的细节内容。其实，即使电池制造商也可能不知道测量这些特性参数（比如固相扩散系数）有多么困难。虽然已经有许多论文专门讨论了这些参数的测量（例如，电解质的导电性或扩散系数），但对于一个给定的电池的电解质和电极的确切组成可能仍然不知道该怎么去测量。这些参数一般通过采用已经公认的数值进行设定，或者通过破坏性试验来测定，或者是通过测量对应于一系列输入电流的电池电压来获得（本书的参考文献［57］就是使用的这种方法）。在模型中一般也会设置额外的“按钮”来对这些参数进行调整，来让模拟和实验测量的电压尽可能地相近。

模型的校正过程一般要经过反复试验，但有时也采用最小二乘法。反复试验方法需要模型建立者有很好的观察力和足够的耐心，在反复试验过程中通过有条理的方式来调整许多参数，尽可能地使模拟值和实验测量值互相匹配。对于线性系统来说，利用最小二乘法可以推导出传递函数和分子分母多项式的系数。运用最小二乘算法可以确定模型的参数并保证得到的系数是唯一的，从而完成对模型的校正和优化。也就是说，有相同数据的两个不同建模者将得到相同的参数。这种方法为基于模型的仿真、估计和控制提供了坚实的基础。

7.2.1 阻抗传递函数

模型中，电池的阻抗可以由下面的传递函数表示：

$$\frac{v(s)}{I(s)}=Z(s)=\frac{b_{n-1}s^{n-1}+\cdots+b_1s+b_0}{s^n+a_{n-1}s^{n-1}+\cdots+a_1s+a_0} \tag{7-33}$$

此时，分子和分母多项式系数是模型参数的函数。假设，分子比分母少一阶。如果阻抗没有直接的馈通项（比如接触电阻），那么这个假设就是成立的。如果存在馈通项，那么分子和分母的项数就相同。有没有馈通项的辨别原理都是一样的，有兴趣的读者可以参阅本书参考文献［78，79］进行了解。

举个例子来说，如果在镍氢电池模型中忽略接触电阻，那么阻抗传递函数就可表示为

$$Z(s)=\frac{b_2s^2+b_1s+b_0}{s^3+a_2s^2+a_1s} \tag{7-34}$$

此时，分子的系数为

$$b_0=\frac{3840C^+[D_s^+]^2}{AFa_s^+L^+[R_s^+]^5},b_1=\frac{768C^+D_s^+}{AFa_s^+L^+[R_s^+]^3},b_2=\frac{180C^+}{AFa_s^+L+R_s^+} \tag{7-35}$$

$$C^+=\frac{\partial\eta^+}{\partial c_{s,e}^+}-\frac{2kRT}{Fc_{s,\max}^+} \tag{7-36}$$

式中，$\frac{\partial\eta^+}{\partial c_{s,e}^+}$在式（6-101）中已经给出。

分母系数为

$$a_0=0,a_1=\frac{1920[D_s^+]^2}{[R_s^+]^4},a_2=\frac{144D_s^+}{[R_s^+]^2} \tag{7-37}$$

7.2.2　最小二乘算法

图7-6所示是最小二乘校正算法的结构框图。输入是零均值重复的电流序列，通过阻抗传递函数，生成输出电压。在实际应用中，电压和电流的数据可能都从试验中获得。

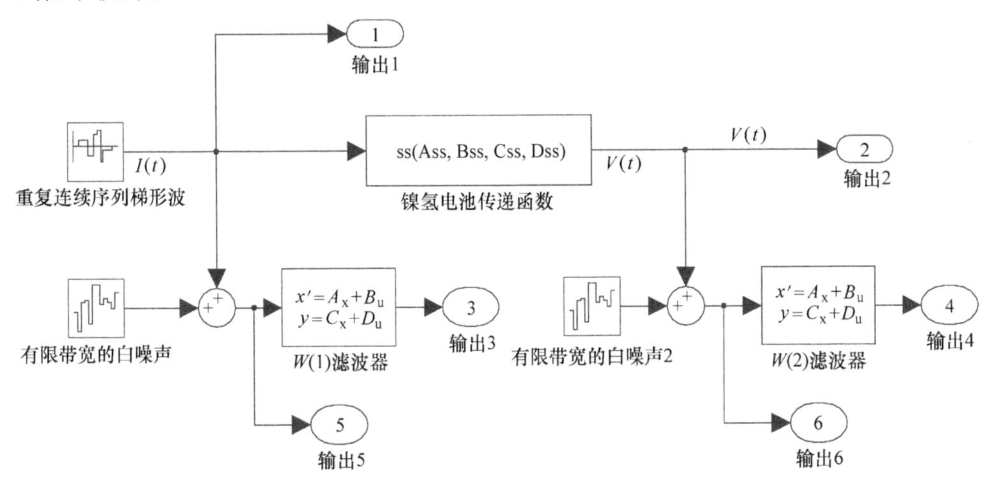

图7-6　最小二乘校正算法的结构框图

在电压和电流信号中增加噪声信号来模拟真实的测量过程。电流和电压信号通过相同的滤波器，在状态空间的表示形式如下：

$$\dot{\boldsymbol{w}}_1=\boldsymbol{\Lambda}\boldsymbol{w}_1+\boldsymbol{b}_\lambda I(t) \tag{7-38}$$

$$\dot{\boldsymbol{w}}_2=\boldsymbol{\Lambda}\boldsymbol{w}_2+\boldsymbol{b}_\lambda V(t) \tag{7-39}$$

式中

$$\boldsymbol{\Lambda}=\begin{bmatrix} 0 & 1 & \cdots & 0 \\ \vdots & & \ddots & \vdots \\ -\lambda_0 & -\lambda_1 & \cdots & -\lambda_{n-1} \end{bmatrix},\boldsymbol{b}_\lambda=\begin{bmatrix} 0 \\ \vdots \\ 1 \end{bmatrix} \tag{7-40}$$

系数λ_1，…，λ_n可通过计算得出，然后以所需的滤波速度把矩阵$\boldsymbol{\Lambda}$的极点放置在左半平面上。滤波器可以减少噪声的影响，并消除电压和电流信号的差异化，因为如果电压和电流有差异，就会大大放大高频噪声。通过对式（7-38）和式（7-39）进行拉普拉斯变换，可以得到

$$\frac{\boldsymbol{W}(s)}{U(s)}=\frac{1}{s^n+\lambda_{n-1}s^{n-1}+\cdots+\lambda_0}\begin{bmatrix} 1 \\ s \\ \vdots \\ s^{n-1} \end{bmatrix} \tag{7-41}$$

当$U(s)=I(s)$时，$\boldsymbol{W}(s)=\boldsymbol{W}_1(s)$；当$U(s)=V(s)$时，$\boldsymbol{W}(s)=\boldsymbol{W}_2(s)$。式（7-41）中所有的传递函数都是正确的，通过对输入信号的$n-1$次滤波并求导，

状态量 $\boldsymbol{W}(t)$ 为零。

输出电压根据滤波器状态进行线性参数化处理，可得下式：

$$V(s)=\boldsymbol{b}^{\mathrm{T}}\boldsymbol{W}_1(s)+\boldsymbol{a}^{\mathrm{T}}\boldsymbol{W}_2(s)=\boldsymbol{\Theta}^{\mathrm{T}}\boldsymbol{W}(s) \tag{7-42}$$

式中，$\boldsymbol{b}^{\mathrm{T}}=[b_0,\ \cdots,\ b_{\mathrm{m}}]$；$\boldsymbol{a}^{\mathrm{T}}=[a_0-\lambda_0,\ \cdots,\ a_{n-1}-\lambda_{n-1}]$；$\boldsymbol{\Theta}^{\mathrm{T}}=[\boldsymbol{b}^{\mathrm{T}},\ \boldsymbol{a}^{\mathrm{T}}]$；$\boldsymbol{W}^{\mathrm{T}}(s)=[\boldsymbol{W}_1^{\mathrm{T}}(s),\ \boldsymbol{W}_2^{\mathrm{T}}(s)]$。

现行参数化可以通过利用式（7-41）和阻抗传递函数式（7-33）对式（7-42）进行扩展证明，得到如下式：

$$\begin{aligned}\boldsymbol{\Theta}^{\mathrm{T}}\boldsymbol{W}(s)&=\boldsymbol{b}^{\mathrm{T}}\boldsymbol{W}_1(s)+\boldsymbol{a}^{\mathrm{T}}\boldsymbol{W}_2(s)\\&=\frac{b_0+b_1s+\cdots+b_{n-1}s^{n-1}}{s^n+\lambda_{n-1}s^{n-1}+\cdots+\lambda_0}I(s)\\&\quad+\frac{\lambda_0-a_0+(\lambda_1-a_1)s+\cdots+(\lambda_{n-1}-a_{n-1})s^{n-1}}{s^n+\lambda_{n-1}s^{n-1}+\cdots+\lambda_0}V(s)\\&=\left[\frac{b_0+b_1s+\cdots+b_{n-1}s^{n-1}}{s^n+\lambda_{n-1}s^{n-1}+\cdots+\lambda_0}+\frac{\lambda_0-a_0+(\lambda_1-a_1)s+\cdots+(\lambda_{n-1}-a_{n-1})s^{n-1}}{s^n+\lambda_{n-1}s^{n-1}+\cdots+\lambda_0}\times\right.\\&\quad\left.\frac{b_{n-1}s^{n-1}+\cdots+b_1s+b_0}{s^n+a_{n-1}s^{n-1}+\cdots+a_0}\right]I(s)\end{aligned} \tag{7-43}$$

对方括号中的传递函数进行代数简化，并用式（7-43）等号右边的部分减去式（7-33）右边的部分，可以得到等式 $\boldsymbol{\Theta}^{\mathrm{T}}\boldsymbol{W}(s)=V(s)$，这就证明了式（7-42）的线性参数化。

应用式（7-42）的线性参数化，输出的估计电压为

$$\hat{V}(t)=\hat{\boldsymbol{\Theta}}^{\mathrm{T}}\boldsymbol{w}(t) \tag{7-44}$$

式中，$\hat{\boldsymbol{\Theta}}$ 是参数估计值。定义误差为

$$e(t)=V(t)-\hat{V}(t)=V(t)-\boldsymbol{\Theta}^{\mathrm{T}}\boldsymbol{w}(t) \tag{7-45}$$

为了参数校正，假设 N_{eval} 的数据点（I，V）可以从系统测量中得到，并且带入到矢量中，有

$$\boldsymbol{V}^{\mathrm{T}}=[V(0),\ V(\Delta t),\ \cdots,\ V(N_{\mathrm{eval}}-1)t] \tag{7-46}$$

$$\boldsymbol{I}^{\mathrm{T}}=[I(0),\ I(\Delta t),\ \cdots,\ I(N_{\mathrm{eval}}-1)t] \tag{7-47}$$

式中，Δt 是采样时间。采样频率和 N_{eval} 必须足够大才能分别得到想要的高频和低频动态参数。输入电流也必须有足够活性才能激发这些动态参数。这些输入矢量（$\boldsymbol{V}$ 和 $\boldsymbol{I}$）可通过滤波器得到

$$\boldsymbol{J}=[\boldsymbol{w}(0),\ \boldsymbol{w}(\Delta t),\ \cdots,\ \boldsymbol{w}((N_{\mathrm{eval}}-1)t)] \tag{7-48}$$

最小二乘成本函数为

$$\mathrm{CF}=|\boldsymbol{V}-\boldsymbol{\Theta}^{\mathrm{T}}\boldsymbol{J}|^2 \tag{7-49}$$

所以，通过对 CF 进行最小化处理，可以得到

$$\hat{\Theta}_{ls} = [\boldsymbol{J}\boldsymbol{J}^{T}]^{-1}\boldsymbol{J}\boldsymbol{V} \tag{7-50}$$

7.2.3 举例说明

图 7-7 所示是对简化的镍氢电池模型利用上述传递函数［即式（7-34）］进行模拟得到的仿真波形。在 SOC 不变的情况下，输入电流有正有负，每 15min 进行重复变换，试验时间持续 1h。对应于输入电流，输出电压的变化范围为 ±25mV。从电压和电流的波形图上可以看到，引入了小振幅噪声来模拟真实的传感器信号。从电流和电压滤波器所显示的图可以看出，对两者最大值进行归一化处理，可让它们在同一个坐标轴上进行显示。与连续时间 100s 相一致，所有滤波器极点都设置为 −0.01/s。这就使收敛时间和噪声灵敏度之间达到了完美的平衡。滤波器可以很好地对噪声进行过滤，这也减少了噪声对于滤波器输出的影响。但是，由于对第一状态反应的时间不一致，其他滤波器状态可能会产生更多的噪声。

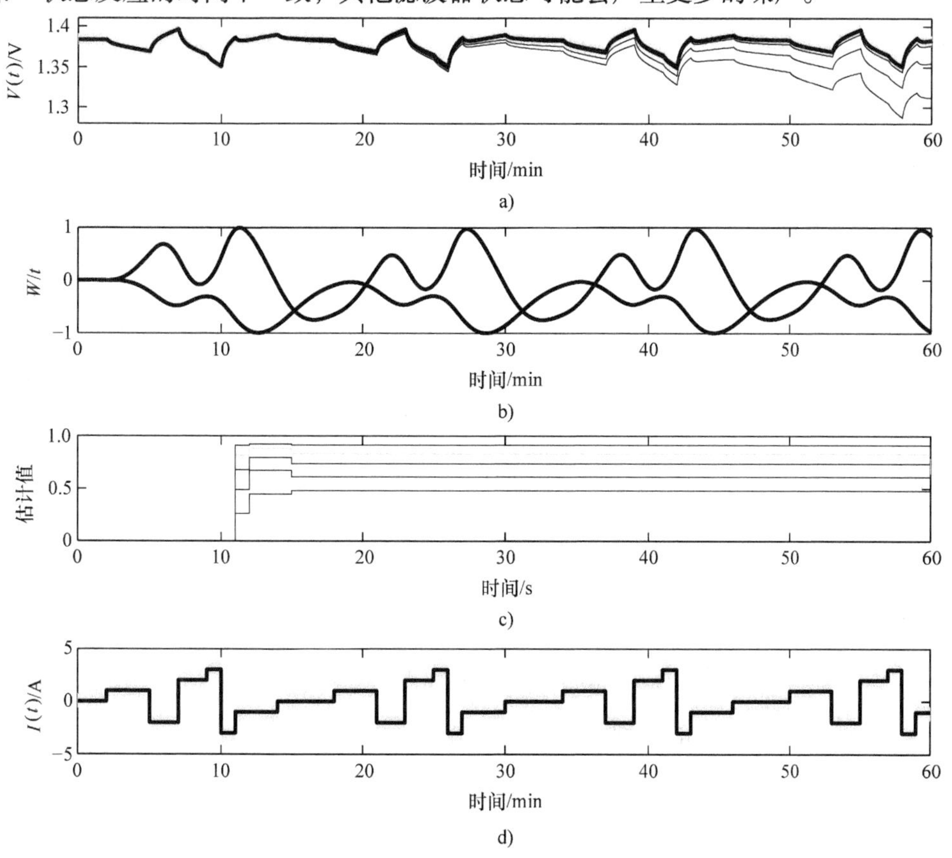

图 7-7　镍氢电池模型的最小二乘校正算法输出仿真波形

a）电压的测量值和估计值　b）滤波器响应的归一化　c）参数估计值的归一化

d）输入电流的真值（粗线）和测量值（细线）

图 7-7c 表明了在不同数据设置状态下的参数估计情况。估计值通过各自的真实值进行归一化处理，所以如果估计值和真实值之间完美匹配，那么图中的估计值就为 1。从 11s 开始，参数估计值达到其初始值。从图中看出，有 4 个相对于真实值的估计值。从 12s 开始，其中的两个估计值达到 1。在 15s 时刻，由于噪声的影响，估计值慢慢偏离 1。从整个 60s 的试验数据来看，估计值从 15s 开始就保持不变。也就是说，后边 45s 采集到的数据和第 15s 采集到的数据相同，估计器并没有再获得额外的信息。实际上，60s 的估计值比 15s 的估计值更接近于真实值。图 7-7a 中所示的是电压估计值曲线，其中粗线所示是 60s 时的参数估计值，它和真实电压值基本吻合。如果去掉噪声，那么参数估计值在 15min 之内就会收敛于真实值。带有噪声和只有 10s 数据的参数估计值是一个不稳定的系统，因此，拥有足够的数据和不同输入信号对于保证系统收敛具有非常重要的作用。

7.2.4 可辨识性

如果通过输出电压和一个电流足够丰富的输入信号能唯一确定估计参数，那么对于一个给定的系统来说，参数的设定就是可识别的。参数的可识别性依赖于系统和参数本身。对于相同的系统，几个参数的设定可能是可识别的，而其他参数可能是不可识别的。一个电流足够丰富的输入信号有足够大的频率来激活电池动态特性。根据经验准则，为了每一个参量都能被识别，必须在具有唯一频率的信号源中增加其他的正弦波信号。例如，典型的驾驶工况完全可以提供电流丰富的输入信号。

从前面的例子可以知道，为什么系统通常不具有可识别性。我们最多能确定多项式中分子和分母的系数，这样可以在应用最小二乘法进行模拟时，使模型响应能和实验时的响应更好地匹配。相应地，这些系数依赖于模型的参量。在镍氢电池的例子中，有 5 个系数可以确定，而这 5 个系数又依赖于 12 个参量。不可能从确定的系数中唯一确定物理参量，这是因为只有 5 个方程但却有 12 个未知量。这就是一个系统不能确定的典型例子。如果能独立地确定 7 个参量，那么利用已经确定的系数就可能算出剩余的 5 个参量。但这个系统可能仍然不能确定。举个例子来说，如果除了 A、a_s^+ 和 L^+ 之外，其他所有的参量都已知，那么通过与系数相关的 5 个方程仍不能唯一求出剩余的参数值，这是因为它们在方程中都是以 $Aa_s^+L^+$ 的形式存在，所以说这些参量可能只取决于 A、a_s^+ 和 L^+，而不取决于人为因素。

实际上，镍氢电池的传递函数仅仅取决于两个互相独立的参数，即

$$\alpha_1 = \frac{c^+}{AF\alpha_s^+ L^+ R_s^+},\quad \alpha_2 = \frac{D_s^+}{[R_s^+]^2} \tag{7-51}$$

这是因为式（7-34）可以写成如下形式：

$$Z(s) = \frac{18\alpha_1 s^2 + 768\alpha_1\alpha_2 s + 3840\alpha_1\alpha_2^2}{s^3 + 144\alpha_2 s^2 + 1920\alpha_2^2 s} \tag{7-52}$$

最小二乘法可以估计出式（7-52）中最符合时域数据的5个系数。可以发现 α_1 和 α_2 在估计系数和模型系数之间存在最小的误差。在镍氢电池的例子中，应用整个60s的数据，最小二乘传递函数为

$$Z(s)=\frac{3.2284\times10^{-4}s^2+7.9321\times10^{-6}s+2.6963\times10^{-8}}{s^3+0.0802s^2+6.3457\times10^{-4}s-2.3808\times10^{-8}} \tag{7-53}$$

定义标准化 L_2 误差标准为

$$e=\sqrt{\left(\frac{18\alpha_1+3.2284\times10^{-4}}{3.2284\times10^{-4}}\right)^2+\cdots+\left(\frac{1920\alpha_2^2-6.3457\times10^{-4}}{6.3457\times10^{-4}}\right)^2} \tag{7-54}$$

利用Matlab软件中的最优化工具箱（fminsearch. m）可以对 e 进行最小化处理，得到 $\alpha_1=-1.8833\times10^{-5}$ 和 $\alpha_2=5.7551\times10^{-4}$，与其真实值 $\alpha_1=-2.2616\times10^{-5}$ 和 $\alpha_2=8.6957\times10^{-4}$ 非常接近。

所以，可利用式（7-52）中确定的分子分母系数和已知的传递函数形式来算出 α_1 和 α_2。本例中，5个系数已知，只有2个系数未知。求解系数的所有组合形式可以为计算（α_1，α_2）找到9种不同的解决方案。这些解决方案的标准绝对偏差对于给定的数据可以提高估计模型的精确度。也就是说，相比之前介绍的最小化技术，这些解决方案可用进行更简单的状态估计。

表7-1所示是镍氢电池做平均参量估计的最优化解决组合形式。参量值用其真实值作了归一化处理，所以最好的估计值是1.0。所有的参量估计值都比其真实值小，但都在36%的范围之内。均值和优化值相类似，所以较简单的均值计算可能需要快速计算得出。从各种组合形式计算出来的参数值是一致的，说明该模型对于该系统来说是合理的近似。

表7-1 镍氢电池的参数估计值

方法		α_1		α_2	
		方程式	数值	方程式	数值
b_2	b_1	$b_2/18$	0.7930	$3b_1/128b_2$	0.6622
b_2	b_0	$b_2/18$	0.7930	$3b_0/640b_2$	0.7196
b_2	a_2	$b_2/18$	0.7930	$a_2/144$	0.6401
b_2	a_1	$b_2/18$	0.7930	$\sqrt{a_1/1920}$	0.6611
b_1	b_0	$5b_1^2/768b_0$	0.6717	$b_0/5b_1$	0.7818
b_1	a_2	$3b_1/16a_2$	0.8205	$a_2/144$	0.6401
b_1	a_1	$b_1/96\sqrt{30/a_1}$	0.7944	$\sqrt{a_1/1920}$	0.6611
b_0	a_2	$27b_0/5a_2^2$	1.0021	$a_2/144$	0.6401
b_0	a_1	$b_0/2a_1$	0.9394	$\sqrt{a_1/1920}$	0.6611
均值		0.8076		0.6758	
优化后的数值		0.8327		0.6618	

为了更好地理解参量估计误差对于性能预测的影响，均值和优化模型的时间响应需要和真实的系统进行比较。图7-8所示为镍氢电池模型中对应于一个单位阶跃放电电流输入的电压响应图形。利用优化和均值技术的确定模型在5min的动态显示时间内可以很好地与实际系统响应相匹配。参数估计值比实际值略小，而且如图中所示，在一个稳态斜坡补偿范围内可以随着时间的增加使电压估计值发生偏离。

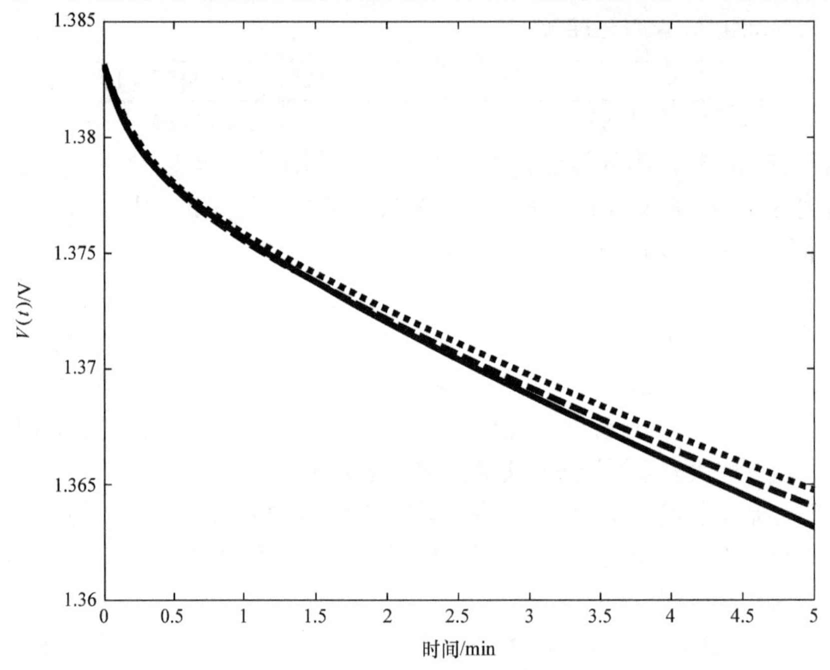

图7-8　镍氢电池模型中对应于一个单位阶跃放电电流输入的电压响应图形
（其中实线表示真实模型值，虚线表示优化后的数值，点线表示平均值）

以镍氢电池为例，可以看到尽管模型有12个输入参量，但是仅仅只有两个参量可以从阻抗传递函数的可辨识性中唯一确定。通过式（7-51）和式（7-36）可知，这两个参量与物理参数有关，但是电池的物理参数不能唯一确定。对于该系统来说，仅仅只有复合参数 α_1 和 α_2 是确定的。

7.3　SOH估计

电池的健康状态主要由其容量和内阻确定。一个健康的电池指的是出厂时制造商承诺的可用容量（安时数），并且具有很小的内阻。电池容量主要取决于电池阳极和阴极之间活性物质的数量多少。电池制造商最关心的一个电极的容量的衰减通常在很大程度上与另一个电极有关。随着电池的循环使用，电极和电解质活性逐渐减弱，电池的容量就会逐渐衰减，电池内阻会慢慢增大。通常，电池内部会有很多老化机制同时作用，但是一个设计完好的电池会在这些老化机制中达到很好的平衡效果，以至于一种老化机制不会对电池造成过早的破坏。

对于锂离子化学电池来说，由式（7-13）可知，电池的容量和电极厚度、δ、电极板面积A、孔隙率ε、最大锂离子浓度$c_{s_{max}}$以及化学计量比$\theta_{100\%}$和$\theta_{0\%}$成正比。如果电池的容量减少，那么这些参数中的一个或几个也会减小。电极的厚度和面积是几何参数不会发生变化。最大锂离子浓度是电极化学特性参数，也是不变的。那么剩下的孔隙率和化学计量比就是造成电池容量衰减的主要因素。孔隙率的变化与活性物质的大量损失有关，所谓活性物质的损失是指电池内部有些活性物质不再参与化学反应。化学计量比的变化和能循环利用的活性物质的损失有关，其通常发生在电池耗尽的过程中，比如副反应的过程中。

尽管已经清楚电池衰减的原理，但是，确定哪些造成电池容量衰减的参数仍旧很难。所以我们要利用实际应用经验找出随着电池老化哪些参数也发生了变化，那么这些参数就可能和电池容量的衰减有关。比如，内阻的增大已经被证明和锂离子电池的容量衰减有关[80]。这种相关性可能是由主要的老化机制造成的，如果能够进行正确辨别，就可以利用这种相关性来判断随着电池老化哪些参数可能发生了变化，而且可以很容易地辨别哪些参数和电池容量有关。所以，虽然SOH不能直接估计，但可以在线估计这些与SOH有关系的参数。当然，电池的衰减机制可能也和电池的使用情况有关，特别是环境温度和电流倍率大小。在实际的SOH估计算法中必须把环境温度和电池的使用情况考虑进去。

本节的重点就是对SOH计算过程中的在线参数估计，也可能会应用别的其他方法。7.2节中介绍的最小二乘法可以用来对离线参数和SOH进行估计，对于主板集成驱动器或者电动车上的实时SOH估计可能不是很适用。计算电池容量最精确最直接的方法就是用小倍率（$C/10$）进行一次完整的满充满放循环实验。利用电流积分法，可以确定电池的容量。但是，对于大多数应用来说，这种方法需要很长的时间去做大量的实验。只要能正确计算电池内阻的变化，以较大倍率（$1C$）进行满充满放也能找出与容量相关的参数变化。但是在HEV应用中，这种方法却不可行，因为虽然可以对电流进行积分，但所需要的实际工况却需要花费大量的时间得到，尤其还要考虑充放电脉冲的多样性和环境条件的复杂多变。如果电池衰减模型是有效的，那么就可以在汽车的电路板上对模型进行模拟仿真来完成对SOH的估计。这些模型可能会满足计算的要求，但是，如果和电池之间没有反馈就可能和真实的SOH发生偏离。

7.3.1　环境条件和电池寿命的参数化处理

电池的性质主要取决于电池的寿命和使用环境。对电池进行SOH估计要对电池的两种不同情况进行区别对待：一种情况是由于外部恶劣的环境温度变化引起暂时的电池性质变化；另一种情况是与电池寿命相关的长时间电池性质衰减。因此，区别模型参数是随着温度还是寿命变化就变得很重要。一些参数随着电池寿命的增加可能会发生很大的变化，但却不会随着环境温度的改变发生很大变化。因此，这些参数将是 SOH 的很好的指标。假设其他参数恒定不变或其变化与电池寿命无关，那么在估计这些参数时就不必进行计算。还有一些参数会随着电池寿命和环境温度的变化而变化，但是利用所测量的温度和实践经验或 Arrhenius 方程［参见式（3-64）］可以对温度的影响进行校正。

在给定的电池中，由于电池寿命造成的系统参数的变化主要取决于电池的老化机制。如果能确定主要的老化机制，那么与这些老化机制相关的主要参数也可能发生变化。然而，如果老化机制包含有电池未建模动态特性参数，那么老化机制和系统参数之间的关系就变得很模糊。Ramadass 等人在本书的参考文献［14］中第一次把电化学电池模型中的电池寿命和少数参数的变化联系起来进行了研究。对于锂离子电池，他们发现固体电解质膜热阻和阳极活性物质的固态扩散系数和电池老化相关。Goebel 等人在本书参考文献［80］中把锂离子电池的容量和易估算的内阻联系起来研究，并证明了两者之间的线性相关性。Schmidt 等人在本书参考文献［70］中发现，电解质电导率和阴极孔隙率是估计锂离子电池容量老化率和容量损失的主要因素。他们对于镍氢电池和铅酸电池，也进行了相似的研究。

7.3.2 参数估计

对于线性系统的参数估计是一个发展相当完善的领域，感兴趣的读者可以参阅本书参考文献中介绍的优秀著作，如参考文献［29，78，79］。本节主要介绍一种基于连续时间和 SISO 系统的梯度参数估计器。该估计器应用更先进的技术来处理噪声影响，应用更先进的估计法则（比如最小二乘法），较先进的信息（已知参数）来减少估计器的阶数，同时估计器还具有非线性特性。

图 7-9 所示是一个基于梯度参数估计器的结构框图。该设备的传递函数与式(7-33)一样，也是以电流作为输入信号，电压作为输出信号，其目的是利用一种递推算法从实时的电压和电流数据中估计出参数矢量 $\boldsymbol{\Theta}^{\mathrm{T}}=[\boldsymbol{b}^{\mathrm{T}},\ \boldsymbol{a}^{\mathrm{T}}]$，所谓递推算法就是随着信息的不断变化，对参数估计值也在不断地进行着更新。参数估计器由式（7-41）中提到的输入 $\boldsymbol{W}_1(s)$ 和输出 $\boldsymbol{W}_2(s)$ 以及两个梯度估计器组成，其中梯度估计器主要是完成分子 $\boldsymbol{b}$ 和分母 $\boldsymbol{a}$ 的系数的估计值。梯度算法设计参数更新法则为

$$\dot{\hat{\boldsymbol{\Theta}}}_1=e(t)\boldsymbol{G}_1\boldsymbol{w}_1(t) \tag{7-55}$$

$$\dot{\hat{\boldsymbol{\Theta}}}_2=e(t)\boldsymbol{G}_2\boldsymbol{w}_1(t) \tag{7-56}$$

梯度算法设计参数更新法则是动态特性方程式，是对实时积分生成随着时间变化的估计值 $\dot{\hat{\Theta}}_1(t)$ 和 $\dot{\hat{\Theta}}_2(t)$。梯度算法设计参数更新法则取决于电流滤波器的电

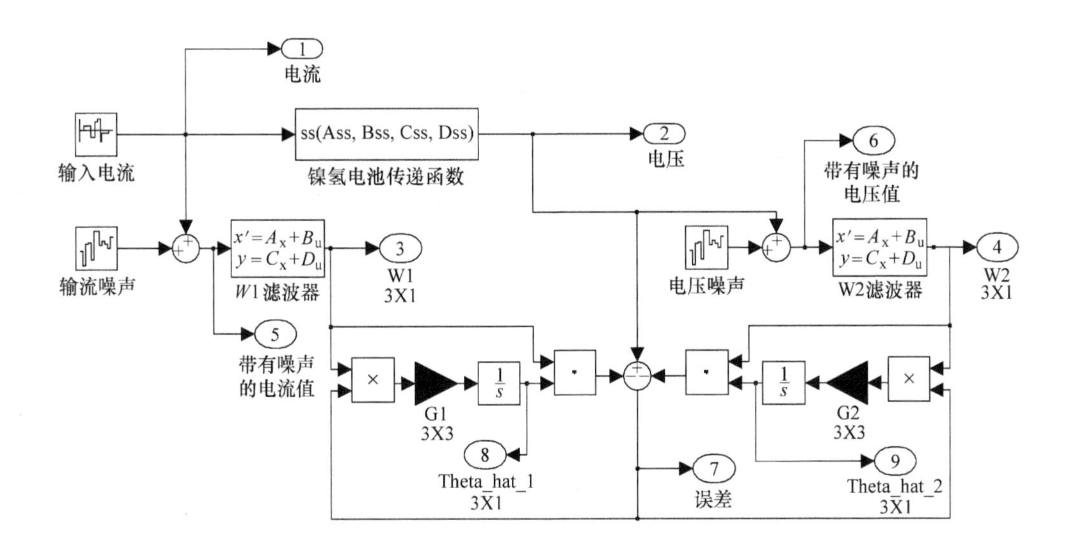

图 7-9　单输入单输出系统的基于梯度参数估计器的结构框图

流、输出电压滤波器的电压以及电压测量值与电压估计值之间的误差。

其中电压估计值可表示为：$\hat{V}(t)=\hat{\boldsymbol{\Theta}}_1^{\mathrm{T}}(t)\boldsymbol{w}_1(t)+\hat{\boldsymbol{\Theta}}_2^{\mathrm{T}}(t)\boldsymbol{w}_2(t)$，误差可表示为：$e(t)=V(t)-(\hat{\boldsymbol{\Theta}}_1^{\mathrm{T}}(t)\boldsymbol{w}_1(t)+\hat{\boldsymbol{\Theta}}_2^{\mathrm{T}}(t)\boldsymbol{w}_2(t))$。在没有噪声的情况下，可以证明参数估计值是有界的。随着持续激励电压的输入，参数估计值可能收敛到其真实值。

7.3.3　举例说明

以镍氢电池为例，应用同 7.2.3 节中一样的参数和滤波器。梯度算法设计参数自适应增益矩阵可以通过反复试验和对误差的校正得到，为 $\mathrm{diag}\{\boldsymbol{G}_1\}=\{4\times10^{-14},8\times10^{-8},1.6\times10^{-6}\}$ 和 $\mathrm{diag}\{\boldsymbol{G}_2\}=\{4\times10^{-11},4\times10^{-6},4\times10^{-2}\}$。对参数估计积分器以其真实值的 25% 进行初始化。图 7-10 所示的时间响应数值包括电压、误差、估计值和输入电流。实际的电压和电流信号都存在一定的噪声，这些噪声信号通过滤波器分别生成 $\boldsymbol{w}_1(t)$ 和 $\boldsymbol{w}_2(t)$。根据式（7-57），通过滤波器的输出值和参数估计值可以计算出电压误差值。因为有噪声的存在，所以估计值不会收敛于其真实值，误差值也不会收敛于零。实际上，一些估计值甚至还会偏离其真实值。如果消除噪声，对估计值进行初始化时更接近真实值，对多种多样的脉冲进行长时间的数据记录，同时调整自适应增益，那么误差就有可能收敛于零。举个例子来说，两个分母系数以其真实值进行初始化，同时减少其自适应增益，那么输出结果就会如图 7-11 所示。从图中可以看到，尽管电压和电流信号依然存在噪声，但参数估计值却收敛于其真实值，误差值也趋向收敛于零。

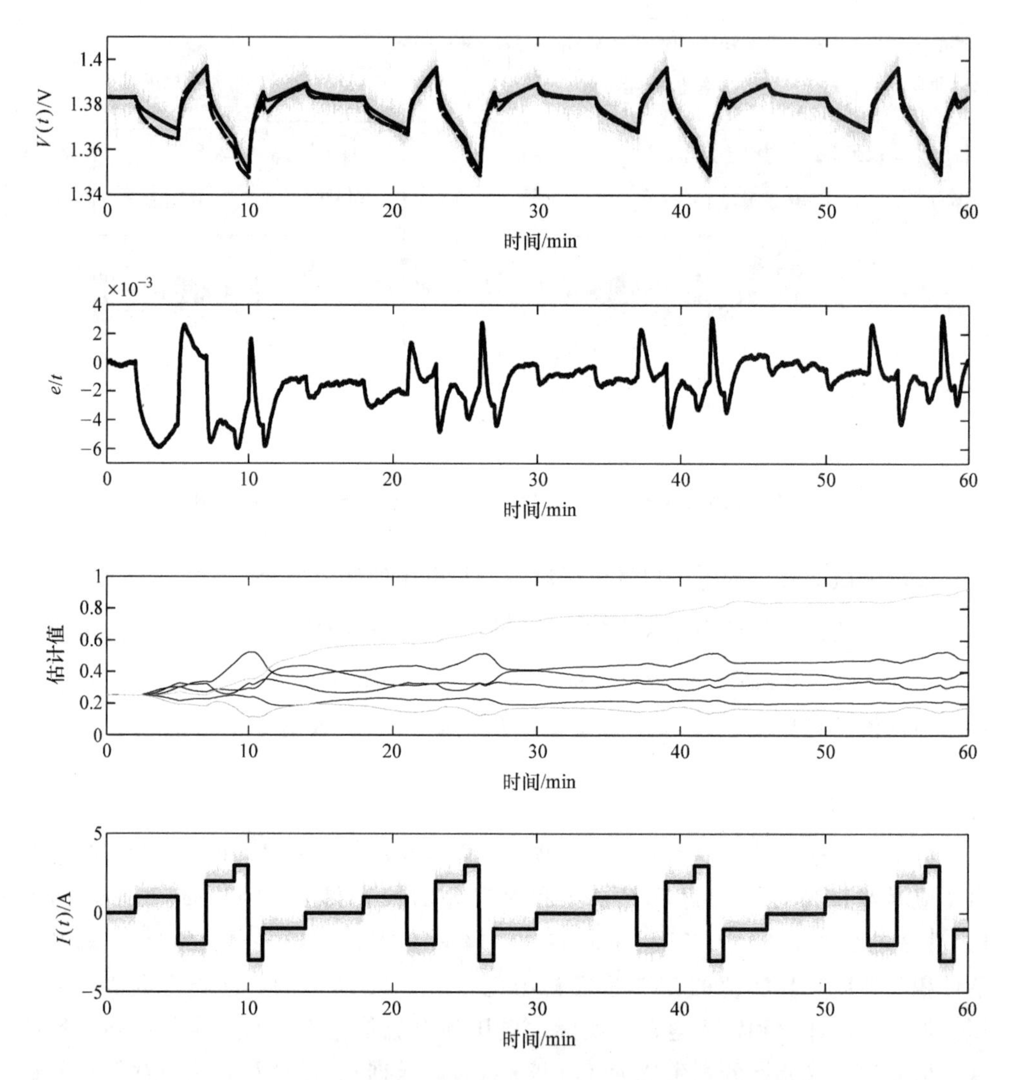

图 7-10 镍氢电池的基于梯度参数估计器的仿真结构波形图
（其中实线代表真值，虚线代表估计值）

因此，可以这样说，如果输入电流足够多样化，参数初始化能更接近于其真实值，噪声比较小，并且增益可以正确选择，那么参数估计就可用来估计电池特性的各项系数。这些系数与模型参数相关，可用来跟踪电池 SOH 的缓慢变化。

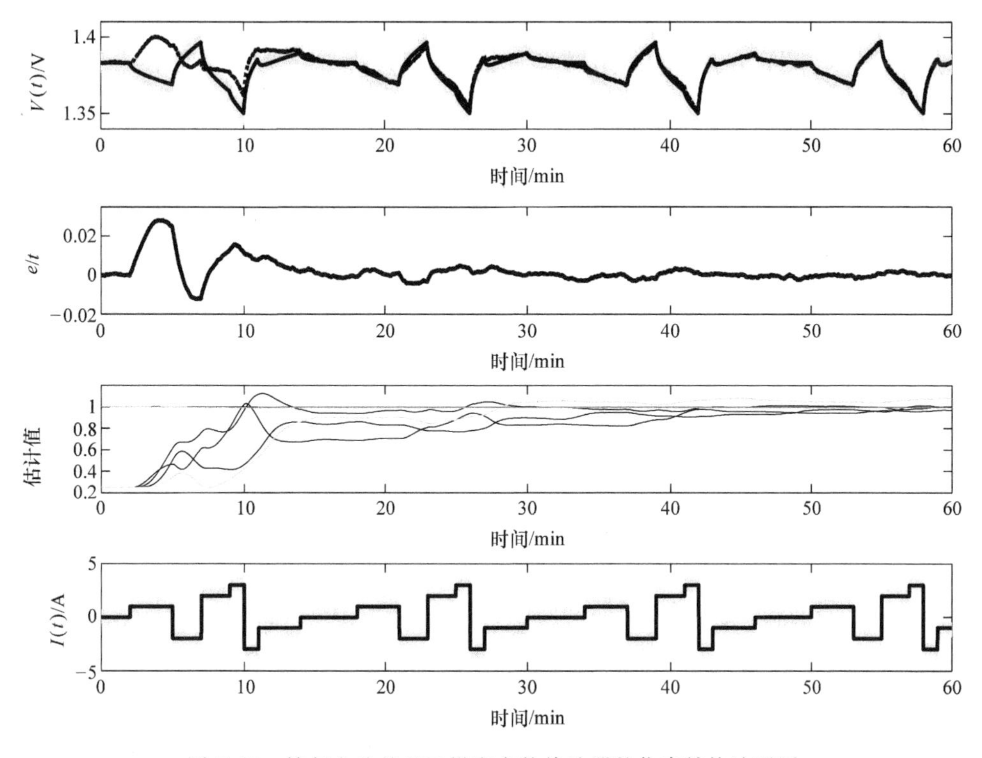

图 7-11　镍氢电池的基于梯度参数估计器的仿真结构波形图

习　题

7.1　一个 6A・h 锂离子电池的阻抗传递函数为

$$\frac{V(s)}{I(s)}=\frac{-0.00193s^3-0.0002682s^2-3.873\times10^{-6}s-9.026\times10^9}{s^3+0.06993s^2+0.0004744s} \tag{A-7-1}$$

该传递函数在开路电压为 3.6V，SOC 为 50% 时是线性的。

(a) 把该传递函数转换为一个三阶状态空间模型，使模型其中一个状态等于 SOC(t)；对图 6-11 中的占空比输入响应进行模拟仿真；利用 Matlab 软件中的 subplot 命令把 SOC(t)、$SOC_{cc}(t)$、$SOC_{v1}(t)$、$V(t)$ 和 $I(t)$ 的图形画到一个平面上，其中 $SOC_{cc}(t)$ 是利用电流积分法得到的 SOC 估计值，$SOC_{v1}(t)$ 是利用电压查表法得到的 SOC 估计值。假设初始 SOC 估计误差为：$SOC_{cc}(0)=0.9SOC(0)$；电压传感器有 10mV（幅值）的随机噪声信号。论述这两种方法的特点。

（b）设计一个基于带有 SOC 状态量的一阶模型的 SOC 估计器，并对估计器的极点设置进行修正使其达到最优化。假设初始 SOC 估计误差为：$SOC_{est}(0)=0.9SOC(0)$；电压传感器有 10mV（幅值）的随机噪声信号。对图 6-11 中的占空比输入响应进行模拟仿真；然后和（a）中要求的一样画出响应图；最后论述该方法的特点。

（c）设计一个基于全阶模型的 SOC 估计器，并对估计器的极点设置进行修正使其结果最优。假设初始 SOC 估计误差为：$SOC_{est}(0)=0.9SOC(0)$；其他初始状态估计值为零，电压传感器有 10mV（幅值）的随机噪声信号。对图 6-11 中的占空比输入响应进行模拟仿真；然后和（a）中要求的一样画出响应图；最后论述该方法的特点。

7.2　已知一个 8.75A·h，SOC 为 70%，开路电压为 2.12V 的铅酸电池的状态空间模型，其状态矩阵如下

$$\boldsymbol{A}=\begin{bmatrix}0 & 0 & 0\\ 0.5113 & -0.01005 & 0\\ 0 & 0 & -0.2727\end{bmatrix},\boldsymbol{b}=\begin{bmatrix}1.332\times10^{-6}\\ 0.0002907\\ -0.002907\end{bmatrix} \quad (A\text{-}7\text{-}2)$$

$$\boldsymbol{c}^{\mathrm{T}}=\begin{bmatrix}0 & 1 & -1\\ 23.83 & 0 & 0\end{bmatrix},\boldsymbol{d}=\begin{bmatrix}0\\ 0\end{bmatrix} \quad (A\text{-}7\text{-}3)$$

此时，第一个输出是电压 $V(t)$，输入是电流 $I(t)$。

（a）证明第二个输出是 SOC。

（b）对一个方波输入电流的响应进行模拟仿真，其中电流幅值为 1A，在 100s 的时间内完成 6 个完整的循环。画出电压、SOC 和电流的波形响应图。

（c）对全状态估计器，设定极点为 [−0.01，　−0.1，　−0.27]，计算其增益矩阵。

（d）对与（b）中输入相同的估计响应进行模拟仿真，估计状态和估计 SOC 具有零初始条件。画出电压和电压估计值的波形图（在同一张图中），SOC 和 SOC 估计值的波形图（在同一张图中）以及电流的波形图。画出具有 10mV 电压传感器噪声和 10mA 电流传感器噪声的波形图。

（e）利用一个循环的数据为该模型设计最小二乘校正算法来计算传递函数的系数。利用与（b）中相同的输入对所设计的最小二乘算法进行模拟仿真，并且利用图 7-7 中的格式画出输出结果图形。对滤波器极点进行修正使结果达到最优。画出具有 10mV 电压传感器噪声和 10mA 电流传感器噪声的波形图。

（f）为该模型设计一个参数估计器，来计算传递函数实时的各项系数。

利用和（b）中相同的输入对所设计的最小二乘算法进行模拟仿真，并且利用图7-7中的形式画出输出结果图形。利用（e）中得到的滤波器极点调整估计值增益使其到达最优。以初始值是真实值的25%为起点开始仿真。画出具有10mV电压传感器噪声和10mA电流传感器噪声的波形图。

第8章 电池管理系统

电池管理系统（BMS）主要负责控制电池组的充放电电流。电池组 BMS 系统的基本功能主要有：①限制电池的过充、欠充和过放；②确保电池组内的电池之间的均衡；③保持电池组的安全运行。一个典型的 HEV 电池组往往具有数量巨大的电池，混杂的导线线束，复杂的机电结构，因此这也给电池组的设计和管理带来了巨大的挑战。

在大多数实际应用中，电池基本上都是在一定时间段内进行缓慢放电（比如笔记本电脑中的电池），然后再进行周期性的再充电。本书中，BMS 的基本作用是管理电池在充电过程中要遵守充电协议，保证充电过程不会对电池造成损坏和缩短其寿命，并保证电池在短时间内能完成满充。当然，对于即插即用的电池，BMS 不仅要保证电池在进行充电时可以拔出电源插头，而且要保证电池在不拔出电源插头的情况下可以正常运行，同时还要保证在上述两种条件下电池能反复进行充放电。对于一些化学电池，可以通过对电池进行周期性充电，并在即插即用的情况下不让其进行满充的措施来延长电池使用寿命。但是，用户一般希望电池能进行一次满充来满足最长的使用时间，所以必须在延长电池寿命和用户期望单次使用时间之间找到最佳的平衡点。

最复杂的 BMS 系统通常要求能满足电池在动态环境温度下进行大电流的充放电。例如，在 HEV 应用中，要保证汽车动力的需求，电池必须要进行连续的充放电。在汽车运行的瞬时工况中，BMS 必须判定对电池组是进行小电流还是大电流充放电。由回馈制动造成的充电电流可以对电池组进行充电也可以被电阻排所消耗掉。如果超过了电流或电压使用范围，机械制动就会启动，但是电阻或机械制动造成的能量损耗会降低 HEV 的整车效率。被要求使用的放电电流，同样可以用来防止对电池进行欠电压或过电流运行。

如果硬件结构限定了电流和电压的使用范围，那么通常使用较高级的管理控制器来决定是否取消这些限制。但是，管理控制器做出和执行决策都需要花费一定的时间，所以管理控制器在做出决策过程中增加对电池性质的预测就显得非常有用，比如，管理控制器可以决定在未来 Δt 内是对电池进行最大电流充电还是放电。已知电池状态、SOC、SOH 和环境温度，就可以预测最大充放电电流范围，同时，假设电池以恒流模式充/放电，也就可以知道在未来的 Δt 内，电池不会有过电压/欠电压的情况出现。选择时间周期 Δt 来提供前馈信息，进而决定电池是用于功率源还是用于功率消耗，同时这样也可用来填补电池组所要求的和可用的功率之间的差距。

在电池运行过程中，保持电池组内单体电池之间的均衡也很重要。一个具有良好均衡功能的电池组中所有的单体电池具有相同的 SOC，因此也具有相同的输出电压。电池组内的电池通过并联来增大可用电流，通过串联来提高输出电压。电池并联时，因其具有相同的输出电压，可实现自动均衡。但是，在并联的电池中，电流和电阻成反比。电池串联时，具有相同的电流。理论上来说，如果串联的电池相同，运行在相同的环境条件下，并且在开始使用时是均衡的，那么这些电池在运行过程中也将保持均衡。但事实是，即使是新电池也都不尽相同，每个单体电池的使用寿命都不一样。电池的性质和寿命也取决于电池的使用环境。成组的电池数量很多，在电池组外部的单体电池相比于组内的电池，会产生更多的温度变化。电池的性质和寿命很大程度上由其使用温度决定，所以即使单体电池在开始使用的时候是相同的，经过一段时间它们的性质和寿命也会变得不同。到最后，如果所有的单体电池应用情况不一致，即使是很小的寄生负载（比如，BMS 本身具有的负载），也可能会造成串联电池的不一致。

在成组电池中选择增加加热/冷却系统可以最大限度地减小单体电池之间的容量性能差异。单体电池通常经过容量测试才进行成组，这样可以保证以串联形式成组的单体电池容量相匹配。加热和冷却系统被放到电池组中可以最大程度减少温度的梯度变化。但是，这些措施都不能完全消除单体电池之间的差异，电池间的差异还是会导致电池组中的不均衡。

电池串间的不一致通常会由于电池的老化而加剧。比如，铅酸电池会发生水分流失。对电池的过充会造成铅酸电池的水分流失，从而减低电池的容量。充电过程中，发生水分流失现象的电池将比电池组内的其他电池率先充满。如果继续充电至其他电池到达 100% 的 SOC，那么老化的电池就会过充，也就会造成更多的水分流失，其容量也会更少。因为具有对单体电池充电的控制功能，BMS 可以在组串内其他电池没有达到满充状态时，停止老化电池的继续充电。

保证电池组的安全性是 BMS 的另一个重要功能。保证单体电池电流和电压在其安全范围内是 BMS 一级安全措施。监控单体电池的温度是保证电池安全的另一个重要措施。热管理系统可以保证电池组工作在一个特定的温度范围内。电池组内的热量主要包含电化学反应过程产生热、焦耳热（I^2R）和其他在电极板上发生的可逆与不可逆反应产生的热。在电池管理系统中，热管理是非常必要的，这是因为电化学反应速率随着温度上升呈指数增加。通常是温度每升高 10℃，电化学反应速率增大一倍，但电池组的散热率随温度的增加只是呈线性变化。所以，电池热失控就可能造成灾难性的爆炸事故。特别是锂离子电池，具有普通爆炸性物质能量密度的 20%，发生危险事故的潜在风险还是存在的。保持温度的一致性也是保证串联电池组中各个单体电池均衡的一个重要手段。电池组中的温度梯度会导致单体电池老化的不一致性，增大电池均衡的难度，降低电池组的使用效率。电池系统工程师也应该考虑到电池组物理损坏对电池组的影响，比如电池组的物理穿透会造成两个或更多的电流集流体之间的短路。所以安装有源和无源电池组开关（比如熔断器）对于预防极端事件的发生很有必要。

BMS 的开发和实施可以有不同程度的复杂性。充放电电流和电压的阈值可以不用考虑电池的应用环境、温度和使用历史，而通过硬件进行设定为系统的保护值。这些阈值可以根据在一定的使用环境下的大量实验数据通过经验得到。基于电池寿命和温度，通过查表可以对电流和电压的阈值进行调整。在频谱的另一端，考虑到电池内部发生的真实化学反应过程，基于模型的方法是最复杂的，需要大量的数学建模、验证和分析。通过这种方法可以知道，大多数的应用场合需要高性能的电池组、最大的电池组利用率和较小的电池组尺寸。

图 8-1 所示为分别利用锂离子电池组动态特性和基于模型的充电限值对锂离子电池组进行实验得出的实验图形。在充电过程中，应用了两种不同的限流策略。如图中所示，左边是基于电池组电压固定限值的实验图形，右边是基于模型估计器的动态限值的实验图形。动态限值可以根据估算的固态电解质的最小电位值进行修正，并且可以避免金属锂的析出。金属锂的析出是锂离子电池内部发生的一种主要的降解机理，主要是指一种发生在固态电解质低电位时的副反应。如图 8-1 中的点画线曲线所示，利用动态限值可以拓宽 SOC 的运算范围。利用动态极限电流从图中可以看到，上边的 SOC 曲线可在 2s 内提供一个 30kW 的充电脉冲，比下边的 SOC 的范围至少增加了 50%，甚至 70%。因此，一个利用动态极限电流提供的较小电池组和一个利用恒定电流限值的较大电池组可以提供相同的的能量。在该例中，相比于固定电流限值，动态极限电流可以提供 3 倍的可用能量，并且在超过保护值的情况下，可用能量增加了 22%。

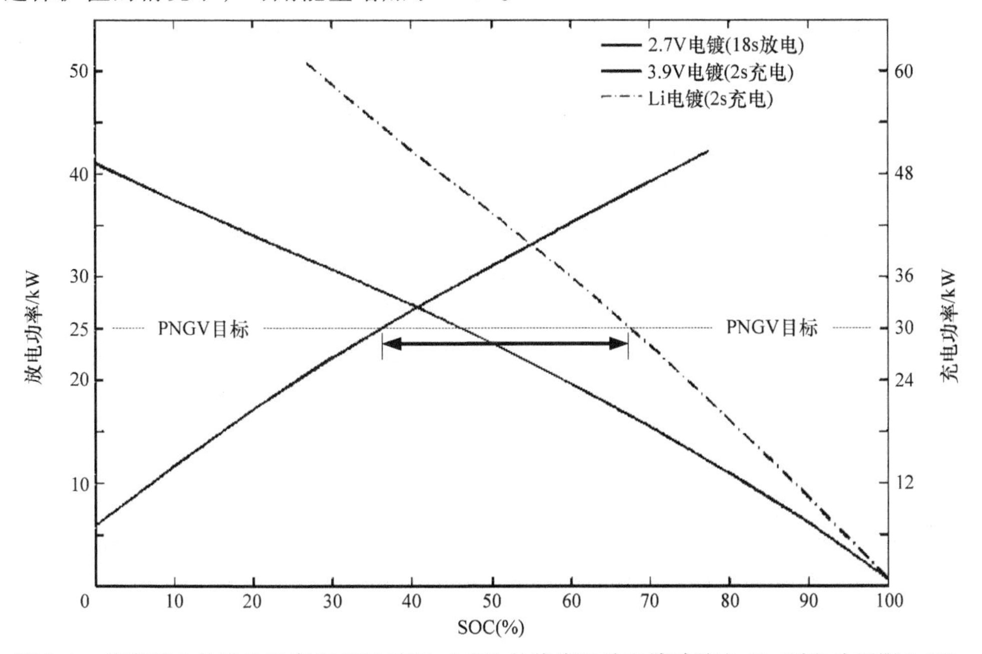

图 8-1　锂离子电池组的功率和 SOC 波形（左边的线表示放电脉冲放电 18s 到电池下限 2.7V；右边的线表示充电脉冲充电 2s 到电池上限 3.9V；右边的点画线表示锂电镀限值）

本章中，主要应用前面章节提到的模型和估计器来开发能实际应用的高效的BMS。同时也对电池充电协议、有效的充放电功率估计、充放电限值和单体电池均衡方法进行了研究。

8.1 BMS 硬件结构

目前，市场上应用的BMS硬件结构主要包括大功率开关元件、单体电池均衡集成电路、电流传感器、电压传感器和温度传感器。图8-2所示是TI公司提供的一个BMS硬件结构图。该BMS主要采用不同的通信方式来保证系统的冗余，并完成对电池组的管理和单体电池的均衡，同时利用嵌入式温度管理模式来保证电池组的安全和长寿命运行。BMS是保证混合动力汽车高度安全的一部分，所以准确可靠的通信和精确的数据测量是BMS所必需的。与其他的商业硬件结构一样，BMS也采用隔离电路来保护灵敏的微处理器和大功率电池组电压进行隔离。

如图8-2所示，如果在外接一个分流电阻的情况下，内接一个场效应晶体管（小电流时）或者再外接一个大功率MOSFET，TI公司生产的bp76PL536芯片就可以用来对电池组实行被动均衡[81]。TI公司同时也生产进行主动均衡的集成电路，它主要是利用电容或电感来进行电荷存储，对电池组中相邻的电池之间实现能量转移。因为外部电阻不消耗能量，所以主动均衡更有效，但主动均衡要利用额外的元器件来实现，故其实现的成本也就更加昂贵。

图8-3所示为利用bp76PL536芯片进行被动均衡的原理图。被动均衡只有在充电过程中，也就是 $I_{Charge}>0$ 时，才能完成。如果集成电路中的一个引脚被激活，那么电流 I_{Bias} 就会流过内部场效应晶体管，进而打开外部的MOSFET。然后，该外部MOSFET就会让电流 I_{Bal} 通过旁路流过电池，电阻 R_{Bal} 就会消耗电池能量。如果集成电路的引脚被禁用，那么内部场效应晶体管就会关闭，充电电流 I_{Charge} 就会直接流经单体电池。在这种情况下，利用大功率MOSFET可以流过大电流 I_{Bal}，实现快速均衡。如果只用内部场效应晶体管和外部电阻 R_{Ext}，只能进行慢速均衡。每个bp76PL536芯片可以管理6只单体电池，如果把多个芯片叠放最多可以管理192只单体电池。

最简单的电池均衡算法是基于对电池电压的测量。但是，电池组中的单体电池具有不同的内阻，所以基于电压的均衡方法可能并不能完成串联电池的SOC均衡。被动均衡需要流过电池的电流不能为零，所以即使电池的SOC相同，不同的内阻也能完成电池电压的互相均衡。这种均衡方法只能在电流比较小时才能进行。但是，减小均衡电流就会延长均衡时间。电池的均衡电流必须至少应该能改变电池组的不均衡现象，不然，单体电池的SOC之间的差距就会慢慢变大。

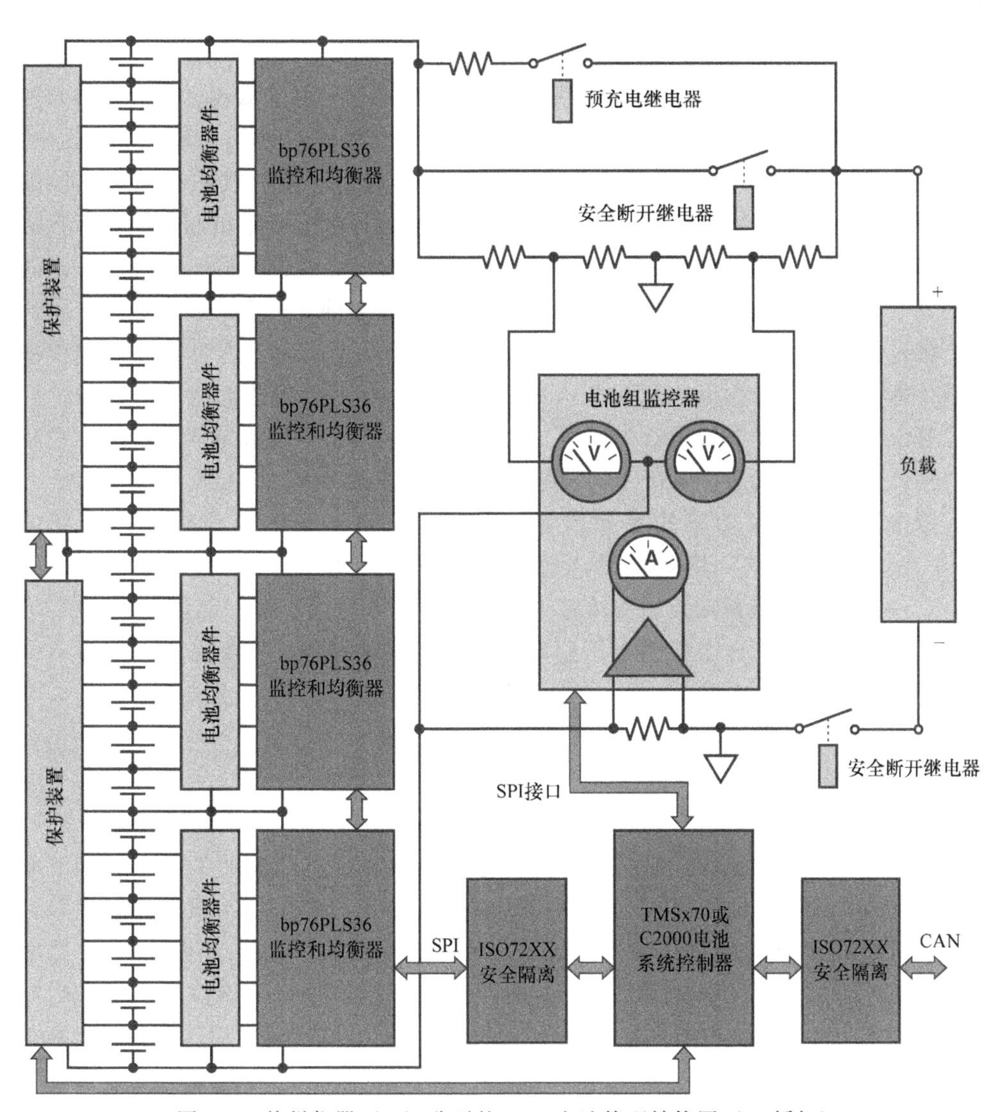

图 8-2 德州仪器（TI）公司的 HEV 电池管理结构图（TI 授权）

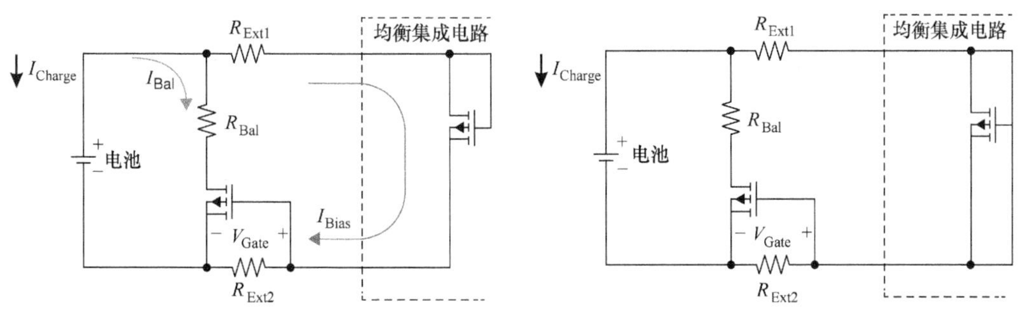

图 8-3 被动均衡原理图[81]

电池均衡也基于电荷的移动来进行，例如可利用 TI 公司生产的阻抗跟踪能源管理芯片 bp20z80 实现[82]。在电池以小于 $C/20$ 的电流等级充放电，静置足够长的时间后，该芯片运用电压查表法可以判定电池的 SOC。在电池的各种化学特性中，主要关注与 SOC 相对应的电池电压和温度。然后利用电流计数法来估计电池的 SOC。电池容量的重新标定是在电池处于一个衰减状态情况下运用两个电流计数法进行 DOD 估计的基础上进行的。电池电压的衰减状态可以通过将电池静置一段时间直到 $\mathrm{d}V/\mathrm{d}t$ 越过设定的临界值来判定，也可以通过电池在没有充放电情况下到达一个限定值所经过的时间来判定，这段时间通常是几个小时。通过在放电过程中分别计算开路电压和测量电压对放电电流的比值，并对所得的比值进行比较，可以计算出电池阻抗（高频或欧姆电阻）。如果知道电池组中每节单体电池的容量和 SOC 估计值，就可以通过电荷在电池组中的移动来实现 SOC 的均衡。

BMS 的核心是大功率的场效应晶体管开关。信号场效应晶体管用于低压（5V）管理。电力 MOS 场效应晶体管可以处理最大 200V 的漏源极电压。超过 200V，一般采用绝缘栅双极型晶体管（IGBT）。IGBT 是由双极型晶体管和 MOS 场效应晶体管组成的复合全控型电压驱动式功率半导体器件，主要应用于混合动力汽车的驱动电子电路中。

8.2 充电模式

充电的目的是在尽可能短的时间内使电池恢复到尽可能高的满电荷状态。通常，充电模式主要有恒压模式（CV）、恒流模式（CC）和恒压与恒流充电相结合的模式（C C - CV）。在恒压充电模式下，开始时电池 SOC 较低，电流很大，然后随着电池电压的上升，电流慢慢减小。如果能对恒压值进行正确设置，那么当电池 SOC 达到 100% 时，电流会慢慢减少到零。恒流充电模式通常用作电池刚开始充电时的方法。恒流恒压模式是电池开始充电时用恒流模式，当电池电压达到设定的关断值时，充电开关转换为恒压模式。在任一给定时刻，只能控制电池的充电电流或者充电电压，而不能同时对两者都进行控制。目前，有很多种不同的方法可以对电池电压进行关断，比如利用计时器、恒流模式和恒压模式转换开关等[2]。

充电计划通常针对在不同的温度条件下和不同寿命情况下的许多不同类型的电池进行，所以考虑不同电池在充电过程中的不同变化尤为重要。例如，恒压充电的电压等级设定可能就必须基于被充电池的特性来进行相应地调整。在大的电池组中，由于单体电池的多样性，要考虑的情况可能更加复杂。

充电时，电池最容易发生灾难性事故。智能充电机必须在电池升温时能够进行识别，并判断电池是否处于热失控的状态。电池是一种高比能量的装置，在一定的条件下可能会发生爆炸。所以，充电算法必须把电池安全充电作为第一要务。

图 8-4 所示为锂离子电池的充电过程示意图。如果在开始充电时，电池电压低于 $V_{O(LOWV)}$，那么就可以假设为电池在进行放电，必须以电流 $I_{O(PRECHG)}$ 对电池进行预充电，直到电池电压达到 $V_{O(LOWV)}$ 为止。然后，将充电机开关置于热调整阶段，增大充电电流，直到电池或者充电机温度达到 $T_{(THREG)}$。如果温度继续在 $T_{(THREG)}$ 以下，那么就使用快充电流 $I_{O(OUT)}$ 对电池进行充电，直到电池电压达到 $V_{O(REG)}$。最后，逐渐降低充电电流，使电池电压保持在 $V_{O(REG)}$ 不变。当充电电流达到 $I_{(TERM)}$ 时，充电结束，充电机关断。

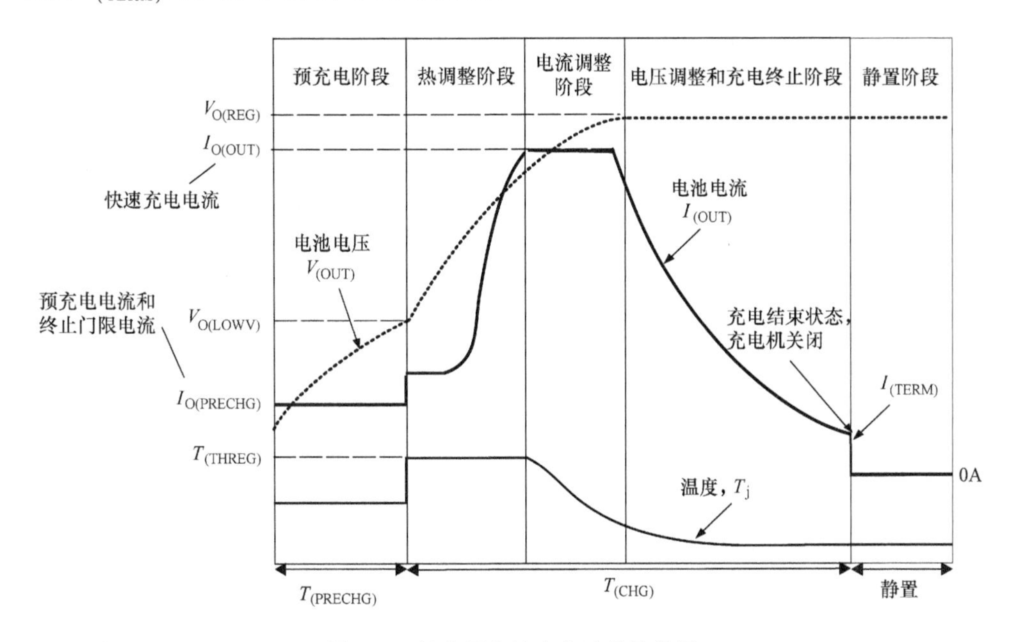

图 8-4 锂离子电池充电过程示意图

PHEV 和 EV 需要专门的充电设施来完成对动力电池的快速、方便实用和价格合理的再充电。PHEV 和 EV 的用户也需要适用于住宅用的充电机来为他们的汽车进行充电。种类多样的充电基础设施可以减小车载电池组的体积，降低 PHEV 和 EV 的成本。如果用户有很多种充电选择，他们就可以选择配有较小体积电池组、价格更加低廉的电动汽车，接受比较短的行驶里程。小电池组的充电速度更加快速，所以如果应用大功率充电机，即使在很短的购物路上，也可以满足用户对电动汽车的充电补给。

充电站一般使用恒流－恒压的充电算法，在恒压充电时，充电电流逐渐减小，直到关断电流为止。关断电流可以使电池达到 100% SOC。但由于电池化学特性和制造商的不同，关断电流也不尽相同。一些电池制造商建议在以恒压充电 30min 以后就可以结束充电，即使此时充电电流还没达到关断电流。已经开发出来的充电机，按标准划分为 1、2 和 3 三个等级，对应的使用电压分别为 AC 120V、AC 240V

和 AC 480V。

表 8-1 所示是对应于 10mile[⊖]、20mile 和 40mile 不同行驶里程的电动汽车所需要的电池组的容量和电池充电时间。从表中可以看出，随着电动汽车尺寸的增大，行驶相同的里程数所需电池组的容量也在增大。等级 1 的充电时间比等级 2 充电时间多出 5 倍。因为不使用恒压充电模式作为电池充电的结束，快速充电大致到电池 SOC 的 80% 可能所需的时间更短。作为比较，等级 3 的充电机可以在 10 ~ 15min 内把一只完全耗尽的电池充到 SOC 的 50%，这基本和商用的加油站相一致。

表 8-1　电动汽车对应于不同行驶里程所需要的电池容量和充电时间

仅靠电力供给行驶里程/mile	10	20	40
电池容量/kW · h			
经济性汽车	5	10	20
中型汽车	6. 7	13. 3	26. 7
轻型卡车/SUV	8. 3	16. 7	33. 3
大约所需充电时间——等级 1/h			
经济性汽车	2. 7	5. 5	10. 9
中型汽车	3. 6	7. 3	14. 5
轻型卡车/SUV	4. 5	9. 1	18. 2
大约所需充电时间——等级 2/h			
经济性汽车	0. 5	1. 0	2. 0
中型汽车	0. 67	1. 3	2. 67
轻型卡车/SUV	0. 83	1. 67	3. 33

8.3　脉冲功率容量

在汽车的应用中，有许多级别的动力传动控制系统。本书的重点是讲单体电池、电池模块和电池组级别的估计和控制系统。在上边所讲的这种低级别的控制系统中，利用一个上位机监控器来确定电池组、内燃机（如果利用到）和电机之间的功率流，这种功率流主要为汽车提供原动力和回馈制动的能量。在不久的将来，这种上位控制器可以从电池组限值特性的预览信息中得到想要监控的信息。比如，可以在接下来的 Δt 时间内对电池组的可用功率进行估计，通过这种估计来决定是准备其他的功率源来对电池组进行充电，还是准备负载来消耗电池组发出的多余的能量。通常，取预览的时间周期 $\Delta t = 5s$ 或 10s。

对 Δt 内可用最大电流的预测可以用于与汽车的上位控制器配合，来为 HEV 提

⊖　1mile = 1609. 344m，后同。

供高效可靠的动力传动控制。依靠强大的计算能力，在嵌入式控制器中植入这些算法，不但可以对单体电池进行控制还可以对整个电池组进行监控。由于电池之间的差异性，当设置约束限制值时，对于整个电池组的监控需要更加保守的方法来实现。已知电池过充的安全边界条件，那么对锂离子电池组中的每只电池电压的测量也都可以实现标准化应用。

电池功率本身是一个非线性量，但是在某个控制点上，它也可以进行线性化处理得到近似值，如下：

$$P(t)=I(t)V(t)\approx\overline{P}+\overline{V}\tilde{I}(t)+\overline{I}\tilde{V}(t) \tag{8-1}$$

式中，$\overline{P}$，$\overline{V}$ 和 $\overline{I}$ 分别是控制点功率、电压和电流，而且 $\overline{P}=\overline{IV}$。控制点的电压和电流偏差分别为 $\tilde{V}=V-\overline{V}$ 和 $\tilde{I}=I-\overline{I}$。其中，电压偏差可以通过下式计算得出

$$\tilde{V}(s)=Z(s)\tilde{I}(s) \tag{8-2}$$

此时，电池阻抗传递函数 $Z(s)$ 和 $\overline{V}$、$\overline{I}$ 也成线性关系。如果电压相对恒定，那么在实际计算过程中，电流和功率之间就成简单的正比关系，就可以忽略掉式（8-1）中的右边的第二项。但是，对于精确的功率预测，就必须应用完整的非线性式（8-1）来计算。磷酸铁锂电池的电池电压相对于其 SOC 曲线变化相对平缓，但即使是单体的磷酸铁锂电池，其可用电池电压范围为 1.6～3.8V，稍高于其设计电池电压范围的一半。

电池在充电过程中，电压增大，在放电过程中，电压减小。脉冲越大，电池电压就越偏离其初始值。为了保持功率恒定，就必须在充电过程中，减小电流，而在放电过程中，增大电流。当其中一个变量超过预先定义的限值时，就可以得到相应的脉冲功率限值。在典型的电池组中，只有电压、电流和温度可以测量。尽管很难通过直接插线的方式测出电池组的绝对温度限值来防止热失控现象，由于温度的变化很慢，所以还是可以被用作脉冲充放电截止条件。得到电压和电流固定极限值的最简单的方法如下：

$$V_{\min}\leqslant V(t)\leqslant V_{\max} \tag{8-3}$$

$$I_{\min}\leqslant I(t)\leqslant I_{\max} \tag{8-4}$$

式中，最小的极限值（$V_{\min}$，$I_{\min}$）和最大的极限值（$V_{\max}$，$I_{\max}$）都是温度和电池寿命的函数。更复杂的方法可能还包括电池内部各种变量的限值，如果超过了这些限值，可能会造成电池的老化[67]。

脉冲功率容量取决于电池的使用历史记录、短期使用（分钟）频率、长期使用频率（月）和当前的使用环境。为了预测脉冲功率的容量，必须知道电池当前的状态。比如，对于一个简单的一阶 SOC 模型，就必须知道当前的 SOC 值。更复杂的模型需要知道电池更多的状态，可能包括电解液和固相转换动态特性以及电

池当前的 SOC。在这些模型中，电池的整个状态都必须已知。但是，在实际应用中，只有电压是可测的，所以其他状态（包括 SOC）都必须进行估计。脉冲功率容量也取决于电池当前的 SOH 值。必须把容量和模型参数结合起来考虑，这样才能对电池的状态进行精确地预测。最后，模型参数也取决于温度，所以这些参数估计值也可基于被测温度进行最后的修正。

如果已知模型参数和电池初始状态，就可以计算出脉冲功率容量。首先，选择恰当的脉冲指示器。可以随意选择充放电电压截止值。电池内部的其他变量也可估计及使用。实际应用中，电压、电流、温度和其他的极限值可以强制规定。电池管理系统具有对这些参数设定的功能。为了证明的需要，假设建立的电池模型可以通过给定的电流对电压进行估计，那么电池模型的状态空间形式就可以通过下式表示：

$$\dot{\boldsymbol{x}}(t)=\boldsymbol{A}\boldsymbol{x}(t)+\boldsymbol{b}P(t) \tag{8-5}$$

$$V(t)=\boldsymbol{c}^{\mathrm{T}}\boldsymbol{x}(t)+dP(t) \tag{8-6}$$

式中，输入是功率 $P(t)$，忽略了式（8-1）中右边的第二项。

为了预测下一个 Δt 内的脉冲功率容量，式（8-5）和式（8-6）表示的连续时间模型要以 Δt 为时间间隔进行离散化处理。如果电流脉冲在每一个采样周期中是恒定的，而只是在 Δt 的倍数周期中发生变化，那么利用一个零价保持器（ZOH），离散模型就可以和连续时间模型一样，在 $t=\Delta t$，$2\Delta t$ 等时刻具有完全相同的解决方法。为了预测最大值，在下一个 Δt，就要提供恒定的功率脉冲，这样才能利用 ZOH 离散方程式㊀。

离散状态方程式如下：

$$\boldsymbol{x}(k+1)=\boldsymbol{F}\boldsymbol{x}(k)+\boldsymbol{g}P(k) \tag{8-7}$$

$$V(k)=\boldsymbol{c}^{\mathrm{T}}\boldsymbol{x}(k)+dP(k) \tag{8-8}$$

式中，k 是时间步长（$t=k\Delta t$），则有

$$\boldsymbol{F}=e^{\boldsymbol{A}\Delta t},\text{和 } \boldsymbol{g}=\int_{0}^{\Delta t}\mathrm{e}^{\boldsymbol{A}\tau}\boldsymbol{b}\mathrm{d}\tau \tag{8-9}$$

利用 Matlab 中的命令 c2d. m 可以生成上述的离散状态方程。

假定初始条件是 $\boldsymbol{x}(0)$，充电模式是恒功率充电，在 Δt 内，电压达到上限电压值 $V_{\max}$，那么利用式（8-7），可得到

$$V_{\max}=\boldsymbol{c}^{\mathrm{T}}\boldsymbol{x}(1)+dP_{\max}=\boldsymbol{c}^{\mathrm{T}}\{\boldsymbol{F}\boldsymbol{x}(0)+\boldsymbol{g}P_{\max}\}+dP_{\max} \tag{8-10}$$

㊀ 如果在微处理器上对一个具有连续时间的估计器或控制器进行离散化，计算机就可以很容易地以代码的形式对离散化产生的差分方程进行处理。

求解式（8-10），可以得到充电脉冲功率容量为

$$P_{\min}=\frac{V_{\max}-\boldsymbol{c}^{\mathrm{T}}\boldsymbol{F}\boldsymbol{x}(0)}{\boldsymbol{c}^{\mathrm{T}}\boldsymbol{g}+d} \tag{8-11}$$

在恒功率放电模式下，脉冲功率容量为

$$P_{\min}=\frac{V_{\min}-\boldsymbol{c}^{\mathrm{T}}\boldsymbol{F}\boldsymbol{x}(0)}{\boldsymbol{c}^{\mathrm{T}}\boldsymbol{g}+d} \tag{8-12}$$

如果已知电池的当前状态，电压限值和离散状态矩阵，那么充放电脉冲功率容量就可以通过式（8-11）和式（8-12）计算出来。但是，在实际应用中，电池的所有状态都是未知的，那么在式（8-11）和式（8-12）中就必须应用状态估计量 $\boldsymbol{x}(0)$进行计算。状态估计器也可以对电压和电流的噪声进行滤波处理。除了开始阶段的原始状态是未知的，状态估计与真实的状态非常吻合。

图 8-5 所示是由式（8-11）和式（8-12）镍氢电池模型的脉冲功率能量估计

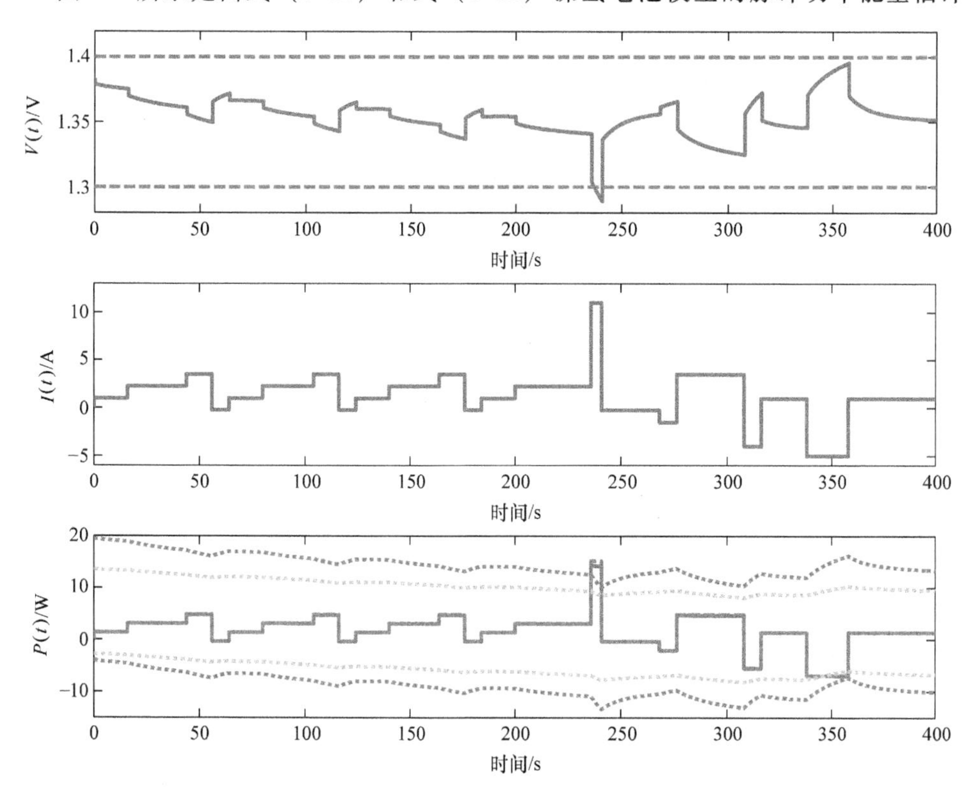

图 8-5　镍氢电池的脉冲功率容量仿真结果图（最上边的图中实线表示电压响应；短划线表示电压限值；中间的图表示电流分布；最下边的图中亮实线表示功率；短划线代表线性估计值；暗短划线表示 5s 脉冲功率容量，亮短划线表示 20s 脉冲功率容量）

的仿真图形。对于应功率波形的电压响应图形有很大的波动。如图中所示，电池的电压上下限分别为 1.4V 和 1.3V，在 $t=242s$ 时刻（此时放电）电压超过了下限值；在 $t=359s$ 时刻（此时充电），电压几乎达到上限值。输入电流可以从期望的功率波形中计算出来，如图 8-5 中的短划线所示。从仿真结果图中可以看到，期望的功率曲线大部分都在实际功率曲线（亮实线）下方。然而，在 $t=242s$ 时刻，电池处于深放电状态，由于电压的下降，实际功率小于期望功率。大于零的短划线代表放电脉冲功率容量，小于零的短划线代表充电脉冲功率容量。较亮曲线的幅值比较小，这是因为它所对应的脉冲时间较长（$\Delta t=20s$），较暗的曲线所对应的脉冲时间较短（$\Delta t=5s$）。这些曲线预测电压在 $t=242s$ 时刻低于下限值 1.3V，在 $t=359s$ 时刻，达到上限值 1.4V。脉冲功率容量可以给监控器提供实时估计，并能为各种电源之间安装高效、安全和最优的开关提供很好的理论依据。

8.4 动态功率限值

电池组在充放电过程中都有一个功率限值。大电流易造成电池的发热，可能会引起危险的热失控或者造成电池的寿命衰减。大电流还可能由于电池内阻的变化造成电压的陡然上升或下降。过高的超压和过低的欠电压都会对电池造成潜在的损坏。在脉冲功率应用中，固定的功率限值可能过于保守，特别是对于短时高频脉冲来说，可能会产生大的欧姆电压扰动[84]。制造商有时会根据脉冲时间的持续时间来对大功率电池的功率/电压做出限值。由于需要知道一个脉冲的持续时间，这些人为控制限值的方法很难在实际的 BMS 中实现。

BMS 具有电池均衡功能，可以对电池组和单体电池的功率限值进行程序设定。最简捷的方法是根据最坏的应用环境对电池的功率设定保护限值。这些限值可以根据电池的温度、SOH 和 SOC 进行调整和修正。这就需要知道电池应用空间环境的三维空间地图模型、温度的精确测量、电池 SOC 和 SOH 的准确估计。一个更加复杂的方法是直接测量电池电压，并基于模型进行状态估计，从而对功率做动态限值，使电压始终保持在规定的范围内。沿着这种思路，可以设计一个基于模型的动态限值器，来保证电池始终处在已知的安全范围内，并且使电池在不发生老化的状态下使用。

举个例子来说，考虑到锂离子电池的化学特性，可以用已开发出的电池模型对电池充放电时的物理特性参数的限值做出预测。电池的物理特性参数的限值主要是指电极表面的锂离子浓度 $c_{s,e}$ 的饱和度和消耗度，电解质溶液中锂离子浓度 c_e 的消耗度。为了避免突然断电，必须对电池功率进行上下限的设定，以保证锂离子浓度在如下所示的限定范围内：

$$0<\frac{c_{s,e}(x,t)}{c_{s,max}}<1, c_e(x,t)>0 \tag{8-13}$$

为了避免损坏电池的副反应，必须对电池功率做出上下限的设定，以保证固体电解质相电位差，$\phi_{s-e}=\phi_s-\phi_e$，限定范围如下：

$$U_{sd}<\phi_{s-e}(x,t)<U_{si} \tag{8-14}$$

式中，U_{sd}，U_{si}是副反应的平衡电位，分别发生在锂离子进入活性物质和析出活性物质的过程中。

当 $\Delta t=0$ 时，因为期望限值都是瞬时值，所以动态功率限值公式可以从式（8-11）和式（8-12）中直接推导出来。把 $\Delta t=0$ 代入式（8-9）可得

$$\boldsymbol{F}=\boldsymbol{I},\ \boldsymbol{g}=0 \tag{8-15}$$

所以，式（8-11）和式（8-12）可变为

$$P_{min}(t)=\frac{V_{max}-\boldsymbol{c}^{T}\boldsymbol{x}(t)}{d} \tag{8-16}$$

$$P_{max}(t)=\frac{V_{min}-\boldsymbol{c}^{T}\boldsymbol{x}(t)}{d} \tag{8-17}$$

式（8-16）和式（8-17）中的动态功率限值取决于电池的测量状态 $\boldsymbol{x}(t)$。在实际应用中，电池的全状态都是不可测的，所以必须用电池的状态估计量 $\hat{\boldsymbol{x}}(t)$。如果 $d=0$，就意味着不存在从功率输入到感兴趣的输出间的直接馈入，那么功率限值就会变为无穷，也就没有了实际意义。对于基于电压对的功率限值来说，d 就是永远不会为零的电池阻抗。

图 8-6 所示为动态功率限值控制器的原理框图。该系统生成输出电压和 $\boldsymbol{c}^{T}\boldsymbol{x}(t)$。用 V_{min}和 V_{max}乘以 $G=1/d$ 可分别得到功率限值的上限值和下限值。然后利用一个单脉冲对动态限值 P_{max}和 P_{min}进行范围的限制。

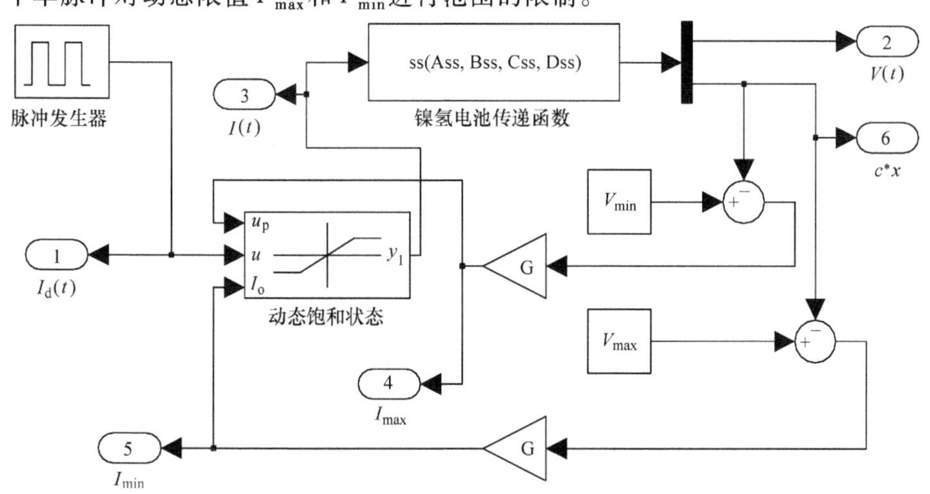

图 8-6　动态功率限值控制器结构框图

图 8-7 是利用重复的充电脉冲进行动态限值的实验波形，此时设定电流上下限保证 $V(t) \leqslant V_{\max}$。在第一个充电脉冲过程中，电压一直低于 $V_{\max}$，所以电流等于期望电流。第二个充电脉冲被中途剪断，是因为电压已经达到了设定的电压限值。电压在到达限值时变为平线，直到该段脉冲结束。为了保证脉冲在电压达到限值时变为平线的速度更快，在第三个脉冲后，电流永远不会达到其预期的幅值。在该线性仿真过程中，电流和功率呈简单的正比关系，所以电流的限值就等同于功率限值。但是，对于电压中带有宽幅振动大功率脉冲来说，实际的功率远远不同于线性近似值。

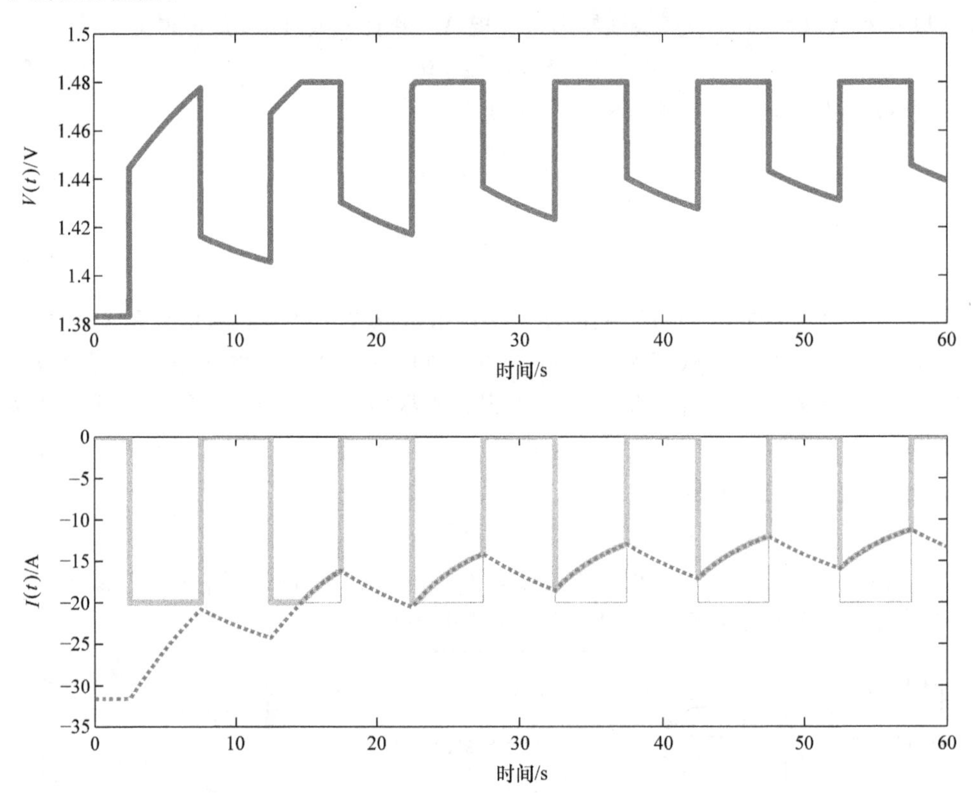

图 8-7　动态功率限值控制器响应图（上图表示电压响应图，下图表示电流响应图，其中细线表示所需的电流响应，粗线表示电流限值，短划线表示电流动态限值）

比较基于经验估计算法、固定功率限值法、动态功率限值法可以看出，基于模型的功率限值法比较复杂，需要精确的参数和状态估计参量。基于模型的方法通过 HEV 电池组得到促进，HEV 动力电池组的成本虽然是每辆车数千美元，但并没有发挥其满功率和满能量进行工作，这是因为在实时环境中可能会发生一些不确定性事件，比如电池发生损坏或者突然断电的情况。这个例子证明了这种方法可以通过控制电池内部状态量或理化约束量来进行实际应用，而且利用这种方法可以拓宽电池的功率容量。在实际应用中，BMS 可以对电流、电压、SOC 等进行多重约束，并且使这些参数每一刻都在最小约束值下运行。

8.5 电池组管理

8.5.1 电池组动态特性

典型的电池组由很多单体电池通过串并联的方式组成，来提供所需的功率。

图 8-8 为单体电池进行串并联的组成示意图。在串联电池组中，单体电池的电流相同；在并联电池组中，单体电池的电压相同。如果单体电池都相同，那么串联电池组的电压就是 $V=NV_j$，式中 N 是单体电池的数量，V_j 是单体电池的电压。相同的单体电池进行并联，流过每个单体电池的电流也相同，为 $I_j=I/N$。

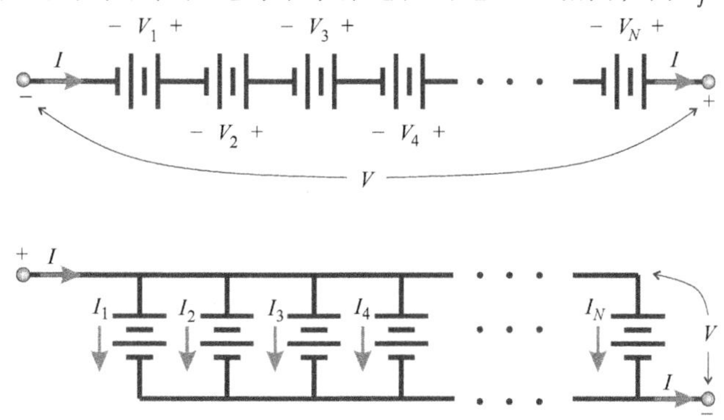

图 8-8 串联电池组（上图）和并联电池组（下图）结构图

单体电池的电压大约只有几伏，所以实际中的设备都需要很多单体电池进行串联才能提供所需的电压。单体电池的容量和电流也都有限。把单体电池并联起来可以提高电池组的容量，从而得到所需的足够大的电流。应用在汽车领域的电池都需要有很大的功率，这就需要将很多个单体电池串并联起来使用。成百上千只单体电池组成一个 EV 动力电池组。即使是一个铅酸启动电池组也需要 6 只单体电池串联起来，才能提供 12V 的输出电压，再用很多节单体电池并联起来提供足够的启动电流。

本节中，将利用前面章节所提到的单体电池模型，通过串并联的形式组合起来形成电池组的模型。电池组模型也可用来对电池组的动态特性进行仿真，并设计基于模型的控制器。为了高效地进行数值计算，很有必要从单体电池的动态特性中提取有用的部分进行最低阶模型的简化，以便能精确对电池组状态进行预测。本节的重点是研究低阶线性的模型，并把该模型应用于 BMS 的电路板中。但是，在实际应用中，由于基于模型算法仿真的需要，可能需要更加复杂（比如非线性）

的模型。

1. 串联电池组

图 8-9 是两个单体电池串联成电池组后进行仿真的结构框图。两个电池串联的电池组模型状态空间形式的输入为 $I(t)$，输出为 $SOC(t)$ 和 $V(t)$。串联电池组的总电压等于两个单体电池电压之和（输出 6）。两个单体电池模型的不同之处在于初始条件［比如不同的 SOC（0）］、容量（不同的 $\boldsymbol{B}$ 矩阵）和阻抗（比例系数 $\boldsymbol{D}$）。

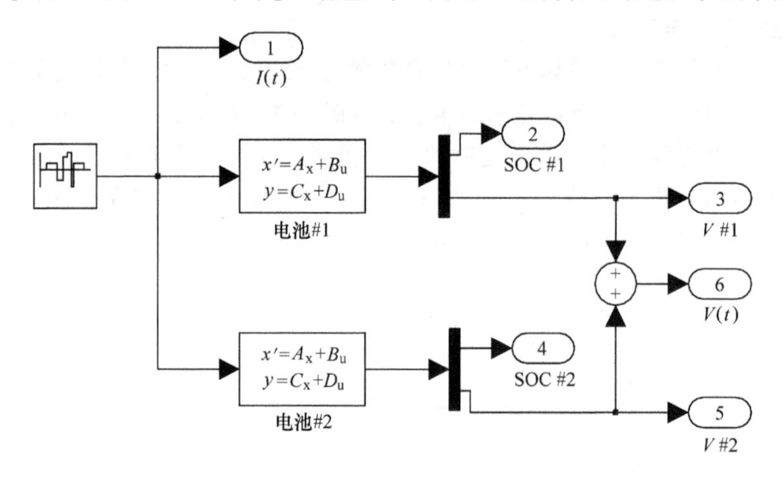

图 8-9　两个单体电池组成的串联电池组的结构框图

如果电池 1 和 2 的初始 SOC 分别为 70% 和 65%，那么图 8-10 即是两个电池在脉冲输入电流情况下的时间响应波形。假设两个电池具有相同的动态模型，那么经过 25min 的仿真模拟试验后，两节电池的 SOC 仍存在 5% 的恒定偏差。初始瞬态后，因为具有较低的 SOC，所以电池 2 的电压曲线始终处在电池 1 电压曲线的下方。BMS 通常利用 SOC 的限值或电压的限值来决定电池何时停止充放电。单体电池电压已知且是可测的，所以电池的 SOC 可以通过电压和电流数据进行估计。对于串联的两个单体电池来说，在放电过程中，电池 2 较电池 1 率先达到 SOC 和电压的下限值。考虑在 $t=10\text{min}$ 时的电池 SOC。如果电池的 SOC 下限设定为 55%，那么当 $t=10\text{min}$ 时，电流将会关断，这是因为电池 2 已经到达了其设定的下限值，然而，此时电池 1 仍有 5% 的容量可以提供，但也被关断不能继续使用。相似的道理，如果电压的下限值设定为 1.34V，那么电池 2 的电压在 $t=10\text{min}$ 时就会穿过下限值，从而触发电流限流器，关断电路。同样地，电池 1 电压在那个时刻还没达到下限值，但也会被关断，不能继续使用。充电过程正好相反，电池 1 较电池 2 率先触发 SOC 和电压的上限值。放电过程中，电池 1 不能被充分利用。同样地，充电过程中，电池 2 也不能进行满充。因此，尽管串联电池组的电压几乎是单体电池电压的两倍，但由于电池阻抗的原因，电池组的容量却没有得到充分且有效地利用。

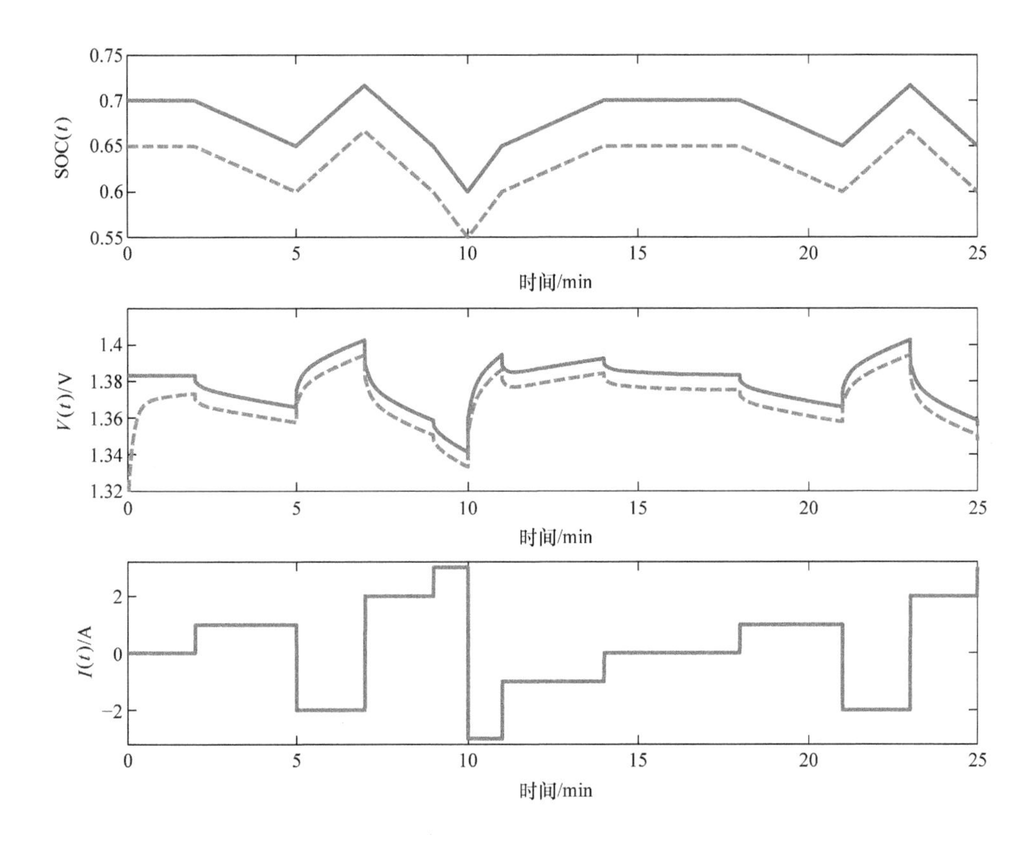

图 8-10 具有不同初始 SOC 的两个单体电池组成的串联电池组的仿真结果图
（上图中实线表示电池 1 的 SOC，短划线表示电池 2 的 SOC；中图中实线代表电池 1 的电压，短划线表示电池 2 的电压；下图表示输入电流）

图 8-11 所示是两个具有不同容量的电池串联后的仿真结果图。电池 2 的容量是电池 1 容量的 80%。在实际应用中，这种情况可能是由于电池的使用寿命不同或者不同制造商造成的。两个单体电池的初始 SOC 和电压相等。因为电池 2 的容量较小，所以电池 2 上升和下降的速度都比电池 1 要快，而且在相同的电流情况下，电池 2 的电压会有较大的摆动。如果电池的 SOC 保持的相当恒定，那么这种影响就是最小的。如果 SOC 在向某个方向稳定地移动，那么两个电池的电压和 SOC 就会发生偏离。在这种情况下，在充放电过程中，当 SOC 或电压达到限值时，电池 2 就起主要作用。在充电过程中，容量较少的电池 2 率先达到限定值；也就是说，当电池 2 由于 SOC 或电压达到限定值而关断电路时，电池 1 还没有满充。同样的道理，放电过程中，电池 2 也没有实现满放。两个单体电池串联时，电池组的电压是单体电池电压的两倍，但是容量却低于电池 1 的容量，电池 2 的容量没有得到充分利用。

在图 8-12 中，两个电池完全相同，且具有相同的初始 SOC，但电池 2 的电阻

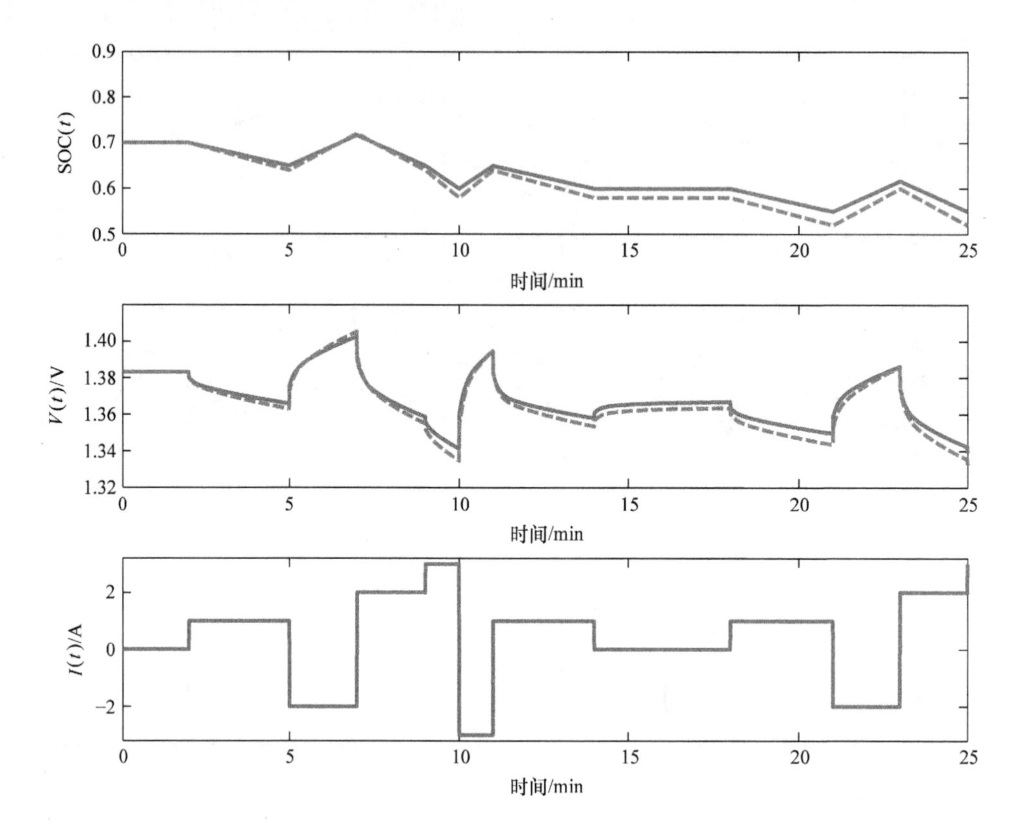

图 8-11　具有不同容量的两个单体电池组成的串联电池组仿真结果图
（上图中实线表示电池 1 的 SOC，短划线表示电池 2 的 SOC；中图中实线代表电池 1 的电压，短划线表示电池 2 的电压；下图表示输入电流）

比电池 1 大 50%。随着电池的老化，电池内阻变大是所有电池典型的化学特性。电池寿命取决于其使用环境和初始的制造过程，所以电池间的电阻差距随着循环使用周期会变得越来越大。两个电池的 SOC 和容量相同，并且具有相同的电流输入。所以，在 25min 的仿真实验中，两个电池的 SOC 始终保持一致。但由于内阻的不同，电压发生偏移，电池 2 的电压较大。因此，电池 2 将比电池 1 率先触发电压设定的限值，这就会降低两个电池串联电池组的潜在功率。然而，两个电池内阻的不同并不会造成 SOC 的不一致。

串联电池组中各个电池的不一致可能会降低串联电池组的功率和容量。SOC 不一致的影响可以通过 BMS 上的电池均衡硬件结构降到最小。由于电池间的 SOC 不一致造成的容量损失也可以通过电池均衡硬件结构进行处理。但是，内阻的改变并不会造成 SOC 的不一致，所以内阻的改变可以由 BMS 根据不同的情况进行分别管理。尽管在本实验中，串联电池组的电池只有两个，但是实验中所得到的结论却可以推广到任意长度的串联电池组中。

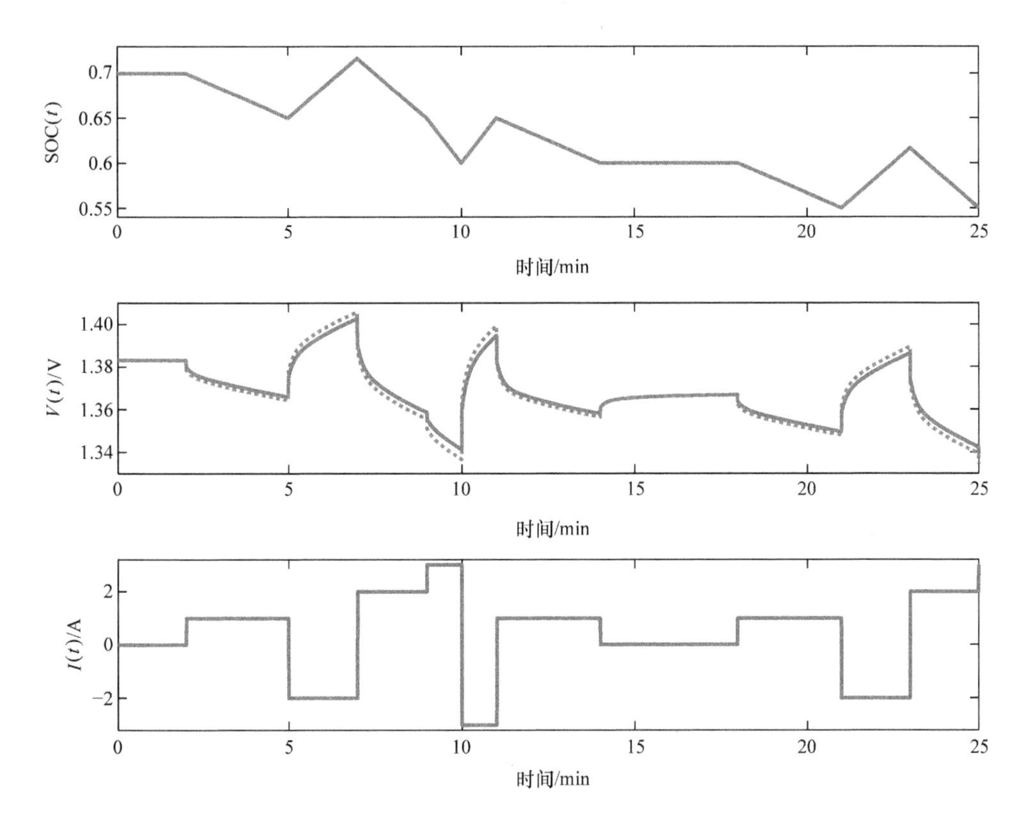

图 8-12　具有不同阻抗的两个单体电池组成的串联电池组仿真结果图
（上图中实线表示电池 1 的 SOC，短划线表示电池 2 的 SOC；中图中实线代表电池 1 的电压，短划线表示电池 2 的电压；下图表示输入电流）

2. 并联电池组

如果 N 个单体电池进行并联，并且输入电流为 $I(s)$，输出电压为 $V(s)$，那么整个并联电池组的阻抗为

$$Z_{\mathrm{p}}(s)=\left(\frac{1}{Z_1(s)}+\cdots+\frac{1}{Z_N(s)}\right)^{-1} \tag{8-18}$$

式中，$Z_1(s)$，…，$Z_N(s)$是单体电池的阻抗。即使每个单体电池的阻抗是适当阶数的复数，但是 N 值非常大，那么整个并联电池组阻抗的计算也是很困难的。

为了进行仿真，可用图 8-13 所示的结构图。整个并联电池组的输入 $I(s)$等于流过各个单体电池的所有电流之和。流过第一个单体电池的电流 I_1 等于 $I(s)$减去电流 I_2，…，I_N。如图中所示，结构框图最上边的分支组成 I_1，传递函数 Z_1 和 $V(s)$。通过框图 $1/Z_2$ 的反馈路径的电流为 I_2，电压为 V。每一个反馈回路都包含一个自身输出电流和另一个单体电池的电流，并且把这些电流从总电流 I 中减去可得到 I_1。该方框图很方便地提供了各个单体电池的电流，并且这些电流作为信号可以

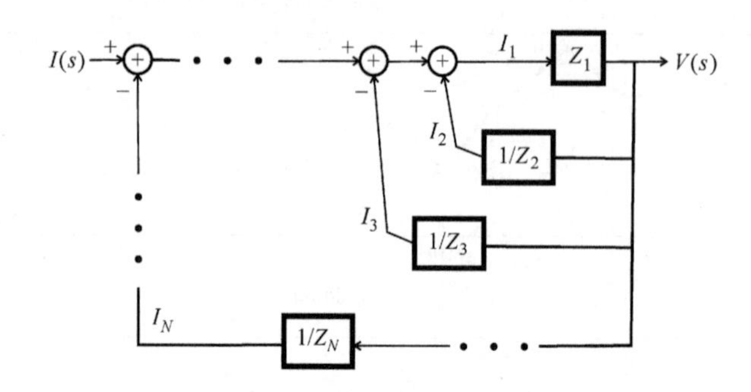

图 8-13 N 个电池并联的结构框图

成为其他单体电池的反馈输入。

单体电池都有一个直馈电阻使分子和分母同阶。因此，Z_j 和 $1/Z_j$ 都是适当的传递函数。如果其中一个的传递函数的零点数多于极点数，那么这个传递函数就是不恰当的，这是因为输出是通过求导而不是积分求得的。因为求导需要知道将来的而不是过去和目前的信号信息，所以永远不会得到实时的求导结果。同时，即使单体电池内阻传递函数的零点由于其被动性而是稳定的[39]，也没必要说结构框图就会产生一个稳定的输出。模块 $1/Z_j$ 可能不稳定，但由于电池内阻传递函数是稳定的，就保证闭环是稳定的。

整个电池组的阻抗传递函数也可利用结构图简化法得出。对于前向通道为 G 和反馈通道为 H 的负反馈结构图，其输入/输出传递函数为

$$G_f = \frac{G}{1 + GH} \tag{8-19}$$

利用上式，在最内层的反馈环（$G = Z_1$，$H = 1/Z_2$）中，可得到

$$G_1 = \frac{Z_1}{1 + Z_1/Z_2} = \frac{Z_1 Z_2}{Z_2 + Z_1} \tag{8-20}$$

根据式（8-18）可得出并联电池组的阻抗。对于第二层反馈环（$G = G_1$，$H = 1/Z_3$），则有

$$G_2 = \frac{G_1}{1 + G_1/Z_3} = \frac{Z_1 Z_2 Z_3}{Z_2 Z_3 + Z_1 Z_3 + Z_1 Z_2} \tag{8-21}$$

也就是等于三个电池并联后的阻抗。这种格式可以类推到第 N 个电池，所以根据结构框图可以推导出 N 个电池并联后的阻抗。运用这种方法，已知单体电池的阻抗，利用 Matlab 中的命令 feedback. m 和 series. m 可以推导出并联电池组的传递函数。

图 8-14 所示为两个电池进行并联的仿真模型。利用图 8-13 的结构，其前向通道和反馈通道的传递函数分别为 $Z_1(s)$，$1/Z_2(s)$，把整个并联电池组的电流和单体电池的电流作为输出。利用第二个电池的传递函数，根据输入 I_2 生成 SOC 和电

压。本例中，两个电池相同，所以两个电池的电流也相同，即 $I_1(t)=I_2(t)=I(t)/2$。两个电池的电压和 SOC 完全同步。

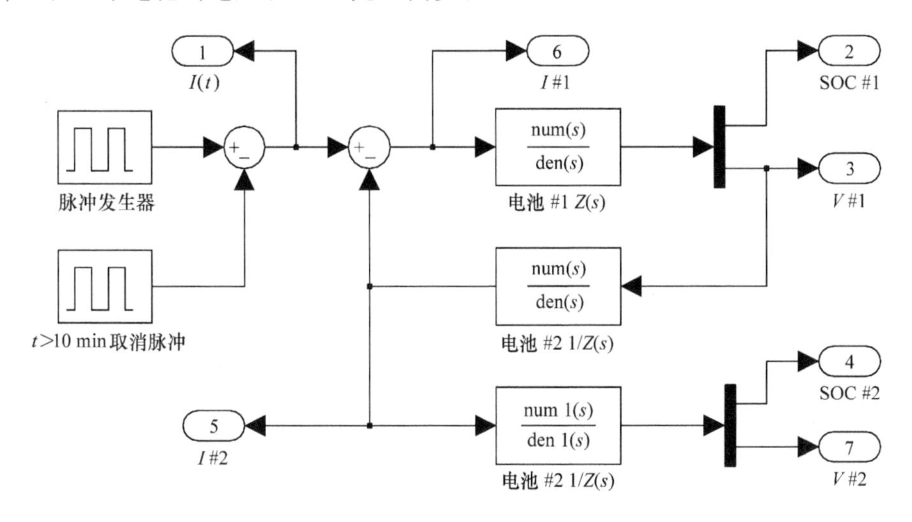

图 8-14　两个电池并联的结构框图

图 8-15 是另一个实验仿真结果。在这个实验中，电池 2 的容量比电池 1 的容量少 20%。两个电池的初始 SOC 均为 70%，并且应用 2A 的连续放电脉冲。正如并联电池所必需的那样，两个电池的电压相等。但是，由于电池 2 的容量较小，电池 2 的放电电流比电池 1 也要小。尽管电池 2 的放电电流小，但是其 SOC 下降得却比电池 1 要快，结果造成两个电池的 SOC 不匹配现象。在连续的经过 5 个脉冲后（10min），脉冲结束，两个电池又达到了平衡。仿真的后 10min 表明了即使两个电池不相同，并联后也能进行自动均衡处理。并联电池组中的电池之间没有 SOC 偏移现象，所以没有必要进行电池的均衡处理。在并联电池组中，所有的电池电压都相等，所以基于电压的电流限值也不会受电池的不一致性所影响。但是，基于内部电池化学特性不一致的其他电流限值可能会受电池不一致性的影响。并联电池组中的电池的 SOC 和电流没有必要一定相等。因为容量比较大的电池的电流较大，所以并联时，电池的电流并不是平均分配的。本例中，容量较小的电池表现出了更多的 SOC 变化。

图 8-16 所示为在相同的脉冲放电电流输入情况下两个阻抗不同的电池的仿真图形。电池 2 的阻抗比电池 1 的阻抗大 50%。因此，由于电压相同，电池 2 的电流小于电池 1 的电流。但是，与之前的例子不同，电池的容量相等，电池 2 的 SOC 下降速度慢于电池 1 的 SOC 下降速度。而且，在脉冲结束以后，电池达到均衡，表明了并联电池组具有自动均衡功能。因为并联的两个电池的容量是单个电池容量的两倍，所以电池最后的 SOC 和电压都比前一个例子中要高，而且在前面的例

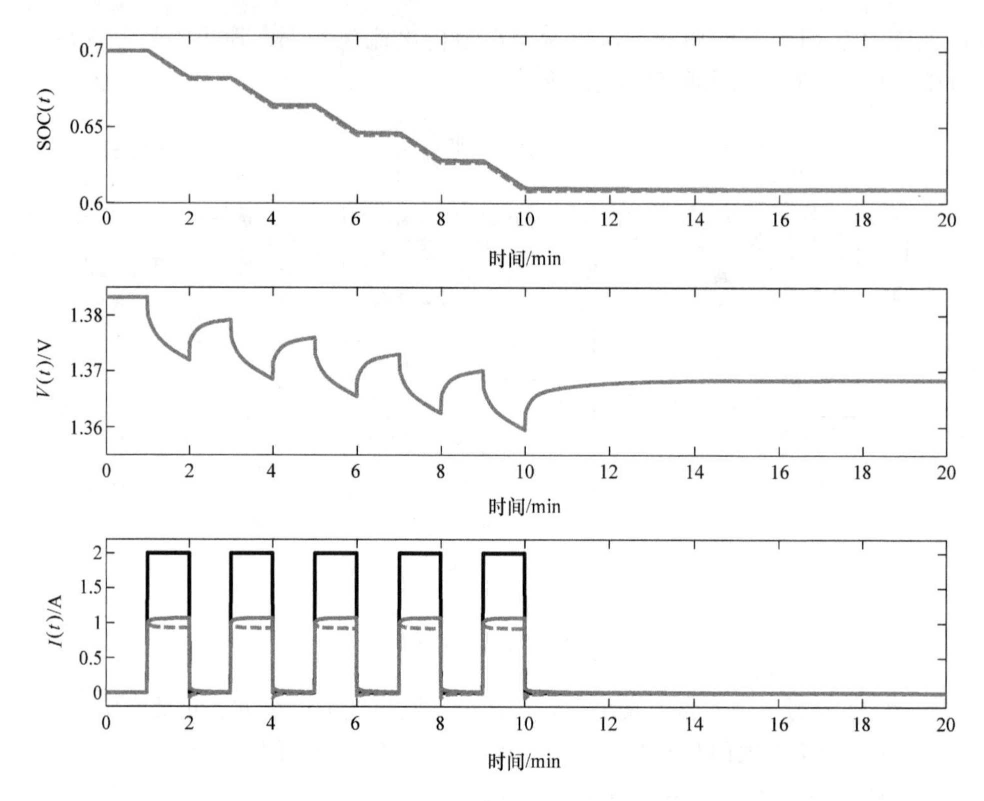

图 8-15　具有不同容量的两个单体电池组成的并联电池组仿真结果图
（实线代表电池 1，点划线代表电池 2；最下图中的实线代表总电流）

子中电池 2 的容量并没有得到充分应用。同时，电池的不一致性并不会影响电池的特性、电池 SOC 和电流的电位限值，至少在电流脉冲结束以后的过程中不会对上述造成很大的影响。

8.5.2　串联电池组中的电池均衡

串联电池组中的电池在使用过程中会慢慢变得不均衡，除非对电池采取修正的方法，否则电池间的不均衡会一直保持下去。一些化学电池可能依靠涓流充电和过充电池中的副反应过程来进行电池的均衡。这些副反应通过吸收电流但不增大电池 SOC 的方式对电池组施行被动均衡。在涓流充电过程中，满充电池将保持 100% SOC 状态，而还没充满的电池则会利用涓流充电慢慢充电到 100% SOC。这种电池均衡方法不需要再增加额外的软硬件。但是，这种均衡方法仅仅只能用于表现出高 SOC 副反应的化学电池，如铅酸电池和镍氢电池，但并不适合于锂离子电池。这些副反应可能会对电池的健康状态造成损害，并加强老化。另外，这种方法只能用于对电池进行周期性满充的系统，比如 EV，但不能是 HEV。为了电池的安全性和有效性，大多数电池组都利用可控的均衡方式对电池进行均衡。这些均

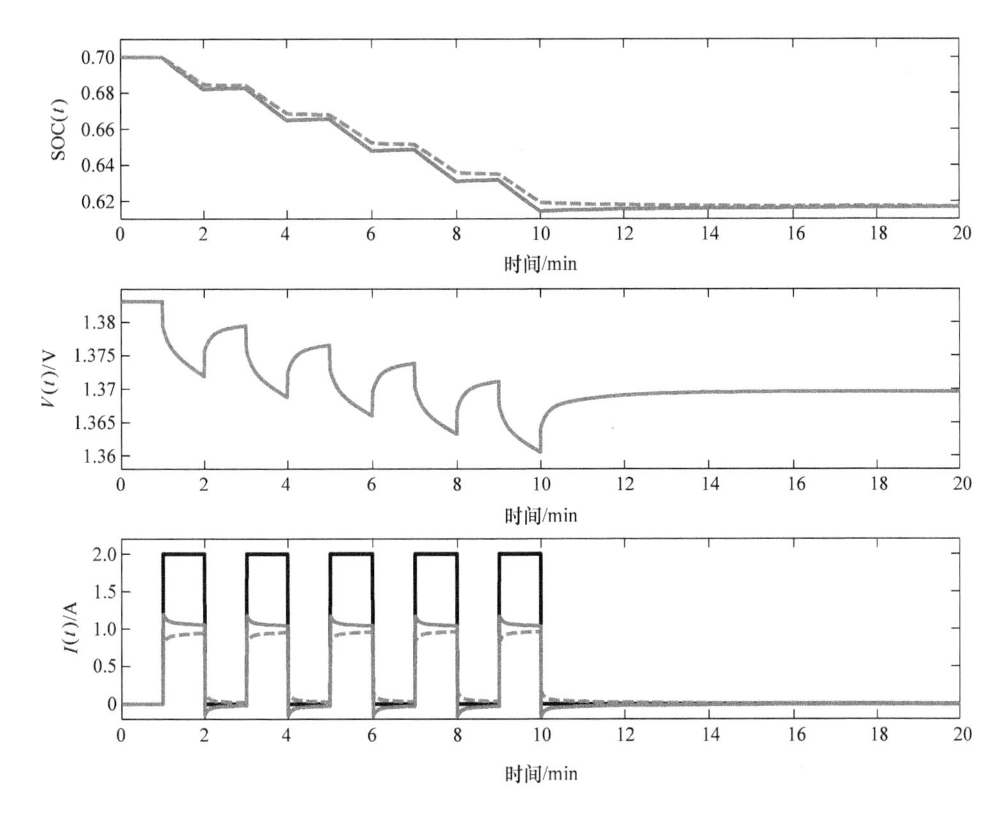

图 8-16 具有不同阻抗的两个单体电池组成的并联电池组仿真结果图
（实线代表电池 1，点划线代表电池 2；最下图中的实线代表总电流）

衡方式一般采用各种转换器和无源电子器件（比如电阻、电容和电感）或有源 DC-DC 变换器来实现均衡功能。本节就主要讨论这些均衡器件和方法。

1. 电力电子器件

应用于电池均衡的电力电子器件范围比较广，从相对简单的分流电阻器到复杂的电路，如 Buck－Boost 和反激式变换器[85]。均衡电路可以分为被动均衡和主动均衡，也可以分为串联均衡、并联均衡和串并联混合均衡。所有的均衡电路都是用 MOSFET，这是一种可以控制电流流向的大功率电力电子开关。被动电池均衡方法是通过分流电阻器对过充的电池进行放电的形式来达到电池均衡的目的。这种方法成本较低，已经被应用在实际工作中，比如图 8-2 所示的 TI 公司的 bq76PL536 芯片。但是由于过充电池的额外能量都转化为热量而被消耗，所以这种方法的效率非常低。主动电池均衡方法是利用高频开关、电容器和电感来完成能量的转移。这种方法的优点就是高效，但是结构复杂，所需要的元器件较多。串联均衡器在电池组单体电池之间进行电流的平衡，而并联结构的电流取自于电池组的母线电压。

图 8-17 左半图所示为一个使用分流电阻对串联电池组进行被动均衡的电路原理图。N 个电池进行串联组成串联电池组。每个单体电池并联一个分流电阻 R_i 和 MOSFET 开关 S_i。如果开关关断，那么电池组电流 I 就流过每一个单体电池。如果开关闭合，那么电池组的电流就会被分流到分流电阻。单体电池和分流电阻并联，所以总电流等于分流电阻电流 I_{si} 和单体电池电流 I_{ci} 之和，即 $I = I_{si} + I_{ci}$。如果分流电阻的电阻值很小，那么很大一部分电流就会流过分流电阻。单体电池就会通过分流电阻进行放电，那么就会造成电池组能量的衰减，降低电池组效率。所以，这种方法只能充电时用于对电池组的均衡。

最简单的主动均衡方法是开关电容器法，其电路原理图如图 8-17 右半图所示。该设备也是串联均衡器，这是因为均衡电流是在电池组中的电池之间流动，而不是在电池和母线之间流动。每一个单体电池连接一个单刀双掷开关和一个电容器。开关电容均衡器的其他部分主要包括很多小电阻和一个由很多小电容组成与整个电池组相连的电容器[86]。均衡的原理如图 8-18 所示。如果单体电池 K 的电压和 SOC 高于单体电池 $k+1$ 的电压和 SOC，开关就投切到下方位置，那么电容 C_k 就进行充电，充电电压为 V_k。当开关投切到上方位置，电容通过单体电池 $k+1$ 进行放电，使电池 $k+1$ 的电压和 SOC 升高。随着两个电池电压趋于相等，电流转换速度就慢慢降低。

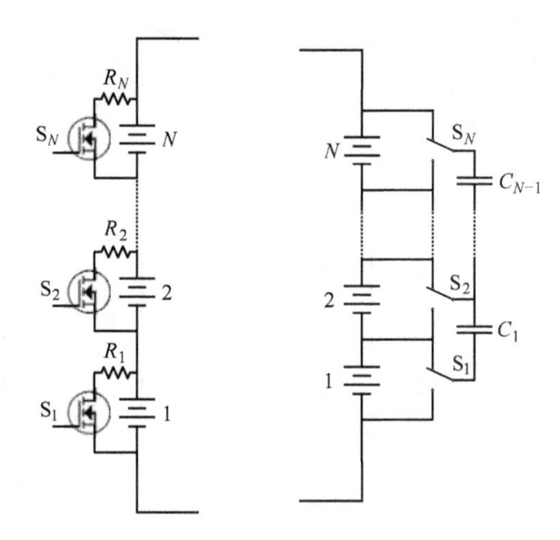

图 8-17　分流电阻均衡电路和开关电容均衡电路的原理框图

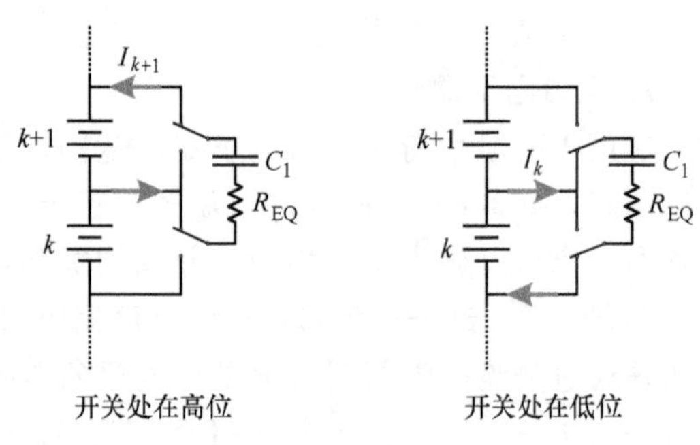

图 8-18　开关电容均衡电路的原理图[85]

开关电容均衡系统可以不受管理控制而连续运行，因此，这种方法的成本较低，而且容易实施。通过这种方法，电池组中电压较低的电池可以进行补电，而电压较高的电池可以进行放电。但是，由于均衡功率受限，所以这种方法在均衡电池系统时需要花费很长的时间，尤其对于某些具有平缓电压 - SOC 曲线的化学电池来说。对于那些严重不均衡的电池，一个开关电容均衡系统可能并不能提供足够大的电流来完成电池电压的均衡。

图 8-19 所示是一个双向反激式变流器均衡电路的原理图。这种方法比上面介绍的两种方法需要更多的元器件，其设计也更加复杂。在这种方法中，每个电池都需要连接很多 MOSFET、二极管和变压器等。因为是从高压母线上引出电流去对串联的单体电池进行均衡，所以该方法的电路设计比较复杂。双向的设计满足电流在电池和母线间的双向流动。这种方法的均衡电流很大，所以缩短了均衡时间。这种均衡电路设计方法可以对电池电压和 SOC 进行严格地控制和管理。

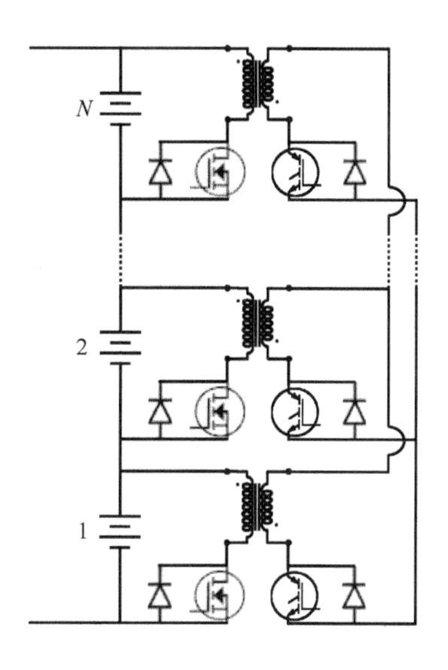

图 8-19 双向反激式变流器均衡电路的原理图

2. 脉宽调制法

电池均衡电路中所用的开关一般都是功率场效应晶体管。控制算法一般不使用通断控制器或继电式控制器，但是需要连续可变控制输入。所以就需要利用脉宽调制方法（PWM），把一个连续可变信号近似为一个开关信号。所求的连续可变信号被近似看作一个相对于 PWM 频率有固定周期的通断脉冲序列。相对于整个周期调整开关的打开时间，可以使 PWM 输出的平均值与连续信号相等。开关打开时间与整个周期之比被称为脉宽调制器的占空比。在电池领域，假设这种设备有低通滤波效应，可以减小 PWM 频率中的高频部分。在本书中，仅仅只保留低频平均信号，那么当电池对连续信号有响应时，就表明电池对 PWM 信号有响应。通常使用低通滤波器来对 PWM 输出进行进一步的平滑。

图 8-20 中的阴影框图部分就是一个简单的 PWM 算法。PWM 频率为 100Hz，比实际应用的频率要慢很多。但是，在数值模拟过程中，高频需要较短的积分时间和较长的运行时间。本例中，选择 PWM 频率为 100Hz，也比镍氢电池模型的动态频率特性要快很多。镍氢电池模型的关断频率大约为 10Hz。低于 10Hz 的周期循环频率可以减少锂离子电池的使用寿命[87]。

三角波的斜坡在 0 和 1 之间而且在 0.01s 后重置为 0。当开关闭合时，PWM 输出为 1；当开关打开时，PWM 输出为 0。PWM 的输入和三角波进行比较：当三角波小于 PWM 输入时，“与零比较”的模块输出为 1；当三角波大于 PWM 输入时，该模块输出为 0。如果 PWM 输入小于 0，在整个周期中，三角波都大于 PWM 输入，所以 PWM 输出是 0（此时占空比等于 0%）；如果 PWM 输入大于 1，那么三角波总小于 PWM 输入，此时 PWM 输出为 1（占空比等于 100%）。PWM 输入在 0

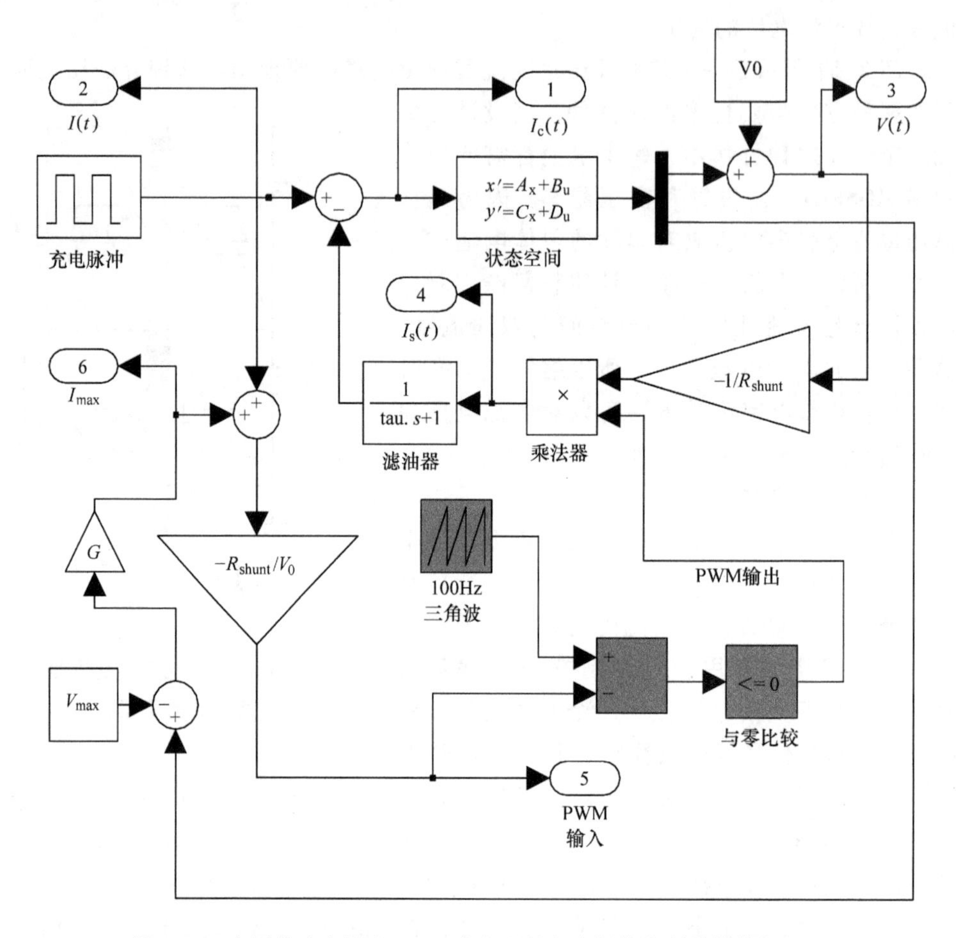

图 8-20　应用分流电阻和 PWM 来实现的电流限值控制器结构框图

和 1 之间，占空比等于 PWM 输入和输出的平均值。

3. 分流电阻均衡系统

利用分流电阻均衡电路可以开发 8.4 节中提到的瞬时脉冲功率限制控制器。分流电阻就是一个开关，通过关断来对电流实现控制，使电压在充电过程中始终保持等于或者低于设定的上限值 V_{max}。这种方法可以让单体电池达到最大电压和 100% SOC，而不会发生过充现象。电池模型的状态变量形式为

$$\dot{\boldsymbol{x}}(t)=\boldsymbol{A}\boldsymbol{x}(t)+\boldsymbol{b}I_c(t) \tag{8-22}$$

$$V(t)=\boldsymbol{c}^{\mathrm{T}}\boldsymbol{x}(t)+dI_c(t)+V_0 \tag{8-23}$$

式中，$I_c(t)$是单体电池输入电流；V_0 是线性化工作点的等效电压；$V(t)$是输出电压。如图 8-20 所示，单体电池的输入电流 $I_c=I-I_s$，其中 $I(t)$为电池组输入电流，$I_s(t)$是分流电阻电流，并且有

$$I_s(t)=\frac{-V(t)}{R_{\text{shunt}}} \tag{8-24}$$

所以，单体电池的最大电流可以通过下式计算得到

$$I_{c,\max}=\frac{V_{\max}-V_0-\boldsymbol{c}^{\mathrm{T}}\boldsymbol{x}(t)}{d} \tag{8-25}$$

所求的分流电流在 I_c 和 $I_{c,\max}$之间，并且可由下式计算得到

$$I_s=I-I_{c,\max} \tag{8-26}$$

对 $-R_{\text{shunt}}/V_0$ 进行标准化处理，可以得到一个处于 0 和 1 之间的输入信号，并输入脉宽调制器。乘积模块作为 MOSFET 开关。如果 PWM 输出为 1，那么乘积模块的输出为 $-V/R_{\text{shunt}}$；如果 PWM 输出为 0，那么乘积模块的输出为 0。在 $I_s(t)$信号中的 PWM 噪声可以利用单位增益进行衰减，低通滤波器的关断频率为 5Hz。从电池组电流中减去滤波分流电流来对流经电池的电流进行限制。

图 8-21 是利用分流电阻和 PWM 开发电流限制控制器的模拟仿真结果。用一个在 -20 ~ 0A之间的方波脉冲充电输入对电池进行充电。电池的上限电压设定为 1.48V。在第一个脉冲过程中，电压始终低于上限电压值，所以电流脉冲高于下限电流值，分流电阻保持关断状态。在这段时间内，PWM 输入小于 0，所以 PWM 输出也是 0。然而，在第二个脉冲过程中，电池电压达到上限电压值 $V_{\max}$。PWM 输入变为正值，PWM 输出开关在增大占空比过程中不断进行通断，直到该脉冲结束。因为 I_s 分流了部分充电电流，使 I_c 发生衰减，小于 $I_{c,\max}$，所以在这个过程中，电池电压始终近似等于上限值。对于后边的脉冲过程，通过分流电阻的电流越来越大，而流过电池的电流越来越小。在最后一个脉冲过程中，开关完全闭合，占空比为 100%。但是，并没有足够的分流电流能够阻止电池电压超过 $V_{\max}$。整个组串的电流必须在此时进行限定，以防止发生单体电池的过充现象。

通过以上对 PWM 的简述表明，PWM 算法可以把 PWM 输入转换为带有一定比例占空比的通断 PWM 输出。从 $t=14.7\sim18\text{s}$ 的过程中，PWM 循环的占空比较低，开关仅仅在循环的一小部分进行闭合。在中间时间周期内，PWM 输出表明占空比此时大约为 80%。在仿真结束时，占空比为 100%，此时 PWM 输入为 1。

尽管包括 PWM 在内，仿真模型都提供了准确的仿真结果，而且也对通过系统和滤波器动态特性的开关噪声进行了模拟，但也使数值解决方法变得更加复杂化。仿真过程是非线性的，而且高频开关需要很小的积分时间步长，这不仅增加了运行时间，而且增加了数值代码的不稳定性。PWM 的目的是产生一个类似于连续信号的通断信号。如果忽略掉 PWM 本身的动态特性，那么仿真过程可能更快，仿真结果也可能更准确。图 8-22 是忽略掉 PWM 动态特性后对之前的系统进行仿真的原理图。$-R_{\text{shunt}}/V_0$ 模块的输出在 0 和 1 之间，进入乘积模块的信号就不再是 0 或 1，而是处在 0 和 1 之间。滤波器也不再需要去除 PWM 的噪声。图 8-23 和图 8-21

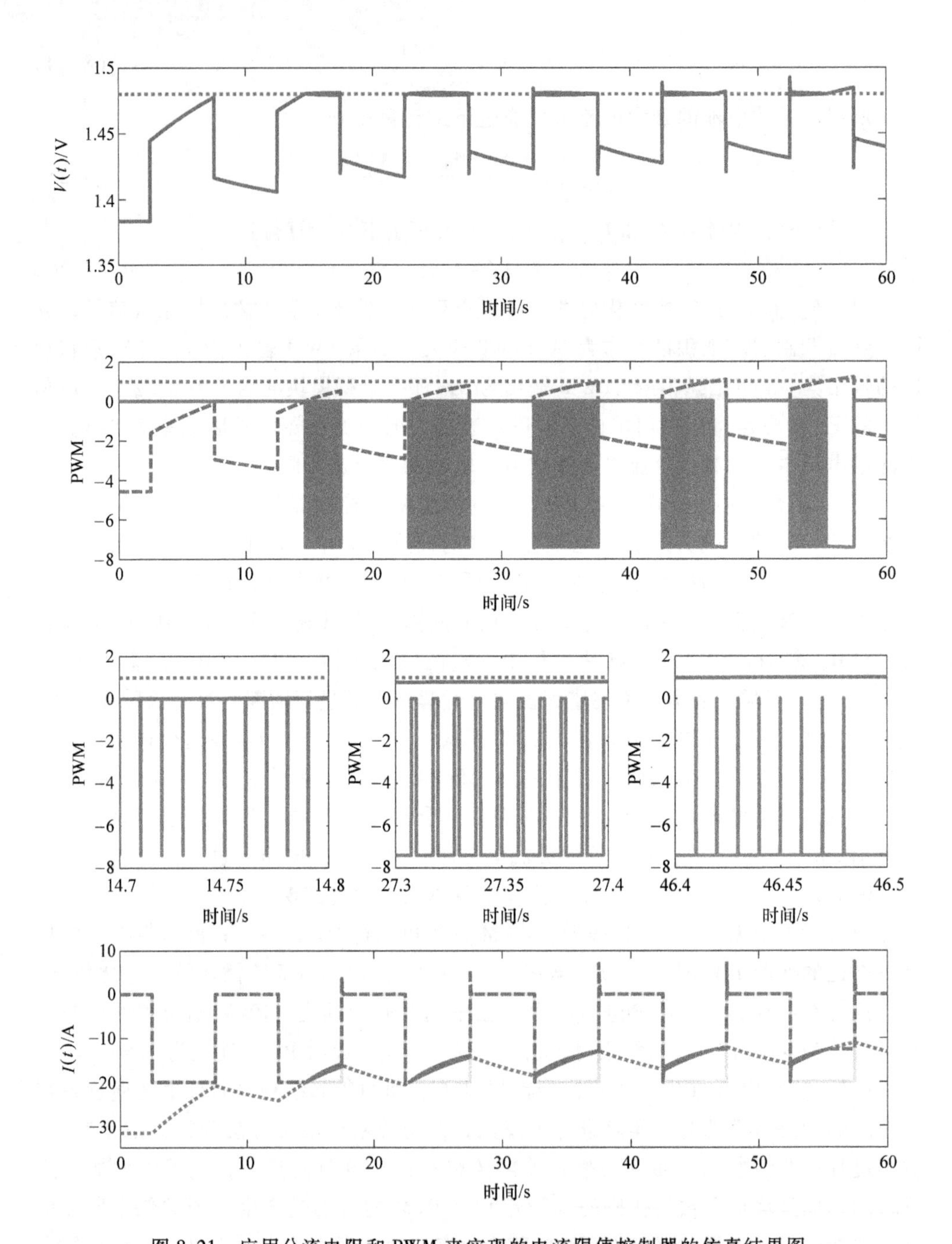

图 8-21　应用分流电阻和 PWM 来实现的电流限值控制器的仿真结果图
（最上边的图中，实线表示单体电池电压，虚线表示电压上限值；上边第二张图中，短划线表示 PWM 输入，实线表示输出，虚线表示一定条件下的最大的 PWM；第三张图代表在不同的 0.1s 时间窗口中 PWM 的简况；最下边的图中，亮实线表示输入电流，短划线表示电池电流，虚线表示电池电流的限值）

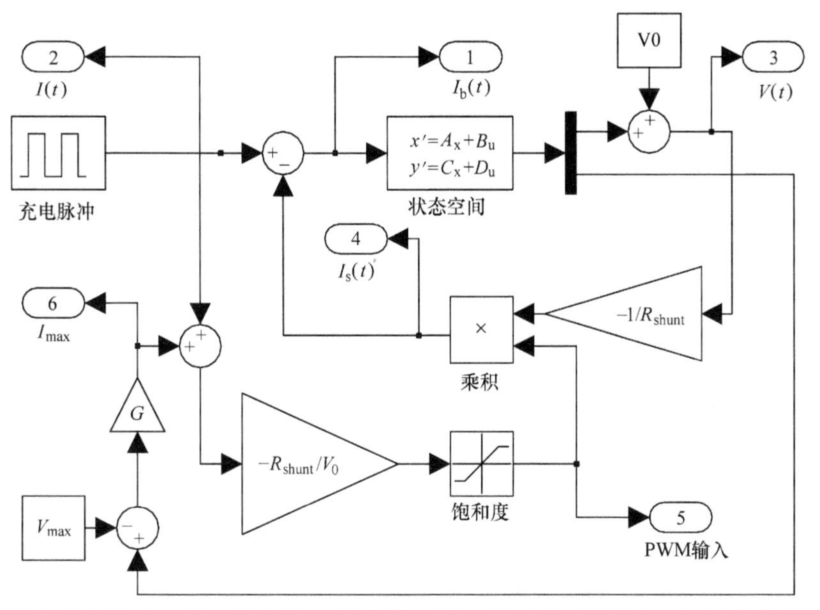

图 8-22 应用分流电阻实现的电流限值控制器框图（忽略 PWM 动态特性）

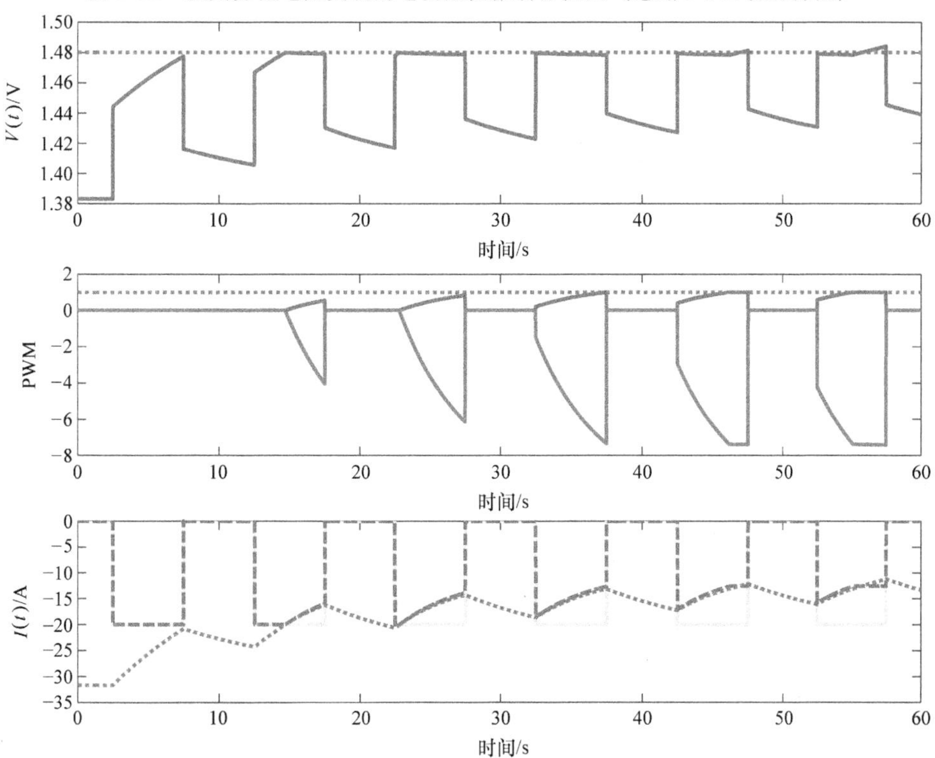

图 8-23 应用分流电阻实现的电流限值控制器仿真结果图（忽略 PWM 动态特性）
（上图中，实线表示单体电池电压，虚线表示电压上限值；中图中短划线表示 PWM 输入，实线表示分流电流，虚线表示一定条件下的 PWM 最大值；下图中，亮实线表示输入电流，短划线表示单体电池电流，虚线表示单体电流限值）

非常相似。没有 PWM 噪声的污染，信号变得很清晰干净。与噪声滤波相关的瞬时尖峰也没有了。分流电流信号是平滑曲线而不是非连续的 PWM 信号。电池电压和电流响应表现出相同的特性。因此，把 PWM 近似连续或者忽略 PWM 的动态特性对于电池均衡系统分析是合理的。

4. 开关电容均衡系统

图 8-24 所示为开关电容均衡电路的原理框图。该均衡电路由四个 MOSFET 开关组成，用于对由两个单体电池组成的串联电池组进行均衡[88]。这种硬件结构可以根据需要进行反复连接，以对串联电池组中的所有电池进行均衡。图中所示的两个电池的电压分别为 V_1 和 V_2。电路中的三个电容用来对开关暂态进行滤波（C_{filter}）和储能（C_{EQ}）。均衡电容 C_{EQ}能使电流从电压较高的电池转移到电压较低的电池中。图 8-24 的左图给出电流流向，如果 $V_2 > V_1$，驱动器 1 设置为高位（打开第一个 Q_1 和第三个 Q_3MOSFET 开关），同时驱动器 2 设置为低位（关断第二个 Q_2 和第四个 Q_4MOSFET 开关）。电流从第二个电池的正极流出，通过 Q_1 进入均衡电容；然后，电流通过 Q_3 流回到第二个电池的负极。一旦均衡电容被充电，驱动器 1 就被设置到高位，驱动器 2 设置到低位，关断 Q_1 和 Q_3，同时打开 Q_2 和 Q_4。电流从均衡电容流出，通过 Q_2 对第一个电池进行充电；然后电流通过 Q_4 流回到均衡电容中。

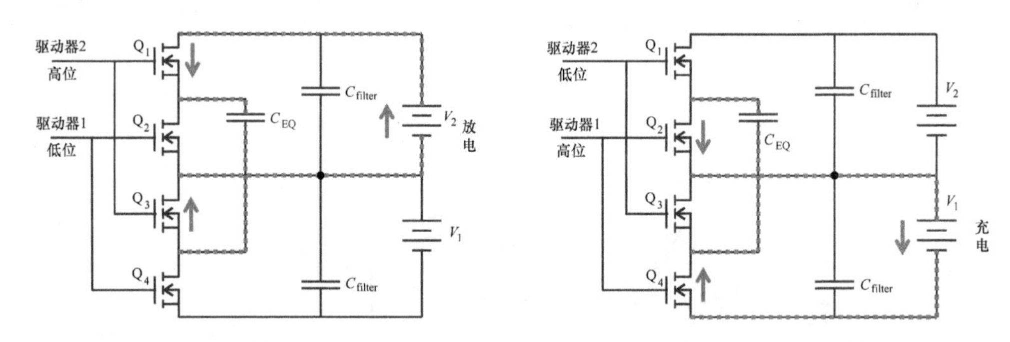

图 8-24　开关电容均衡系统的原理框图

驱动器 1 和驱动器 2 的开关工作频率是固定的高频。均衡过程不需要进行传感器感应和控制就可以自动进行。电流就被动地从电压较高的电池流向电压较低的电池。如果单体电池的电压相等，那么在它们之间就没有电流流过。对于串联了很多单体电池的串联电池组，电流也是被动且自动地从较高电压的电池流向较低电压的电池。

高频开关的平均输出相当于一个和两个电池相连的并联电阻，并且在不减少组串电压的情况下完成对电池的均衡。为了确定这个并联部分的有效电阻，计算了开关电容电路的时间响应。当一个单体电池与均衡电容相连时，电路的组成部分主要包括一个电压源 $V_b(t)$、一个物理连接的模型电阻 R_{EQ}、开关阻抗、串联阻抗的等效电容以及均衡电容 C_{EQ}。如果初始条件为 V_0，根据电容电压 $V_c(t)$，可得控制微分方程为

$$\dot{V}_c = \frac{1}{R_{EQ}C_{EQ}}(V_b - V_c) \tag{8-27}$$

如果假设电池电压是恒定的，那么对式（8-27）求解可得：

$$V_c(t) = V_b + (V_0 - V_b)e^{-t/(R_{EQ}C_{EQ})} \tag{8-28}$$

由于相对于只有几赫兹的单体电池带宽，开关频率有上千赫兹，所以电池电压是恒定的假设可以成立。在电池和电容之间的转换电流为

$$I_c(t) = \frac{V_b - V_c}{R} = \frac{V_b - V_0}{R}e^{-t/(R_{EQ}C_{EQ})} \tag{8-29}$$

如果驱动器 1 和 2 分别设置在高位和低位，那么就有 $V_b = V_2$，$V_0 = V_k$，此时 V_k 是在第 k 个开关周期开始阶段时的电容电压。在整个开关周期中，电容电压是连续的，但是电流却会发生跳变。经过 Δt，电容的电压等于 V_2 后，驱动器 1 和 2 分别设置为低位和高位。式（8-28）和式（8-29）的方法也可用于 $V_b = V_1$，$V_0 = V_{k+1}$时的情况，此时 V_{k+1}是在第 k 个开关周期中间阶段时的电容电压。对于这两种开关状态，结合上边的两个式子，可得

$$V_{k+1} = V_2 + (V_k - V_2)e^{\Delta t/(R_{EQ}C_{EQ})} \tag{8-30}$$

$$V_k = V_1 + (V_{k+1} - V_1)e^{\Delta t/(R_{EQ}C_{EQ})} \tag{8-31}$$

式中，假设电容电压是周期性的，即 $V_c(t+2\Delta t) = V_c(t)$。这是因为电池电压假设是恒定的，并且在稳定状态下，电压较高的电池给电容充电的次数等于电容给电压较低的电池充电的次数。流过电容的平均电流为

$$I_{ave} = \frac{1}{\Delta t}\int_0^{\Delta t} I_c(\tau)\,d\tau = \frac{C}{\Delta t}[V_b - V_0 + (V_0 - V_b)e^{\Delta t/(R_{EQ}C_{EQ})}] \tag{8-32}$$

根据式（8-30）和式（8-31）可以得到

$$V_{k+1} = \frac{e^{\Delta t/(R_{EQ}C_{EQ})}V_1 + V_2}{e^{\Delta t/(R_{EQ}C_{EQ})} + 1} \tag{8-33}$$

$$V_k = \frac{e^{\Delta t/(R_{EQ}C_{EQ})}V_2 + V_1}{e^{\Delta t/(R_{EQ}C_{EQ})} + 1} \tag{8-34}$$

把这两个式子代入式（8-32），得到平均电流为

$$I_{ave} = \frac{C(V_2 - V_1)(1 - e^{\Delta t/(R_{EQ}C_{EQ})})}{\Delta t(e^{\Delta t/(R_{EQ}C_{EQ})} + 1)} \tag{8-35}$$

这个式子表明两个电池之间的电流与两个电池之间的电压差成正比。等效电阻为

$$R_{equiv} = \frac{\Delta t(e^{\Delta t/(R_{EQ}C_{EQ})} + 1)}{C(1 - e^{\Delta t/(R_{EQ}C_{EQ})})} \tag{8-36}$$

或用无量纲形式表示为

$$\frac{R_{\text{equiv}}}{R_{\text{EQ}}}=\frac{\tau(1+e^{-\tau})}{1-e^{-\tau}} \tag{8-37}$$

当 $\tau=\Delta t/(R_{\text{EQ}}C_{\text{EQ}})=0$（无限高频开关）时，等效电阻值最小为 $2R_{\text{EQ}}$。当 τ 很大时，$R_{\text{equiv}}\approx\tau R_{\text{EQ}}$。

对于快速均衡系统来说，R_{equiv} 必须尽可能小，这样很小的电压差也能产生很大的均衡电流。然而，R_{equiv} 的最小值受限于存在于连接线、开关和电容中的寄生电阻的大小，而且这种寄生电阻根本不能完全消除。可以选择很高的开关频率（Δt 很小），或者选择很大的 C_{EQ} 来使 R_{equiv} 的值达到最小。如果 $\tau<1$，那么 $R_{\text{equiv}}\leqslant 2.16R_{\text{EQ}}$，在其最小值的 16% 以内。

图 8-25 所示为图 8-24 中两个电池均衡器的开关响应图。此时单体电池电压分别为 $V_2=1.48\text{V}$，$V_1=1.4\text{V}$。寄生电阻设置为典型值 $R_{\text{EQ}}=0.5\Omega$。对于不同的电容和开关频率进行两种情况下的实验。第一个实验中，$C_{\text{EQ}}=100\mu\text{F}$，$f=10\text{kHz}$，图中用灰色线表示，此时相当于 $\tau=1$。第二个实验中，$C_{\text{EQ}}=50\mu\text{F}$，$f=5\text{kHz}$，图中用黑色线表示，此时相当于 $\tau=4$。对于上述的两个实验，电容在每个周期的前半部分进行充电，然后在后半部分进行放电。正电流从电池 2 中流出，流到电容，电

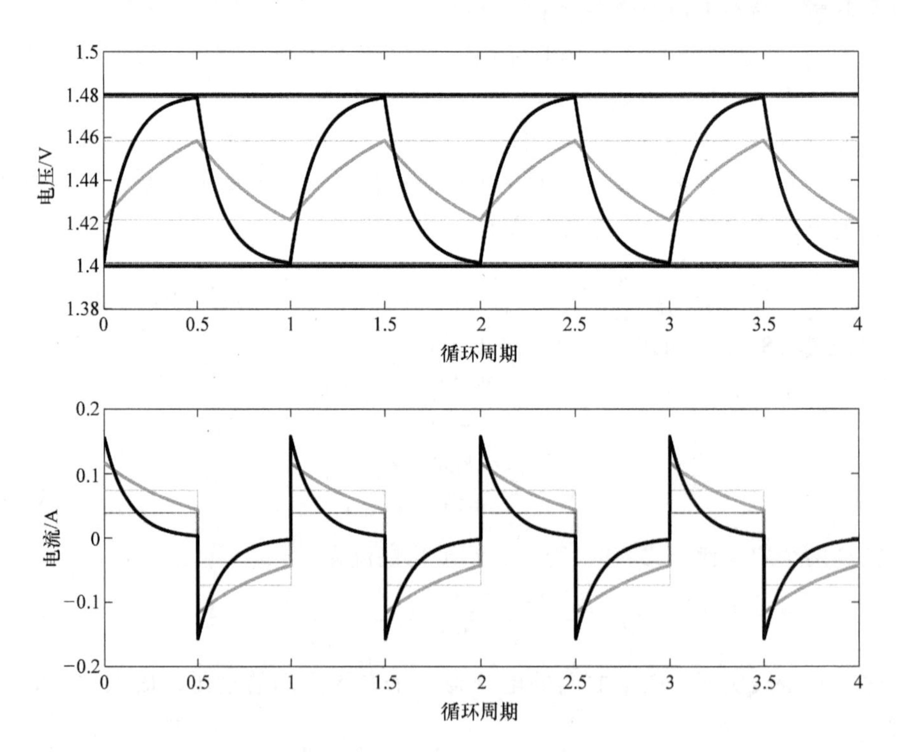

图 8-25　对两个串联电池进行均衡的开关响应图（其中灰色线表示 $f=10\text{kHz}$；黑色线表示 $f=5\text{kHz}$）

池 2 进行放电；负电流流到电池 1 中，电池 1 进行充电。电流在这个过程中交替变化。通过式（8-23）和式（8-34）计算出来的稳态电压（图中虚线）在每一个周期的末端和中间与实际电压相匹配。在第二个实验中，需要对电容进行满充，所以两个电池的稳态电压在每个周期的末端和中间阶段分别达到 V_1 和 V_2。第一个实验中，在电容上有一个小的电压波动，但平均电流却较大。在上述两个实验中，平均电压相等，所以具有较大的平均电流意味着有更多的能量从电池 2 转移到了电池 1 中。平均电压除以平均电流等于通过式（8-37）计算出来的 R_{equiv}。

开关电容均衡器的高频循环周期可以通过在两个电池之间连接的阻抗 R_{equiv} 的电阻近似模拟得到，如图 8-26 所示为该结构的模拟仿真框图。由于 R_{equiv} 分流了一部分电流，所以流过两个电池的电流变小。图 8-27 是两个实验的仿真结果图，实验中两个镍氢电池的初始 SOC 或容量都不相等。为了研究初始 SOC 不相等的情况，给定第一个电池的初始 SOC 为 65%，第二个电池的初始 SOC 为 70%。图中实线表明，随着实验进行，电池 1 和电池 2 的 SOC 曲线逐渐收敛到一起。在这种情况下，选定 $R_{equiv}=0.1\Omega$。这种情况在物理上可能不能实现，但是它表明了在 25min 的短时模拟时间内电池特性曲线具有收敛性。值得注意的是，电压的收敛速度比 SOC 的收敛速度要快很多。如果两个电池相同，那么电压和 SOC 的收敛即有保证。在第二个实验中（虚线所示），两个电池的初始 SOC 相同，都是 70%，但是电池 1 的容量比电池 2 少 20%。这种情况会造成电压和 SOC 的偏离，尤其是在持续的单向电流充电/放电过程中。R_{equiv}有高增益，图中的虚线也发生了稳定的偏离，这种情况表明尽管电池实现了均衡，电池的 SOC 还是发生了偏离。但是，如果长时间不对电池组串中的电池进行充放电，两个电池的电压和 SOC 也会慢慢收敛

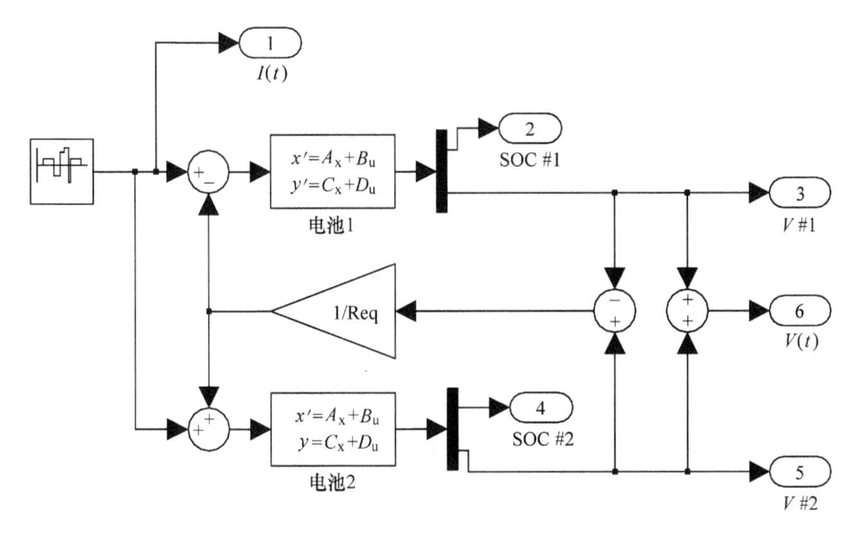

图 8-26 利用开关电容法对两个串联电池进行均衡的仿真结构图

敛相等。仿真结果表明开关电容法对于带有比较大寄生电阻的不相同的串联电池组的均衡有很大的局限性。由于电流在电池组串中的流动，这个问题在长串联电池组中会变得更加严重[88]。

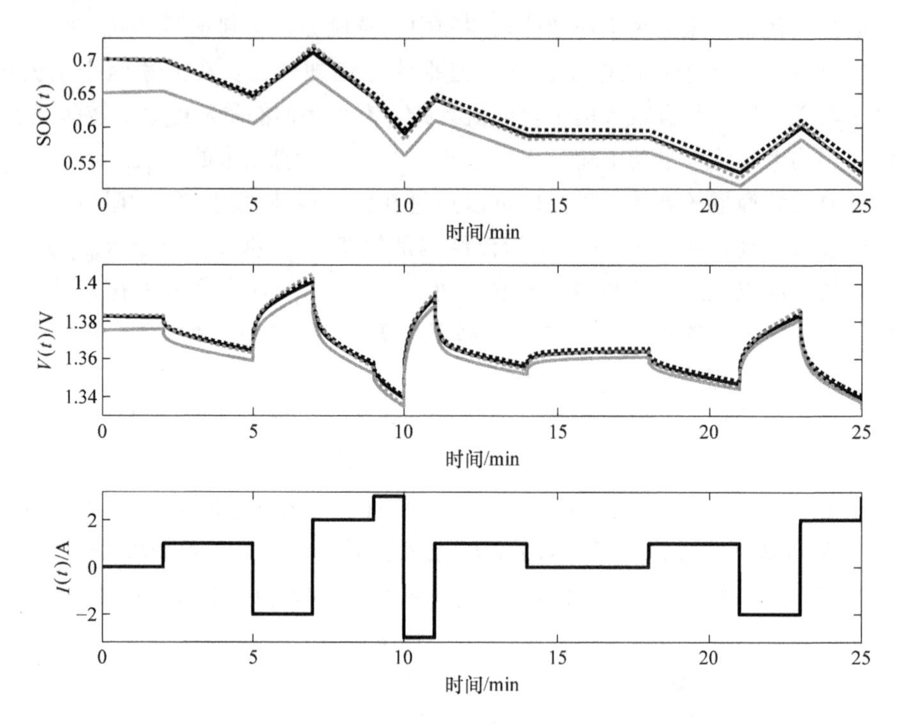

图 8-27　开关电容均衡仿真结果图

8.5.3　热管理

电池热管理系统的目的有两个：一是在所有环境和工作条件中给定参考温度范围5～40℃下，管理单体电池的温度；二是保持单体电池间的温度差在 3～5℃之内。这就需要电池在温暖的环境中进行冷却以去除电池运行中产生的热量，以及在非常寒冷的气候中对电池进行加热。

电池的冷却对保证电池的寿命和安全运行非常重要。在高温条件下，电池老化速度非常快。尽管电池的长寿命很重要，但是保持电池组的安全运行才是最重要的。举个例子来说，锂离子电池的电能密度为 175W · h/kg，大约是一般爆炸物比如 TNT（电能密度约为 1160W · h/kg）的 15%。因此，如果因为过热，所有的电能从一个锂离子电池中释放出来的话，将是非常危险的。每充电一次可行驶里程为 200～300mile 的电动汽车，需要 400W · h/kg 的电池。如果这些高级电池被成功研制出来，并且应用于运输中，那么它们的电能密度总量可能达到爆炸物的 30%，这就意味着电池安全对于这些电动汽车来说是一个巨大的挑战。

为了消除电池工作时产生的热量，必须对电池进行冷却。电池工作时产生的热量主要有电极反应时产生的可逆热（$T\Delta S$）、焦耳热（I^2S）和不可逆反应热（$I\eta$）。在本书第3章和参考文献［89］中对各种热源都有详尽阐述。为了进行总结，所有热量的产生速度可以近似为

$$q(t)=I\left(U-V-T\frac{\partial U}{\partial T}\right) \tag{8-38}$$

式中，U为开路电压；T是单体电池温度。电池温度取决于电池的电化学特性，而电化学特性又决定了电池的性能。电池温度通常通过第3章所讲的Arrhenius公式得到。为了方便后边的阐述，在这里重新写出该方程为

$$\Psi=\Psi_{\mathrm{ref}}\exp\left[\frac{E_{\mathrm{act}}^{\Psi}}{R}\left(\frac{1}{T_{\mathrm{ref}}}-\frac{1}{T}\right)\right] \tag{8-39}$$

式中，Ψ_{ref}是在参考温度$T_{\mathrm{ref}}=25℃$时，定义的电池的属性值；活化能E_{act}^{Ψ}的单位为焦耳/摩尔，且控制每一个单体属性Ψ的温度敏感性。重要的理化特性包括固相和液相扩散系数，电解质的离子电导率和电极反应的交换电流密度。

根据本书参考文献［90］，电化学特性的活化能范围一般为30～68kJ/mol，大约是反应速度的两倍，因此每有10℃的温升，式（8-38）中产生的热量就成倍增加。另一方面，假设从电池表面到工作环境的热转换系数是恒定的，那么热量消散速度仅随着电池温升呈线性增加。这就是为什么锂离子电池更容易发生严重的热失控现象的根本原因。

除了要避免热失控现象外，电池组或电池模块中的单体电池的温度一致性也十分重要。为理解这种重要性，以并联电池为例进行阐述。如果电池间的温度差在3～5℃之间，在相同的电压下，流经每一个单体电池的电流就会相差25%～40%。很明显，这些电池在多次充放电循环后，就会发生很严重的不均衡现象，导致电池过早失效，或者严重缩短电池循环寿命。

电池热管理有几种方法，分别是用气体、液体、冷冻剂或相变材料进行冷却。图8-28所示为利用座舱空气和专用液体进行冷却/加热的例图。对于液体冷却系统来说，工作液体流经环绕单体电池的冷却套管，然后利用汽车发动机冷却液对其加热，最后再利用空调器进行冷却。对于气体冷却系统，通常利用温带座舱空气来提高加热/冷却的效率。电池组中液体冷却的通道设计通常分为串联式、并联式和翅片式结构。图8-28描述了对串联和并联电池进行加热/冷却的空气和液体流向过程。

电动汽车的起动，需要从0℃以下的温度对电池进行快速加热，使电池组达到其工作温度。这是因为在较低的温度下（比如－20℃），大多数电池的化学特性会发生很严重的衰减。比如锂离子电池，在低温下充电可能会导致石墨阳极上锂镀层的大幅降解。对电池从零下温度进行快速加热是一个具有现实意义的课题[91]，通常可以通过下列方法进行：

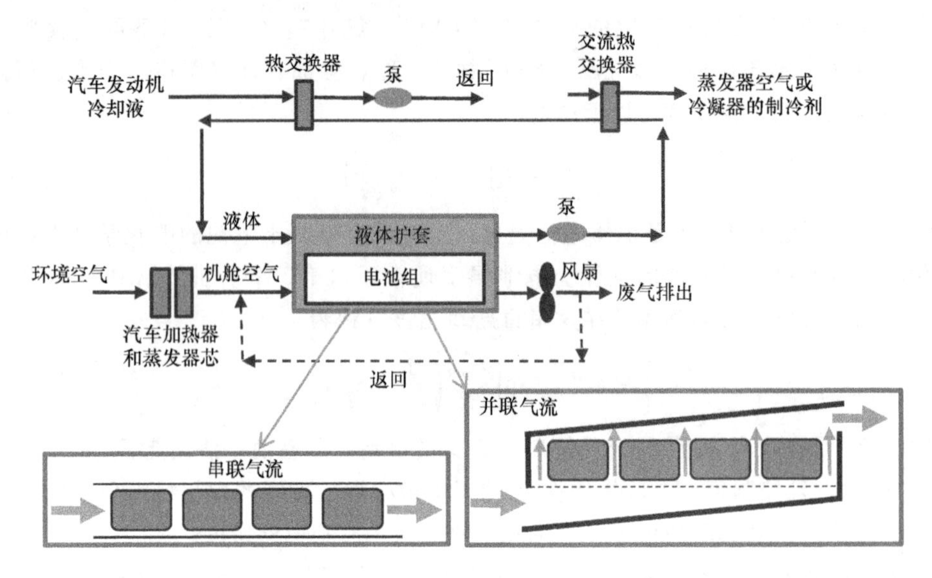

图 8-28　对于串联和并联电池组利用液体和气体进行加热和冷却的原理图

1）自加热法。通过对电流脉冲的专门设计在电池内产生热量。

2）外部加热法。利用外部电热器和密闭热循环把电能从电池转移到电热器（放电过程），然后在循环中再通过热交换介质（比如空气）把热能从电热器转移到电池。

3）加强式外部加热法。利用热力泵和密闭热循环，其产生的热量比从电池放电产生的电能要多很多，因此热效率也较高。

电池热管理系统的详细设计可以基于第 3 章中介绍的控制方程式利用耦合电化学热模型得到，包括温度动态特性和与温度有关的模型参数的确定。在设计和仿真研究中也可利用现有的商品，包括由 EC 电力（www. ecpowergroup. com）公司开发的称为 AutoLion™的计算机辅助工具。利用这个软件，对一个 2.8kW · h 的电池组和其空气冷却系统进行仿真，连接图如图 8-29 所示。该电池组由 24 只 35A · h 的电池 2 并 12 串组成。图 8-30 是该系统的仿真结果图。该仿真对电池 1*C* 放电曲线、温度变化曲线、热量变化曲线和 1*C* 放电结束时的三维温度场进行了同时预测[92]。该仿真的计算时间相当合理。利用一个处理器，电池 1*C* 放电过程的仿真时间为 8800s。但是，如果利用四核的笔记本电脑，仿真时间可以降到 3000s，比实际试验时间（3600s）还要短很多。图 8-31 所示是随着处理器数量的增加计算机仿真时间提升的关系图。很明显，利用相对便宜的计算机硬件对电池组进行完整的模拟仿真是可行和高效的。从图中可以推断出，如果使用 64 核的计算机对一个满量程的 EV 电池组（20kW · h）进行耦合的电化学热模拟仿真，所用时间只占实际测试时间的一小部分。

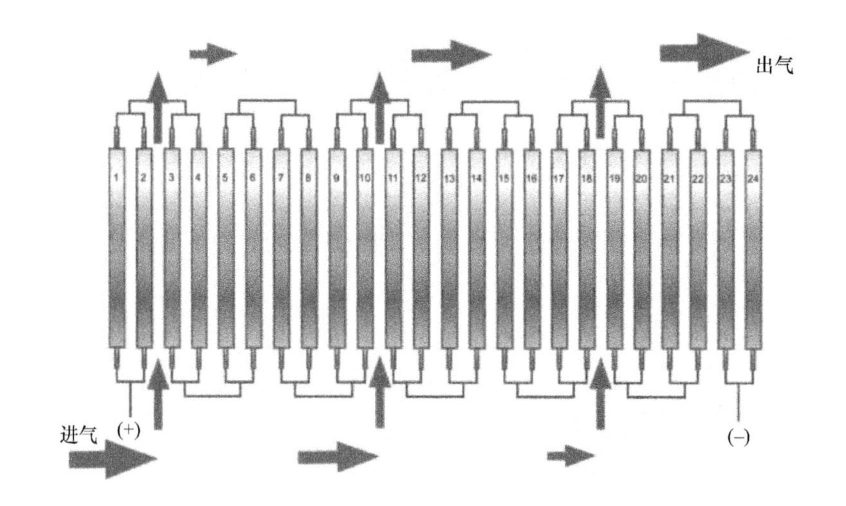

图 8-29　对一个 2.8kW·h 电池组进行空气冷却的原理框图

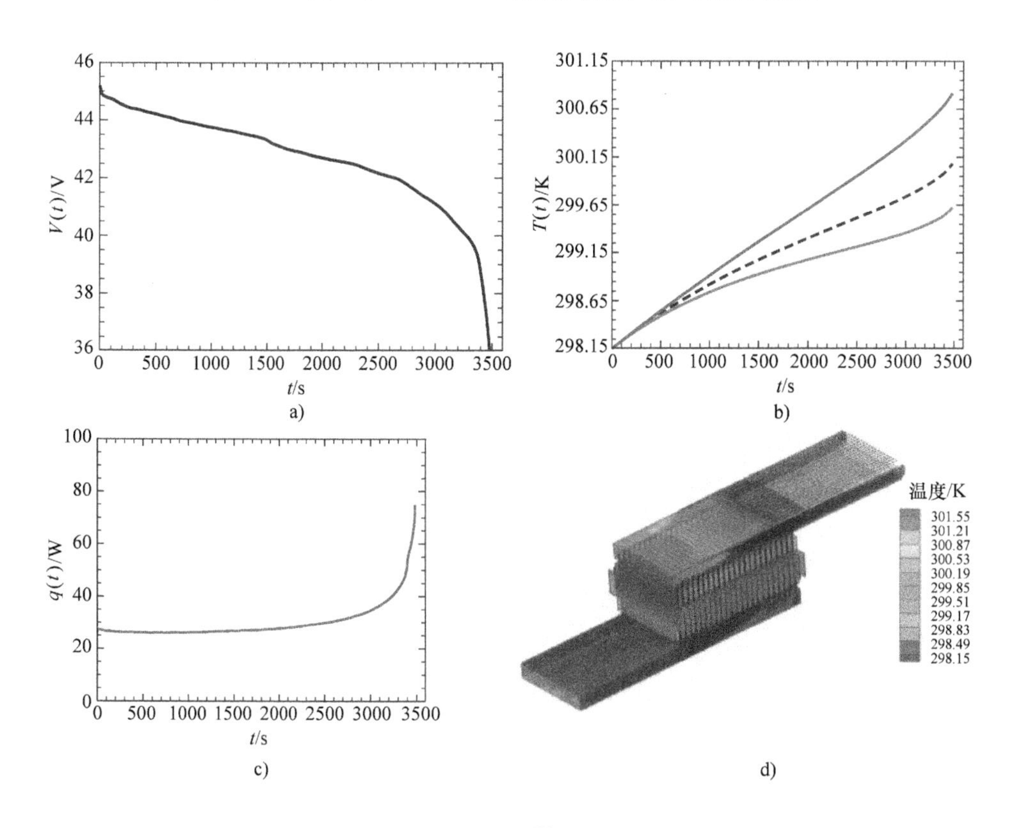

图 8-30　利用 EC 电力公司的 AutoLion™对 1C 放电过程进行仿真的结果图

a）电压　b）温度（上边的是最大值，中间的是平均值，下边的是最小值）

c）产生的热量　d）放电后的温度分布

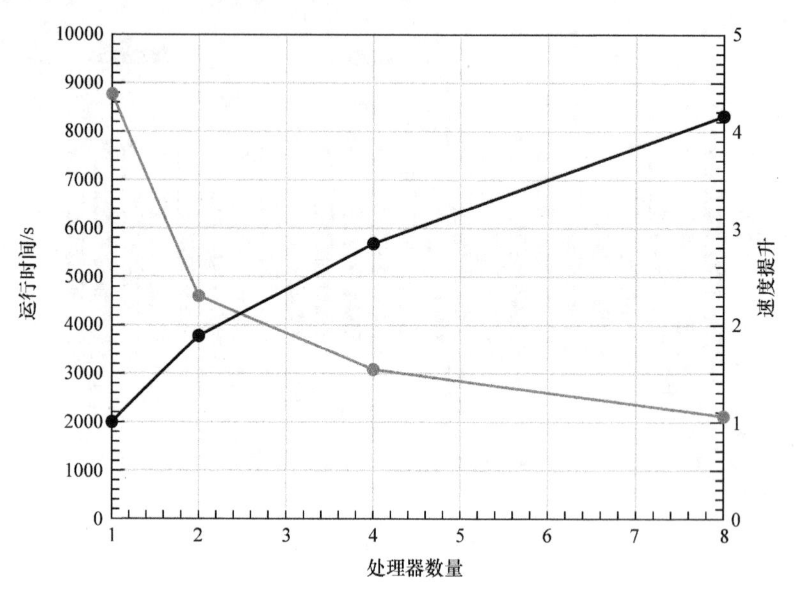

图 8-31　处理器数量和计算机仿真时间及速度提升之间的关系图

习　　题

8.1　一个 8.75h 的铅酸电池的状态空间模型，在 70% SOC（2.12V）进行线性化处理，得到状态矩阵

$$\boldsymbol{A}=\begin{bmatrix}0 & 0 & 0\\ 0.5113 & -0.01005 & 0\\ 0 & 0 & -0.2727\end{bmatrix},\ \boldsymbol{b}=\begin{bmatrix}1.332\times 10^{-6}\\ 0.0002907\\ -0.002907\end{bmatrix} \tag{A-8-1}$$

$$\boldsymbol{c}^{\mathrm{T}}=\begin{bmatrix}0 & 1 & -1\\ 23.83 & 0 & 0\end{bmatrix},\ \text{和}\ \boldsymbol{d}=\begin{bmatrix}0.005\\ 0\end{bmatrix} \tag{A-8-2}$$

式中，第一个输出为电压 $V(t)$，第二个输出为 SOC，输入为电流 $I(t)$。

（a）对一个方波输入的响应进行仿真。方波的幅值为 1A，6 个完全周期的时间为 100s，两个串联的电池的初始 SOC 分别为 0.65 和 0.7。在同一张图上画出电池电压、SOC 和电流的电池响应曲线。

（b）当（a）中的电池并联时，对其进行仿真，并在同一张图上画出电池电压、SOC 和电流的电池响应曲线。

（c）如果（a）中的电池并联，并且两个电池具有相同的初始 SOC，但电池 2 的接触电阻是电池 1 的两倍，对该电池组进行仿真，并在同一张图上画出电池电压、SOC 和电流的电池响应曲线。

（d）如果（a）中的电池并联，并且两个电池具有相同的初始 SOC，但电池 2 的容量比电池 1 低 10%，对该电池组进行仿真，并在同一张图上画出电池电压、SOC 和电流的电池响应曲线。

（e）如果（a）中的电池串联，并联一个开关电容均衡电路，对该电池组进行仿真（其中，$R_{EQ}=0.5\Omega$，$C_{EQ}=100\mu F$，$f=10kHz$），并在同一个图上画出电池电压、SOC 和电流的电池响应曲线。

8.2 利用式（A-7-1）提供的 6A · h 锂电池转换函数，设计一个动态电流限值器，使电池电压保持在 3.55V 以上。

（a）假设已知电池满充状态，对图 6-11 中的占空比输入响应进行仿真，并画出电压和电流响应图形。

（b）设计一个观察器来对基于电流和电压测量的状态进行估计，并把估计状态运用于动态电流限值器中。对图 6-11 中的占空比输入响应进行仿真，并画出电压和电流响应图形。

参考文献

[1] Pistoia, G. (2009) *Battery Operated Devices and Systems: From Portable Electronics to Industrial Products*, Elsevier, New York, NY.

[2] Linden, D. and Reddy, T.B. (2002) *Handbook of Batteries*, McGraw-Hill, New York, NY.

[3] Schiffer, J., Sauer, D.U., Bindner, H. *et al.* (2007) Model prediction for ranking lead–acid batteries according to expected lifetime in renewable energy systems and autonomous power-supply systems. *Journal of Power Sources*, **168** (1), 66–78.

[4] Ruetschi, P. (2004) Aging mechanisms and service life of lead–acid batteries. *Journal of Power Sources*, **127** (1–2), 33–44.

[5] Taniguchi, A., Fujioka, N., Ikoma, M., and Ohta, A. (2001) Development of nickel/metal-hydride batteries for EVs and HEVs. *Journal of Power Sources*, **100** (1–2), 117–124.

[6] Bäuerlein, P., Antonius, C., Löffler, J., and Kümpers, J. (2008) Progress in high-power nickel–metal hydride batteries. *Journal of Power Sources*, **176** (2), 547–554.

[7] Wohlfahrt-Mehrens, M., Vogler, C., and Garche, J. (2004) Aging mechanisms of lithium cathode materials. *Journal of Power Sources*, **127** (1–2), 58–64.

[8] Vetter, J., Novák, P., Wagner, M. *et al.* (2005) Ageing mechanisms in lithium-ion batteries. *Journal of Power Sources*, **147** (1–2), 269–281.

[9] Zhang, Y. and Wang, C.Y. (2009) Cycle-life characterization of automotive lithium-ion batteries with $LiNiO_2$ cathode. *Journal of The Electrochemical Society*, **156** (7), A527–A535.

[10] Pop, V., Bergveld, H.J., Danilov, D. *et al.* (2008) *Battery Management Systems: Accurate State-of-Charge Indication for Battery-Powered Applications*, Springer, New York, NY.

[11] Newman, J. and Thomas-Alyea, K.E. (2004) *Electrochemical Systems*, John Wiley & Sons, Inc., Hoboken, NJ.

[12] Fogler, H.S. (2005) *Elements of Chemical Reaction Engineering*, 3rd edn, Prentice Hall, Upper Saddle River, NJ.

[13] Fang, W. (2010) Fundamental modeling the performance and degradation of HEV Li-ion battery, PhD thesis, The Pennsylvania State University.

[14] Ramadass, P., Haran, B., White, R., and Popov, B.N. (2003) Mathematical modeling of the capacity fade of Li-ion cells. *Journal of Power Sources*, **123** (2), 230–240.

[15] Randall, A.V., Perkins, R.D., Zhang, X., and Plett, G.L. (2012) Controls oriented reduced order modeling of solid-electrolyte interphase layer growth. *Journal of Power Sources*, **209**, 282–288.

[16] Arpaci, V.S. (1966) *Conduction Heat Transfer*, Addison-Wesley, Reading, MA.

[17] Hill, J.M. and Dewynne, J.N. (1987) *Heat Conduction*, Blackwell Scientific Publications, Oxford.

[18] Gebhart, B. (1993) *Heat Conduction and Mass Diffusion*, McGraw-Hill, New York, NY.

[19] Jacobsen, T. and West, K. (1995) Diffusion impedance in planar, cylindrical, and spherical symmetry. *Electrochimica Acta*, **40** (2), 255–262.

[20] Forman, J.C., Bashash, S., Stein, J.L., and Fathy, H.K. (2011) Reduction of an electrochemistry-based Li-ion battery model via quasi-linearization and Padé approximation. *Journal of the Electrochemical Society*, **158** (2), A93–A101.

[21] Subramanian, V.R., Ritter, J.A., and White, R.E. (2001) Approximate solutions for galvanostatic discharge of spherical particles. *Journal of the Electrochemical Society*, **148** (11), E444–E449.

[22] Subramanian, V.R., Tapriyal, D., and White, R.E. (2004) A boundary condition for porous electrodes. *Electrochemical and Solid-State Letters*, **7** (9), A259–A263.

[23] Santhanagopalan, S., Guo, Q., Ramadass, P., and White, R.E. (2006) Review of models for predicting the cycling performance of lithium ion batteries. *Journal of Power Sources*, **156** (2), 620–628.

[24] Reddy, J.N. and Gartling, D.K. (2000) *The Finite Element Method in Heat Transfer and Fluid Dynamics*, CRC Press, Boca Raton, FL.

[25] Smith, K.A., Rahn, C.D., and Wang, C.Y. (2007) Control oriented 1D electrochemical model of lithium ion battery. *Energy Conversion and Management*, **48**, 2565–2578.

[26] Yener, Y. and Kakac, S. (2008) *Heat Conduction*, Taylor and Francis, New York, NY.

[27] Ozisik, M.N. (1980) *Heat Conduction*, John Wiley & Sons, Inc., New York, NY.

[28] Pintelon, R. and Schoukens, J. (2005) *System Identification: A Frequency Domain Approach*, IEEE Press, New York, NY.

[29] Ljung, L. (1999) *System Identification – Theory For the User*, 2nd edn, PTR Prentice Hall, Upper Saddle River, NJ.

[30] Belegundu, A. and Chandrupatla, T.R. (1999) *Optimization Concepts and Applications in Engineering*, Prentice Hall, Upper Saddle River, NJ.

[31] Nocedal, J. and Wright, S.J. (2006) *Numerical Optimization*, Springer, New York, NY.

[32] Boyd, S. and Vandenberghe, L. (2004) *Convex Optimization*, Cambridge University Press, Cambridge, UK.

[33] Hunt, G. (1996) *Electric Vehicle Battery Test Procedures Manual, Rev. 2*, US Advanced Battery Consortium.

[34] PNGV (2001) *PNGV Battery Test Manual, Rev. 3, DOE/ID-10597*, US Department of Energy.

[35] Bergveld, H.J., Kruijt, W.S., and Notten, P.H.L. (2002) *Battery Management Systems: Design by Modeling*, Kluwer Academic Publishers, Boston, MA.

[36] Gu, W.B., Wang, C.Y., and Liaw, B.Y. (1997) Numerical modeling of coupled electrochemical and transport processes in lead–acid batteries. *Journal of the Electrochemical Society*, **144** (6), 2053–2061.

[37] Barsoukov, E. and Mcdonald, J.R. (2005) *Impedance Spectroscopy: Theory, Experiment, and Applications*, John Wiley & Sons, Inc., New York, NY.

[38] Bard, A.J. and Faulkner, L.R. (2001) *Electrochemical Methods: Fundamentals and Applications*, John Wiley & Sons, Inc., New York, NY.

[39] Chen, C.T. (1999) *Linear System Theory and Design*, Oxford University Press, New York, NY.

[40] Jamshidi, M. (1983) *Large Scale Systems*, North-Holland, New York, NY.

[41] Kokotovic, P.V., Khalil, H.K., and O'Reilly, J. (1986) *Singular Perturbations in Control: Analysis and Design*, Academic Press, London.

[42] Christophides, P.D. (2001) *Nonlinear and Robust Control of PDE Systems – Methods and Applications to Transport-Reaction Processes*, Birkhauser, Boston, MA.

[43] Varga, A. (1991) Balancing-free square-root algorithm for computing singular perturbation approximations, in *IEEE Proceedings of the 30th IEEE Conference on Decision and Control*, vol. 2, IEEE Press, pp. 1062–1065.

[44] Smith, K.A., Rahn, C.D., and Wang, C.Y. (2008) Model order reduction of 1D diffusion systems via residue grouping. *ASME Journal of Dynamic Systems, Measurement, and Control*, **130** (1), 011012.

[45] Bode, H. (1977) *Lead–Acid Batteries*, Electrochemical Society Series, John Wiley & Sons.

[46] Hejabi, M., Oweisi, A., and Gharib, N. (2006) Modeling of kinetic behavior of the lead dioxide electrode in a lead–acid battery by means of electrochemical impedance spectroscopy. *Journal of Power Sources*, **158** (2), 944–948.

[47] Srinivasan, V., Wang, G.Q., and Wang, C.Y. (2003) Mathematical modeling of current-interrupt and pulse operation of valve-regulated lead acid cells. *Journal of the Electrochemical Society*, **150** (3), A316–A325.

[48] Wang, C.Y., Gu, W.B., and Liaw, B.Y. (1998) Micro-macroscopic coupled modeling of batteries and fuel cells: I. Model development. *Journal of the Electrochemical Society*, **145** (10), 3407–3417.

[49] Gu, W.B., Wang, G.Q., and Wang, C.Y. (2002) Modeling the overcharge process of VRLA batteries. *Journal of Power Sources*, **108**, 174 –184.

[50] Shen, Z., Guo, J., Wang, C., and Rahn, C. (2011) Ritz model of a lead–acid battery for electric locomotives, in *ASME 2011 Dynamic Systems and Control Conference and Bath/ASME Symposium on Fluid Power and Motion Control*, vol. 1, ASME, pp. 713–720.

[51] Ramadesigan, V., Northrop, P., De, S. *et al.* (2012) Modeling and simulation of lithium-ion batteries from a systems engineering perspective. *Journal of the Electrochemical Society*, **159** (3), R31–R45.

[52] Doyle, M., Fuller, T., and Newman, J. (1993) Modeling of galvanostatic charge and discharge of the lithium/polymer/insertion cell. *Journal of the Electrochemical Society*, **140**, 1526–1533.

[53] Fuller, T., Doyle, M., and Newman, J. (1994) Simulation and optimization of the dual lithium ion insertion cell. *Journal of the Electrochemical Society*, **141**, 1–10.

[54] Paxton, B. and Newman, J. (1997) Modeling of nickel/metal hydride batteries. *Journal of the Electrochemical Society*, **144** (11), 3818–3831.

[55] Gu, W.B., Wang, C.Y., and Liaw, B.Y. (1998) Micro-macroscopic coupled modeling of batteries and fuel cells: II. Application to nickel–cadmium and nickel–metal hydride cells. *Journal of the Electrochemical Society*, **145** (10), 3418–3427.

[56] Gu, W., Wang, C., Li, S. *et al.* (1999) Modeling discharge and charge characteristics of nickel–metal hydride batteries. *Electrochimica Acta*, **44**, 4525–4541.

[57] Albertus, P., Christensen, J., and Newman, J. (2008) Modeling side reactions and nonisothermal effects in nickel metal-hydride batteries. *Journal of the Electrochemical Society*, **155** (1), A48–A60.

[58] Chaturvedi, N., Klein, R., Christensen, J. *et al.* (2010) Algorithms for advanced battery-management systems. *IEEE Control Systems Magazine*, **30** (3), 49–68.
[59] Santhanagopalan, S. and White, R. (2006) Online estimation of the state of charge of a lithium ion cell. *Journal of Power Sources*, **161**, 1346–1355.
[60] Plett, G.L. (2004) Extended Kalman filtering for battery management systems of LiPB-based HEV battery packs: Part 2. Modeling and identification. *Journal of Power Sources*, **134**, 262–276.
[61] Piller, S., Perrin, M., and Jossen, A. (2001) Methods for state-of-charge determination and their applications. *Journal of Power Sources*, **96** (1), 113–120.
[62] Pop, V., Bergveld, H.J., Notten, P.H.L., and Regtien, P.P.L. (2005) State-of-the-art of battery state-of-charge determination. *Measurement Science and Technology*, **16**, R93–R110.
[63] Plett, G.L. (2004) Extended Kalman filtering for battery management systems of LiPB-based HEV battery packs: Part 1. Background. *Journal of Power Sources*, **134**, 252–261.
[64] Plett, G.L. (2004) Extended Kalman filtering for battery management systems of LiPB-based HEV battery packs: Part 3. State and parameter estimation. *Journal of Power Sources*, **134**, 277–292.
[65] Santhanagopalan, S. and White, R. (2008) State of charge estimation for electrical vehicle batteries, in *IEEE International Conference on Control Applications*, IEEE Press, pp. 690–695.
[66] Santhanagopalan, S. and White, R.E. (2010) State of charge estimation using an unscented filter for high power lithium ion cells. *International Journal of Energy Research*, **34**, 152–163.
[67] Smith, K., Rahn, C., and Wang, C.Y. (2010) Model-based electrochemical estimation and constraint management for pulse operation of lithium ion batteries. *IEEE Transactions on Control Systems Technology*, **18** (3), 654–663.
[68] Di Domenico, D., Stefanopoulou, A., and Fiengo, G. (2010) Lithium-ion battery state of charge and critical surface charge estimation using an electrochemical model-based extended Kalman filter. *Journal of Dynamic Systems, Measurement, and Control*, **132** (6), 061302.
[69] Wang, S., Verbrugge, M., Wang, J.S., and Liu, P. (2011) Multi-parameter battery state estimator based on the adaptive and direct solution of the governing differential equations. *Journal of Power Sources*, **196** (20), 8735–8741.
[70] Schmidt, A.P., Bitzer, M., Imre, A.W., and Guzzella, L. (2010) Model-based distinction and quantification of capacity loss and rate capability fade in Li-ion batteries. *Journal of Power Sources*, **195**, 7634–7638.
[71] Safari, M., Morcrette, M., Teyssot, A., and Delacourt, C. (2010) Life-prediction methods for lithium-ion batteries derived from a fatigue approach I. Introduction: capacity-loss prediction based on damage accumulation. *Journal of the Electrochemical Society*, **157** (6), A713–A720.
[72] Spotnitz, R. (2003) Simulation of capacity fade in lithium-ion batteries. *Journal of Power Sources*, **113** (1), 72–80.
[73] Wenzl, H., Baring-Gould, I., Kaiser, R. *et al.* (2005) Life prediction of batteries for selecting the technically most suitable and cost effective battery. *Journal of Power Sources*, **144** (2), 373–384.
[74] Coleman, M., Hurley, W.G., and Lee, C.K. (2008) Improved battery characterization method using a two-pulse load test. *IEEE Transactions on Energy Conversion*, **23** (2), 708–713.
[75] Plett, G.L. (2011) Recursive approximate weighted total least squares estimation of battery cell total capacity. *Journal of Power Sources*, **196**, 2319–2331.
[76] Plett, G.L. (2011) System and method for recursively estimating battery cell total capacity. US Patent 8,041,522.
[77] Pop, V., Bergveld, H., Notten, P. *et al.* (2009) Accuracy analysis of the state-of-charge and remaining run-time determination for lithium-ion batteries. *Measurement*, **42**, 1131–1138.
[78] Åström, K.J. and Wittenmark, B. (2008) *Adaptive Control*, 2nd edn, Dover Publications, Inc., Mineola, NY.
[79] Sastry, S. and Bodson, M. (1989) *Adaptive Control: Stability, Convergence, and Robustness*, Prentice Hall, Englewood Cliffs, NJ.
[80] Goebel, K., Saha, B., Saxena, A. *et al.* (2008) Prognostics in battery health management. *IEEE Instrumentation & Measurement Magazine*, **11** (4), 33–40.
[81] Wen, J. (2009) Cell balancing buys extra run time and battery life. *Texas Instruments Analog Applications Journal*, (1Q), 14–18.
[82] PMP Portable Power (2006) Theory and implementation of Impedance Track^{TM} battery fuel-gauging algorithm in bq20zxx product family, Texas Instruments Inc., http://www.ti.com/lit/an/slua364b/slua364b.pdf.
[83] Morrow, K., Karner, D., and Francfort, J. (2008) Plug-in hybrid electric vehicle charging infrastructure review, Technical Report INL/EXT-08-15058, US Department of Energy.
[84] Ehrlich, G.M. (2002) Lithium ion batteries, in *Handbook of Batteries* (eds D. Linden and T. Reddy), 3rd edn,

McGraw-Hill, New York, pp. 53–59.
[85] Brannen, N. (2008) Analysis, design and implementation of a charge-equalization circuit for use in automotive battery management systems, Master's thesis, The Pennsylvania State University.
[86] Speltino, C., Stefanopoulou, A., and Fiengo, G. (2010) Cell equalization in battery stacks through state of charge estimation polling, in *American Control Conference (ACC), 2010*, IEEE Press, pp. 5050–5055.
[87] Uno, M. and Tanaka, K. (2011) Influence of high-frequency charge–discharge cycling induced by cell voltage equalizers on the life performance of lithium-ion cells. *IEEE Transactions on Vehicular Technology*, **60** (4), 1505–1515.
[88] West, S. and Krein, P. (2000) Equalization of valve-regulated lead–acid batteries: issues and life test results, in *INTELEC. Twenty-Second International Telecommunications Energy Conference*, IEEE Press, pp. 439–446.
[89] Gu, W.B. and Wang, C. (2000) Thermal-electrochemical modeling of battery systems. *Journal of the Electrochemical Society*, **147**, 2910–2922.
[90] Ji, Y., Zhang, Y., and Wang, C. (2012) Li-ion cell operation at low temperatures, *in preparation*.
[91] Ji, Y. and Wang, C. (2012) Heating strategies for Li-ion batteries operated from subzero temperatures, *in preparation*.
[92] Luo, G., Shaffer, C., and Wang, C. (2012) Electrochemical-thermal coupled modeling for battery pack design, in *Proceedings of PRiME 2012*, Honolulu, HI.

[illegible]